新能源及其军事应用

王　帅　成贵学　主　编
肖　勇　刘　叶　熊　彪　副主编

中国石化出版社

内容提要

本书主要介绍太阳能、风能、核能等新能源技术及其在军事领域的应用。全书分10章，分别介绍了太阳能、风能、核能、生物质能、氢能、地热能、水能与海洋能、高效储能技术以及微电网与能源互联网及其在军事领域的应用。重点介绍了各种新能源技术的最新进展，分析其在军事领域应用的优势、在军事领域应用的现状及前景等。

本书可作为广大部队官兵学习军事新能源、开阔视野、紧跟前沿的科普性读物，也可以作为军队院校新能源课程的教材。

图书在版编目（CIP）数据

新能源及其军事应用 / 王帅，成贵学主编 .— 北京：中国石化出版社，2023.4

ISBN 978-7-5114-7024-9

Ⅰ.①新…　Ⅱ.①王…　②成…　Ⅲ.①新能源 - 军事应用　Ⅳ.① E919

中国国家版本馆 CIP 数据核字（2023）第 070681 号

中国石化出版社出版发行

地址：北京市东城区安定门外大街 58 号

邮编：100011　电话：（010）57512500

发行部电话：（010）57512575

http：//www.sinopec-press.com

E-mail：press@sinopec.com

北京柏力行彩印有限公司印刷

全国各地新华书店经销

*

787 × 1092 毫米　16 开本　17 印张　394 千字

2023 年 7 月第 1 版　2023 年 7 月第 1 次印刷

定价：88.00 元

《新能源及其军事应用》
编 委 会

主　编： 王　帅　成贵学

副主编： 肖　勇　刘　叶　熊　彪

编　者： 陆思锡　张　齐　刘　均　屈少辉
陈宇昕　周麟璋　李　鹏　陈博野
靳文星　蒋明喆　胡椿杭　易　新

前言

PREFACE

能源是社会发展的物质基础。自19世纪工业革命以来，以煤炭、石油和天然气等化石燃料为代表的一次能源极大地推动和促进了世界各国的经济发展。但是，化石燃料的大量使用也带来了环境急剧恶化等一系列严重问题。党的十八大以来，党中央、国务院确立“四个革命、一个合作”的能源安全新战略，设立2030年碳达峰、2060年碳中和目标，大力发展新能源，构建清洁低碳、安全高效的现代能源体系。

新能源指在自然界中可以不断再生、永续利用的资源，包括太阳能、风能、核能、生物质能、地热能、氢能、海洋能等。相较于传统能源，新能源对环境友好，资源分布广泛，适宜就地开发利用。

军队作为重要的能源消费集团，需积极践行国家能源革命战略，加快推进应用新能源，努力走在全社会前列。能源是现代化军队的立身之本，控制了能源，就控制了一支军队的命脉。世界各国军队无不对能源危机保持高度的预警，尤其对能量密度更高、适合特定军事应用场景的新能源技术有迫切的需求。

随着武器装备的不断更新换代，新能源在军事上的开发应用日益广泛。太阳能发电帐篷、风力发电站、移动式小型核电、氢能无人机、海岛微电网、储能技术等新能源技术已在军事领域得到大量应用。

本书结合新能源技术基本理论、系统组成与发展现状，立足于新能源在军事中的应用，从太阳能、风能、核能、氢能、生物质能、地热能、水能、海洋能、储能、微电网与能源互联网等方面为读者做了系统性阐述。本书内容丰富，图文并茂，叙述力求具体直观，突出案例应用介绍，可作为军事院校教学用教材，亦可作为广大部队官兵学习军事新能源、开阔视野、紧跟前沿的科普性读物。

新能源技术的发展日新月异，新能源军事应用科技成果不断涌现，限于编者的水平，书中难免存在不足与疏忽之处，欢迎读者给予批评指正。

编　者

目 录 CONTENTS

第一章

概 述

第一节 能源的概念与分类 002
一、能源的概念 002
二、能源的分类 003
第二节 中国能源发展概况 005
一、中国能源的发展现状 005
二、传统能源的转型 006
第三节 发展新能源的必要性 007
第四节 世界新能源的发展 009
一、新能源的技术发展 009
二、世界新能源发展概况 010
三、各国新能源的发展前景 010
第五节 我国新能源概况 013
一、可再生能源整体情况 013
二、新能源应用概况 014

第六节 新能源在军事领域的应用 017
一、当前军事能源保障存在的主要问题 017
二、新能源在军事中的应用实例 018
三、新能源在军事中的发展趋势 020
四、我军的未来新能源发展规划 022

第二章 太阳能及其在军事领域应用

第一节 概　述 024
一、太阳的形成 024
二、太阳资源的分布 025
三、我国太阳能发电的发展历程 027
第二节 太阳能光伏发电系统 028
一、光伏发电的原理 028
二、独立光伏发电系统 029
三、并网光伏发电系统 030
四、分布式光伏发电系统 030
五、太阳能光伏电池 031
六、太阳能光伏发电的发展趋势 033
第三节 光伏建筑一体化 034
一、光伏建筑一体化的概述 034
二、太阳能光伏建筑设计原则与安装 036
第四节 太阳能光热系统 037
一、太阳能光热发电概况 037
二、太阳能光热发电技术 037
三、太阳能热水器 040
四、太阳能温室 040

五、太阳能干燥 041
六、太阳能制冷与太阳能空调 042
七、太阳能海水淡化 044
第五节 太阳能光导照明技术 045
一、光导照明技术的原理 045
二、光导照明技术的分类 046
第六节 太阳能在军事领域的应用 047
一、太阳能在军事能源供给系统中的应用 047
二、战略太阳能设备 049
三、车载光伏系统与飞行光伏系统 050
四、空间太阳能发电 051
五、太阳能发电设备在军事应用中的发展趋势 053

第三章 风能及其在军事领域应用

第一节 概　述 056
一、风的形成及其特点 056
二、风能的特点及风能密度 056
第二节 风能资源利用概况 058
一、世界风能利用 058
二、中国风电近年状况与前景 059
第三节 风力发电 061
一、风力发电系统的组成 061
二、风力发电系统的运行方式 061
三、风力发电机组的工作原理 063
四、风力发电机的结构组成 064
五、风力发电机的分类 064

第四节 海上风力发电 068
一、国内外海上风电发展现状 069
二、海上风电机的安装 072
三、海上风电的运维 074
四、我国海上风电发展前景 077
五、海上风电开发面临的问题 079
第五节 陆上风力发电 080
一、全球陆上风电现状 080
二、未来全球陆上风电主要市场 081
三、我国陆上风力发电实例 081
第六节 风能建筑应用实例 082
第七节 风电在军事领域的应用 085
一、风电在军事领域的可行性 085
二、风力发电机及其在军事中的应用 086
三、大型军事风力发电示范工程 087
四、风力发电在军事中的发展 088

第四章
核能及其在军事领域应用

第一节 概　述 091
一、核能的发展历史及特点 091
二、核能的原理 092
三、核能的发展与前景 093
第二节 核能发电 095
一、核电站工作原理 095
二、中国的核电应用 099
三、核电的优势与风险 102

第三节 核能热利用 103
一、核能供热及案例 103
二、核供热堆的其他用途 105
第四节 核安全与核废料处理 107
一、核安全 108
二、核废料处理 110
第五节 核能在军事领域的应用 111

第五章
生物质能及其在军事领域应用

第一节 概 述 121
一、生物质能的特点与分类 121
二、生物质能的应用及其前景 122
第二节 生物质的转化利用技术 124
一、生物质固化成型技术 124
二、生物质直接燃烧技术 125
第三节 生物质的生物化学转化利用 129
一、沼气技术 129
二、燃料乙醇技术 131
第四节 生物质能在军事领域的应用 133

第六章
氢能及其在军事领域应用

第一节 概 述 139
一、氢能的概念与特点 139

二、氢能的开发利用前景 139
第二节 氢的制取技术 142
一、化石燃料制氢 142
二、水电解制氢 143
三、生物及生物质制氢 145
四、太阳能光解水制氢 146
五、热化学分解水制氢 147
第三节 氢的储存和运输 147
一、氢能的储存 147
二、氢能的运输 150
第四节 氢能的应用 152
一、氢在燃气轮机发电系统中的应用 152
二、氢在内燃机中的应用 153
三、氢在喷气发动机上的应用 154
第五节 氢能在军事领域的应用 155
第七章
地热能及其在军事领域应用
第一节 地热能基本知识 160
一、地热能的形成及其特点 160
二、地热能的分类 161
第二节 地热能资源及其研究概况 162
一、地热资源的分布 162
二、地热能的开发利用背景 163
三、地热能开发利用现状 163
四、地热能的利用方式 164
五、地热能的直接利用 164

六、地热发电 166

第三节 地热资源的开发前景与面临的问题 169

一、地热资源开发利用的前景 170

二、地热资源开发过程中面临的问题 170

第四节 地热能在军事领域的应用 171

一、军事基地的地热发电技术 172

二、军事基地的地源热泵技术 172

第八章 水能与海洋能及其在军事领域应用

第一节 水 能 175

一、水能特点及其形成 175

二、中国水能资源 175

三、水能利用及其前景 176

第二节 海洋能 180

一、海洋能利用及前景 181

二、海洋温差能及温差发电 182

三、海洋波浪能及波浪发电 183

四、海流能及海流发电 185

五、盐度梯度能 186

第三节 潮汐能及潮汐发电 186

一、潮汐发电 187

二、潮汐能源开发利用的进展 187

三、世界著名的潮汐发电站 188

四、中国著名的潮汐发电站 188

第四节 海洋能在军事领域的应用 189

第九章 储能技术及其在军事领域应用

第一节 储能技术的概念与分类 192
第二节 储能技术发展的必要性以及发展趋势 193
第三节 储能技术分类 195
一、机械储能技术 195
二、电化学储能技术 202
三、电磁储能技术 209
四、热储能技术 213
五、氢储能技术 215
六、燃料电池技术 216
第四节 储能技术在军事领域的应用 218

第十章 微电网与能源互联网及其在军事领域应用

第一节 微 电 网 227
一、微电网概述 227
二、微电网的分类 228
三、国外微电网发展 228
四、国内微电网发展 230
五、微电网的展望 231
第二节 微电网的构成与用途 233
一、微电网的构成 233

二、分布式电源与储能系统 234
三、微电网的运行控制 235
四、微电网的用途 236
第三节 能源互联网 237
一、能源互联网概述 237
二、能源互联网的功能 242
三、泛在电力物联网 244
第四节 微电网与能源互联网在军事领域的应用 245
一、美军“微电网”与能源互联网 245
二、我军“微电网”与能源互联网 247
参考文献 251

第一章

概　述

能源是社会发展和进步的物质基础，是社会生产中的必需品。随着我国城镇化进程的不断推进，能源需求持续增长，能源供需矛盾也越来越突出，寻求一条能源可持续发展之路成为迫在眉睫的问题，新能源的出现与利用为人们提供了新的思考。随着国防军事的不断加强，武器装备的更新换代，军队的能源需求日益增长，对能源的来源和效率提出了更高的要求。只有解决了能源供应的后顾之忧，才能保证军队的战斗力，掌握战场主动权。随着新能源的出现，军事能源发展已经开始迈向一个新的阶段。大力挖掘新能源在军事中的应用，是全面推进国防和军队现代化建设的重要任务之一。

第一节

能源的概念与分类

能源是人类活动的物质基础，从某种意义上讲，人类社会的发展离不开优质能源的出现和先进能源技术的使用。当今世界，能源的发展、能源和环境的关系，是全世界、全人类共同关心的问题。

一 能源的概念

能源是向自然界提供能量转化的物质（矿物质能源、核物理能源、大气环流能源、地理性能源）。能量资源，是自然界中能为人类提供某种形式能量的物质资源，是可产生各种能源（如热量、电能、光能和机械能等）或可做功物质的统称。

人们的生活离不开能源。如家用电器在运行过程中需要电能，电冰箱和空调不插电就不能制冷、洗衣机不插电就无法洗衣服、电视不插电就没有图像，电能是生活中的必需品。电能就是一种能源。

图 1-1 一些常见的能源形式

太阳能是一种不间断的能源，应用于人们生活的方方面面，如太阳能热水器、太阳能路灯、太阳能智能小车等。

还有很多正在被利用或没有被利用的其他形式能源，包括核能、地热能、风能、潮汐能、水能、生物质能等（图 1-1）。

《大英百科全书》对能源的定义为：“能源是一个包括所有燃料、流水、阳光和风的术语，人类用适当的转换手段，便可让它为自己提供所需的能量。”中国《能源百科全书》定义为：“能源是可以直接或经转换提供人类所需的光、热、动力等任一种形式能量的载能体资源。”《能源词典》中的解释为：“能源是可以直接或通过转换提供人类所需的有用能的资源。”可见，能源就是一种呈多种形式的，且可以相互转换能量的源泉。

二 能源的分类

能源分类如图 1–2 所示。

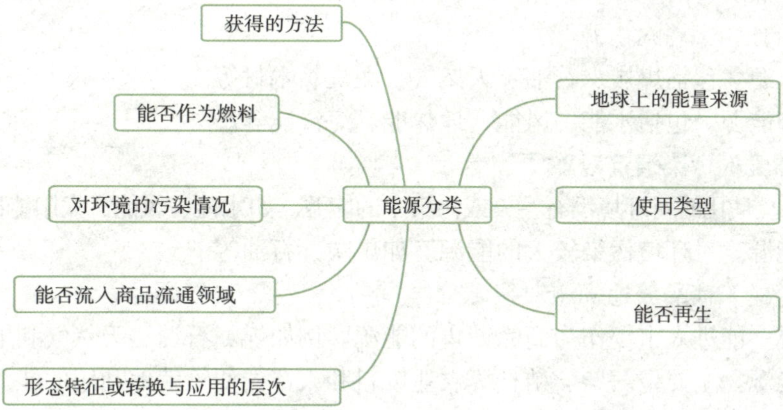

图 1–2 能源分类

1. 按地球上的能量来源对能源分类

来自地球外部天体的能量。有直接来自太阳照射到地球的光和热能，还有间接来自太阳的能源，常见的有煤炭、石油、天然气，以及生物质能、水能、海洋热能和风能等。

地球本身蕴藏的能量。一种是地热能，常见的地下蒸汽、温泉、火山爆发的能量都属于地热能。另一种是地球上的铀、钍、锂等核燃料所蕴含的核能。

地球和其他天体相互作用而产生的能量。太阳和月亮等星球对大海的引潮力所产生的巨大潮汐能。

2. 按使用类型对能源分类

常规能源（传统能源）。已被人类利用多年，目前仍在大规模使用的能源。如水能、生物质能、煤炭、石油、天然气等。占全部能源生产消费总量的 90% 以上。

新能源（非常规能源、替代能源）。近若干年来开始被人类利用（如太阳能、核能）或过去已被利用现在又有新的利用方式（如风能）的能源。

3. 按能否再生对能源分类

能源分布图如图 1–3 所示。

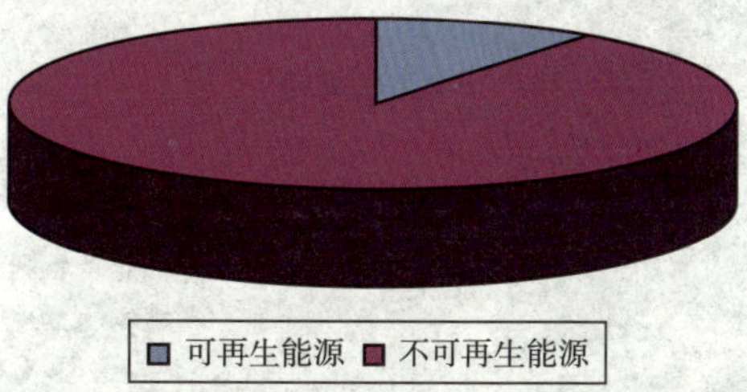

图 1–3 能源分布图

可再生能源。可长期提供或可再生的能源（10% 左右）。如水能、风能、太阳能、地热能、潮汐能等。

不可再生能源。一旦消耗就很难再生的能源（90% 左右）。如煤炭、石油、天然气等。

4. 按获得的方法对能源分类

一次能源（天然能源）。指直接取自自然界而不改变它的形态的能源。又分为可再生能源和不可再生能源。如泥煤、褐煤、烟煤、无烟煤、石油、天然气、植物秸秆、水能、风能、太阳能、地热能、核能、海洋能等。

二次能源（人工能源）。指一次能源经人为加工成另一种形态的能源。如汽油、水电、蒸汽、煤气、焦炭、沼气等。

5. 按能否作为燃料对能源分类

燃料型能源。包括煤炭、石油、天然气、泥炭、木材等。

非燃料型能源。包括水能、风能、地热能、海洋能等。

6. 按对环境的污染情况对能源分类

清洁能源。使用时对环境没有污染或污染小的能源。如水能、风能、太阳能以及核能等。

非清洁能源。对环境污染较大的能源。如煤炭、石油等。

7. 按能否进入商品流通领域对能源分类

商品能源。能进入市场作为商品销售的能源。例如煤、石油、天然气和电等。

非商品能源。主要指薪柴、秸秆等农业废料和人畜粪便等就地利用的能源。

8. 按形态特征或转换与应用的层次对能源分类

世界能源委员会推荐的能源类型分为固体燃料、液体燃料、气体燃料、水能、电能、太阳能、生物质能、风能、核能、海洋能和地热能。前三类统称化石燃料或化石能源。

目前，国家主张新能源以及能源互联网的发展，传统能源对环境造成了极大的危害。近些年来能源的发展已经趋向于成熟。见表 1-1。

表 1-1 能源的分类

按使用类型分	按性质分	按一次、二次能源分	
		一次能源	二次能源
常规能源	燃料型能源	泥煤（化学能）、褐煤（化学能）、烟煤（化学能）、无烟煤（化学能）、石煤（化学能）、油页岩（化学能）、油砂（化学能）、原油（化学能）、天然气（化学能、机械能）、生物燃料（化学能）、天然气水合物（化学能）	煤气（化学能）、焦炭（化学能）、汽油（化学能）、煤油（化学能）、柴油（化学能）、重油（化学能）、液化石油气（化学能）、丙烷（化学能）、甲醇（化学能）、酒精（化学能）、苯胺（化学能）、火药（化学能）
	非燃料型能源	水能（机械能）	电（电能）、蒸汽（热能、机械能）、热水（热能）、余热（热能、机械能）
新能源	燃料型能源	核燃料（核能）	沼气（化学能）、氢（化学能）
	非燃料型能源	太阳能（辐射能）、风能（机械能）、地热能（热能）、潮汐能（机械能）、海洋温差能（热能、机械能）、海流、波浪动能（机械能）	激光（光能）

第二节

中国能源发展概况

我国的煤炭资源、水能资源、海洋资源和地热资源比较丰富，石油资源相对贫乏。煤炭、石油、天然气、水电在国家的能源发展中占比很大。为了减轻对煤炭、石油、天然气资源的依赖，我国正大力研究和开发新能源，尤其是风电、水电、太阳能、地热能等新能源的开发和利用。目前我国能源转型已经开始，并呈加速的态势，"清洁低碳、安全高效"是未来能源体系发展的总体方向。

一 中国能源的发展现状

改革开放以来，我国能源行业发生了巨变，并取得了举世瞩目的成就，能源生产和消费总量跃升世界首位，能源基础设施建设突飞猛进；能源消费结构持续优化，清洁能源消费比重持续提升，清洁能源生产消费总量位居世界第一。

随着我国社会的不断进步，能源的需求量逐步增大，能源的过度开发对生态环境也造成了难以估量的损失。面对资源制约日益加剧、生态环境约束凸显等突出问题，我国坚持节约资源和保护环境的基本国策，积极转变经济发展方式。相继出台了能源发展"十一五""十二五""十三五"规划和《能源发展战略行动计划（2014~2020 年）》《能源生产和消费革命战略（2016~2030）》等纲领性文件，以及《能源技术革命创新行动计划（2016~2030 年）》等专项文件。

面对国际能源发展新趋势、能源供需格局新变化，党中央高瞻远瞩，坚持绿色发展理念，大力推进生态文明建设，提出能源"四个革命、一个合作"，即推动能源消费革命、供给革命、技术革命、体制革命和一个国际合作的战略思想，为我国能源发展指明了方向、明确了目标，推动能源事业取得新进展。目前，我国能源结构持续大幅优化改善，清洁低碳化进程不断加快。

从近年能源消费结构数据看，煤炭消费占比呈下降趋势，2018 年跌入 60% 以内，但短期内仍是我国主要能源来源。清洁能源消费占能源消费总量的比重从 2011 年的 13% 上升到 2019 年的 23.4%，几近翻番。总体上看，我国能源构成中，煤炭处于主体性地位，石油和天然气对外依存度高，清洁能源消费占比在持续提升。至 2019 年，一次能源生产总量为 39.7 亿吨标准煤，同比增长 5.1%。原煤产量 38.5 亿吨，同比增长 4%。原油产量 1.91 亿吨，同比增长 0.9%。天然气产量 1761.7 亿立方米，同比增长 10%。发电量 75034.3 亿 kW·h，同比增长 4.7%。图 1-4 为近年来能源生产总量与增速。

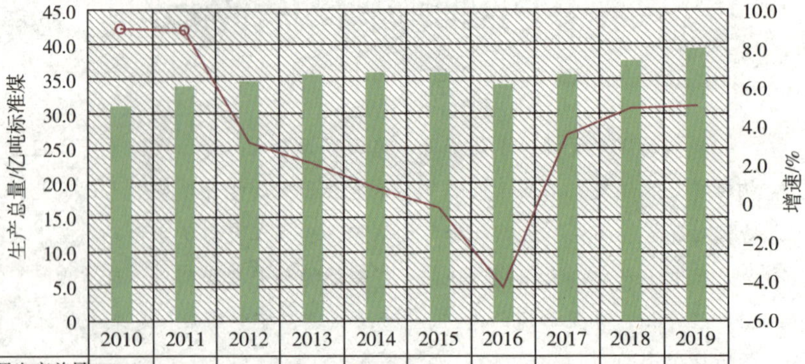

	2010	2011	2012	2013	2014	2015	2016	2017	2018	2019
能源生产总量	31.2	34.0	35.1	35.9	36.2	36.1	34.6	35.9	37.7	39.7
增速	9.1	9.0	3.2	2.2	0.9	-0.1	-4.2	3.6	5.0	5.1

能源生产总量　增速

图 1-4　2010~2019 年能源生产总量与增速

二　传统能源的转型

随着化石燃料的日渐枯竭，以及传统能源开发利用所带来的环境污染、气候变化等问题日益严重，传统能源在利用时，燃烧过程中产生的各种气体、烟尘微粒，污染的空气、水源，特别是排放的温室气体，使全球气候变暖，对人类的生活环境影响较大。并且传统能源大多属于不可再生能源，虽然煤的储量在所有矿物中是最丰富的，包括石油和天然气等，但其不可再生性，表明这些能源终有一天会消耗殆尽。

大规模开发利用可再生能源，提高能源利用效率，减少污染排放，保障能源供应和能源安全是当前我国能源革命的核心内容和必然选择。

随着我国持续推进能源供给侧结构性改革，能源发展方式已由粗放式向提质增效转变，天然气、光伏、风电、生物质能、地热能等分布式能源，已成为我国应对气候变化、保障能源安全的重要内容，我国新能源发展迎来“黄金时期”。

我国能源转型步伐加快，能源结构持续优化。至 2019 年，我国能源结构中，原煤占比 68.8%，原油占比 6.9%，天然气占比 5.9%，水电、核电、风电等占比 18.4%，全国发电装机容量为 201042 万 kW，较 2018 年末增长 5.8%。其中，火电装机容量为 119055 万 kW，增长 4.1%；水电装机容量为 35640 万 kW，增长 1.1%；核电装机容量为 4874 万 kW，增长 9.1%；并网风电装机容量为 21005 万 kW，增长 14.0%；并网太阳能发电装机容量为 20468 万 kW，增长 17.4%。水电、核电、风电和太阳能发电占全部发电量的 40.7%，较 2018 年提高了 1.0 个百分点。图 1-5 为近年能源生产结构占比图。

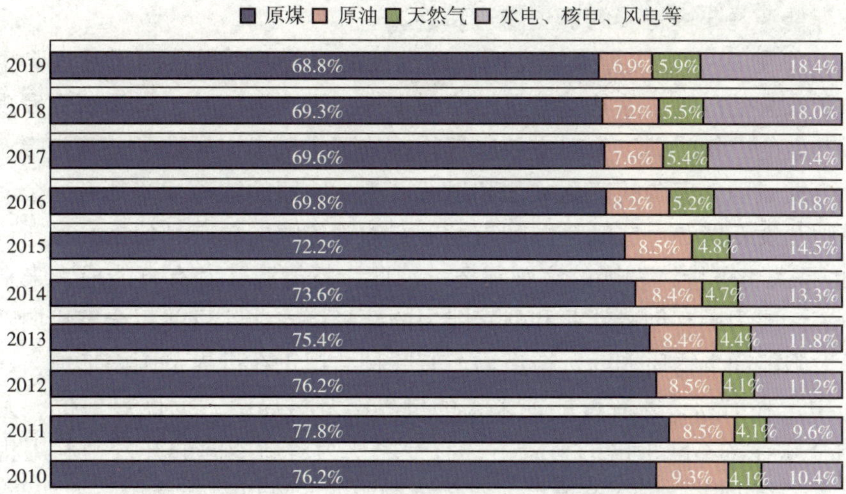

图 1-5 2010~2019 年能源生产结构

第三节

发展新能源的必要性

已被广泛利用的煤炭、石油、天然气、水能等能源，称为常规能源；新能源一般是指在新技术基础上加以开发利用的可再生能源，包括太阳能、生物质能、风能、地热能、波浪能、洋流能和潮汐能，以及海洋表面与深层之间的热循环等；此外，还有氢能、沼气、酒精、甲醇等。随着常规能源的有限性以及环境问题的日益突出，以环保和可再生为特质的新能源越来越受到各国的重视。

综合来说，新能源具有如下几个特点：

（1）资源丰富，普遍具备可再生特性，可供人类永续利用；

（2）能量密度低，开发利用需要较大空间；

（3）不含碳或含碳量很低，对环境影响小；

（4）分布广，有利于小规模分散利用；

（5）间断式供应，波动性大，对持续供能不利；

（6）除水电外，可再生能源的开发利用成本较化石能源高。

由此可见，开发新能源具有非常重大的意义。

1. 发展新能源是当今世界的历史潮流和必然选择

近年来，曾在20世纪支撑人类文明高速发展的以石油、煤炭和天然气为主的化石能源出现了前所未有的危机，除其储藏量不断减少外，更严重的是，科学研究发现，化石能源在使用后产生的二氧化碳作为温室效应气体排放到大气中，导致了全球变暖，引发了人们对未来社会发展动力来源的广泛关注和思考。不少国家的能源战略都有一个明显的政策导向——鼓励开发新能源，这既是国际市场上石油等传统能源产品价格高昂所致（非常时期除外），也是人类可持续发展的客观需要。因此，新能源开发有可能成为未来最重要的经济增长引擎，成为最有创造就业和财富能力的新经济支柱。目前，全球投向新能源，特别是风能、太阳能和生物质能的资金激增。有一种共识正在世界范围内形成：只有在新能源技术革命中走在前列，才有可能在未来的世界经济格局中占据优势地位。尤其在受金融危机影响全球经济不断下滑的背景下，有专家认为对新能源的开发与利用将是全球金融危机后世界经济的新一轮竞争热点，对传统能源的改良以及新能源技术和产品的发展，将会催生一个巨大的市场，新能源产业必将成为世界各国培育新的经济增长点的一个重要突破口。

2. 发展新能源可为经济又好又快发展提供支撑

有丰富的新能源资源，新能源发展又有了一定的基础，为发展新能源经济提供了支撑。当前，大力促进新能源经济的发展，是发展中的重要战略机遇。发展新能源经济不仅可以开辟新的能源供应途径，有效增加新能源供应量，还可以有效降低环境污染，有利于实施生态立国战略，建设环境友好型社会。而且，从产业结构调整看，发展新能源经济将对调整目前以重化工为主的产业结构、经济结构和发展战略，带动相关产业的发展，提高经济运行的抗风险能力发挥重要作用。把新能源产业培育成一个特色产业和新的经济增长点，必将有力地推动全国经济又好又快发展，成为有效应对挑战、抓住发展机遇的重要途径。

3. 有利于推动我国军事实力的发展

以新兴能源技术为代表的新一轮科技革命和产业革命迅猛发展，正在并将持续改变世界能源格局，世界主要国家的军队积极应对，加强能源科技创新，发展安全高效、绿色低碳能源技术，抢占战略制高点和主动权。基于可再生能源的多能源互补综合利用、分布式供能、智能微电网和大规模高效储能技术突破及应用，为解决军事基地和边防能源保障问题提供了技术支撑和应用经验。

第四节

世界新能源的发展

世界范围内能源转型不断加强，绿色低碳产业快速发展，新能源也已经趋向于多元化、清洁化、高效化、全球化、市场化。在未来 30 年，能源发电的成本将大幅度下降，进而增强其竞争力。部分新能源利用技术已经取得了长足的发展，并在各地形成了一定的规模，新能源技术的成本呈不断下降的趋势。目前，生物质能、太阳能、风能以及水能、地热能等技术已经得到了应用。

一 新能源的技术发展

新能源技术包括太阳能技术、核技术、氢能技术、化学电能技术、生物质能技术、风能技术、地热能技术、海洋能技术等。其中核技术与太阳能技术是新能源技术的主要标志，对核能、太阳能的开发利用，打破了以石油、煤炭为主体的传统能源观念，开创了能源的新时代。

太阳能技术包括太阳能光伏发电系统、太阳能车棚及充电站、光伏建筑、太阳能光导照明技术、太阳能光热系统等，太阳能光热系统包括太阳能热水器、太阳能温室、太阳能干燥、太阳能制冷以及太阳能空调、太阳能海水淡化等。

核技术通常包括核能技术、核动力技术、同位素技术、辐射技术、核燃料技术、核辐射防护技术等。对核技术最初的应用是在医学领域，至今已有 100 年的历史，并形成了一门新学科——核医学。核技术应用于工业领域初步形成了辐射加工产业，如用高分子材料做成聚乙烯电缆，在射线照射下会发生很强的交联接枝反应。在资源勘探开发、保护环境等方面，核技术也发挥了巨大作用。

氢能技术的应用范围很广，比如化石燃料制氢、电解水制氢、固体聚合物电解质电解制氢、高温水蒸气电解制氢、生物制氢、生物质制氢、热化学分解水制氢及甲醇重整制氢、H_2S 分解制氢等。氢的储存是氢能利用的重要保障，主要技术包括液化储氢、压缩氢气储存、金属氢化物储氢、配位氢化物储氢、物理吸附储氢、有机物储氢和玻璃微球储氢等。氢的应用技术主要包括燃料电池、燃气轮机（蒸汽轮机）发电、MH/Ni 电池、内燃机和火箭发动机等。

化学电能技术包括电池制备技术，目前以下几种电池研究比较活跃并具有发展前景：金属氢化物、镍电池、锂离子二次电池、燃料电池（包括碱性燃料电池，简称 AFC；质子交换膜燃料电池，简称 PEMFC；磷酸燃料电池，简称 PAFC；熔融碳酸盐燃料电池，简称 MCFC；固体氧化物燃料电池，简称 SOFC）、微生物燃料电池、铝电池和储能电池等。

各国的生物质能技术都在不断发展，目前我国正在发展的生物质能利用技术主要有热化学转化技术、生物化学转化技术、生物质压块细密成型技术等，主要产生可燃气体、焦油、木炭、沼气、酒精、高密度固体燃料等，并且通过制定相关政策来进一步发展生物质能技术，以此来拓宽领域，全面发展新能源技术。

风能技术主要体现在海上风力发电和陆上风力发电应用中。海洋能作为一种特殊的能源，它的能量主要来自潮汐、涌流和波涛的冲击力、温度差及海水中溶解的化学成分。目前仅有潮汐能被大规模利用，即潮汐能发电技术。波浪能发电、温差能发电和盐差能发电技术仍处于研发阶段。

地热能技术主要有地热发电、地热采暖、供热和供热水的技术。

二 世界新能源发展概况

近年来，全球许多国家出台了清洁发展和去煤控油政策，加快清洁能源项目投资建设，能源绿色低碳转型呈加速发展态势。比利时、瑞典等 10 多个国家煤电已全部退出，26 个欧盟成员国承诺 2020 年以后不再新建燃煤电站，荷兰、挪威、英国、法国等国已宣布禁售燃油车时间表。2019 年，全球可再生能源装机达到 25.3 亿 kW，占总装机比重的 34.7%，新增装机 1.8 亿 kW，占全球新增发电容量的 72%；可再生能源投资达到 2800 亿美元，连续 5 年超过 2500 亿美元，是化石能源发电投资的 3 倍。技术进步和规模化发展推动清洁能源发电成本快速下降，沙特、阿联酋、智利、葡萄牙等国光伏项目，墨西哥等国风电项目国际中标上网电价已低于 0.14 元 /（kW · h），而煤电等化石能源受资源与环境因素制约，发电成本将持续升高。预计 2025 年前，光伏和陆上风电竞争力将全面超过化石能源。推动全球清洁能源大规模开发、大范围配置，发挥清洁能源互补性强、经济性好的优势，为各国提供充足经济的绿色能源。

三 各国新能源的发展前景

1. 美国

美国电力工业将继续以廉价的可再生能源和天然气发电取代老化的煤电、核电，并将成为全美主要的发电来源。煤电和核电由于老化和经济性将逐渐淡出，到 2050 年这两种发电形式将彻底消失。在现有技术框架下，暂时看不到美国核电复兴的可能。

用于调峰的储能型电站在 2035 年前后将显著增长，成为可再生能源接入电网的强力支持，在 2050 年将达到 43%。2050 年美国的碳排放预期比目前低 54%。

2. 英国

清洁能源发展迅速。高碳价格推动英国从燃煤发电转换为燃气发电，并在正式淘汰期限的三年前将燃煤电厂从电力混合模式中踢出。与此同时，陆上和海上风电增长迅速，到2030年，将抢占部分燃气发电的份额，达到英国总发电量的64%。

到2050年，英国将增加183GW的风能和太阳能，以及13GW的储能，可再生能源提供了87%的发电量。届时电动汽车用电需求将占总用电量的24%。

3. 德国

德国在未来十年中将逐步淘汰煤炭、核能，可再生能源占发电量的82%。燃气发电和储能在整合可变可再生能源容量方面发挥着重要作用。到2050年，可再生能源发电量将占总发电量的96%。

德国的碳排放未来目标要比目前低97%，达到电力部门脱碳的极限。在风力和太阳能不发电时依靠天然气发电。

4. 日本

日本的电力系统仍非常依赖煤电。新的燃煤电厂、核电厂和可再生能源发电会增加，高成本的燃油、燃气发电将减少。2050年，可再生能源将占所有电力需求的75%，其中光伏和风电各占8%。

用户直接持有的小型光伏电站和储能将大大增加，日本将成为电力能源系统最分散的国家之一，30%的装机容量是电表后端计量。

5. 巴西

巴西现有的大型水力发电设施，加上快速增长的可再生能源，将大大减少对热发电的依赖。到2050年，水力发电依然占43%。巴西阳光资源和风力资源丰富，小型光伏电站和陆上风电将迅速发展。

由于水电资源丰富，巴西电力系统仅占总碳排放的4%，到2050年，碳排放还会减少86%，仅为0.6%。

6. 墨西哥

墨西哥在未来32年发电装机将增加6倍。低效的燃油发电厂将逐渐让位于可再生能源以及油气混合发电，美国将为墨西哥提供大量的低价天然气。

光伏地面电站大量增加，到2045年将达到100GW，其次是沿海陆上风电，达57GW。空调带来的峰值电力需求和可再生能源的增长要求电网接入更具有弹性。

因而，电力系统需要增加34GW的峰值天然气发电和23GW的储能电池。2050年，墨西哥84%的电力将来源于零碳技术，碳排放比目前减少76%。

7. 印度

印度持续的电力需求增长推动电力系统规模增长了6倍以上。到2044年，印度将超过美国建成世界第二大电力系统。尽管拥有世界上最便宜的风能和太阳能，但在煤矿附近建设新的燃煤电站仍具有相当大的竞争力，到2050年预计将有170GW的新增燃煤发电。与此同时，印度将建设超过1500GW的可再生能源发电，其中光伏占70%。到2050年，零碳技术将支撑印度 67% 的电力供应。

尽管清洁能源大幅增长，但印度电力部门的碳排放量仍将上升，并在 2038 年达到峰值 69%。2050 年，排放量比峰值减少 11%，但比 2018 年的碳排放量整整高出 50%。

8. 韩国

韩国的发电结构从 2018 年的 64% 煤炭和核能转为 2050 年的 71% 天然气和可再生能源。未来十年，大规模的安装和大幅降低的成本可让海上风电占韩国可再生能源发电量近一半。到 2050 年需求的增长使得装机容量增加一倍多。可再生能源将占新增发电量的近 70%，将新增光伏发电量 93GW，风力发电量 69GW。

随着韩国燃煤电站和核电站逐渐老化并退役，储能电站和电池与调峰天然气发电厂将成为韩国未来电力系统的重要组成部分，支持不断增长的海上风电和光伏发电。

从中期来看，韩国对化石燃料发电的依赖将使该国电力部门的碳排放量在 2029 年达到峰值，到 2050 年，碳排放量要比目前低 55%。

9. 澳大利亚

受竞争激烈的小型光伏市场和相对较高的零售电价驱动，澳大利亚电力系统正朝着分散的方向发展，用户端光伏和表后端储能占总容量的 38%。

到 2050 年，几乎所有的大型和排放密集型燃煤发电机组都将退役，排放量将下降 83% 左右。

10. 东南亚

东南亚 GDP 和人口增长迅速，极大地推动了电力需求，2050 年达到惊人的 152%。其中很大一部分来自空调需求。到 2050 年，发电量将增长 6 倍，光伏发电占主导地位。

虽然新的可再生能源在新建基础上优于煤炭，但现有燃煤电站相对较新，且运行成本较低，可以一直维持到 2050 年。

到 2050 年，发电结构将从现在的化石燃料发电占 84% 转变为可再生能源发电占 58%。电力部门的排放量将在 2037 年达到峰值，但到 2050 年仍会高于目前。

11. 中东和北非

在中东和北非，太阳能和风能发电最终将削弱天然气和石油发电。包括新的核电站，2050 年该地区的电力结构中将有 39% 的零碳发电。燃气发电一直都会有，光伏发电在新建发电类型中将占比最大。

相比之下，石油将扮演着越来越边缘化的角色，会从目前的 20% 下降到 2050 年的 4%。由于天然气在发电组合中持续占据主导地位，中东和北非地区在未来 30 年内的总排放量不会大幅减少。

12. 土耳其

土耳其从化石燃料向光伏和风能的转变将在 2025 年前后逐步上升。到 2050 年，风能和光伏发电占装机总量的 75%、发电总量的 67%，电力需求将增长 67%。新增光伏装机远远超过其他技术，占 2019~2050 年新增装机近 44%。此外，约 64GW 的陆上风电将投入使用，2035 年前后开始增加海上风电。水力发电仍然很重要，2050 年前会增加

11GW，占装机总量的 50%。到 2050 年，90% 的发电将来自零碳技术，土耳其电力部门的碳排放将比目前减少 67%。

第五节
我国新能源概况

近年来，我国新能源发展势头良好，在多个领域取得了显著的成就。大力发展新能源，如太阳能、风能、核能、生物质能可以解决许多社会问题，有助于共建和谐社会，中国新能源发展较快，利用比较广泛的新能源包括太阳能、风能和生物质能等。

一 可再生能源整体情况

随着火电增速放缓，以及清洁能源消纳问题的改善，可再生能源新增发电量占比进一步回升。可再生能源作为电力增量的主体地位进一步确立。从各种可再生能源的发展趋势看，光伏和风电持续快速发展，生物质能利用稳步开展，地热能产业体系显现雏形；行业装备制造水平不断提升，政策支持体系日臻完善。

可再生能源装机规模持续扩大，利用水平不断提高。到 2019 年底，可再生能源发电新增装机容量在总装机容量中占比超 50%，可再生能源发电装机容量达到 7.94 亿 kW；其中，水电装机容量 3.56 亿 kW、风电装机容量 2.1 亿 kW、光伏发电装机容量 2.04 亿 kW、生物质发电装机容量 2254 万 kW。风电、光伏发电首次双双突破 2 亿 kW。可再生能源发电装机约占全部电力装机的 39.5%，可再生能源的清洁能源替代作用日益凸显。

2019 年，我国全部可再生能源发电量达 2.04 万亿 kW · h；可再生能源发电量占全部发电量比重为 27.9%。其中，水电 1.3 万亿 kW · h；风电 4057 亿 kW · h；光伏发电 2243 亿 kW · h；生物质能发电 1111 亿 kW · h。2019 年，全国主要流域弃水电量约 300 亿 kW · h，水能利用率 96%。弃风电量 169 亿 kW · h，全国平均弃风率 4%；弃光电量 46 亿 kW · h，全国平均弃光率 2%。

根据有关规划研究分析预测，“十四五”中后期，我国可再生能源发展仍保持高中速增长态势。

二 新能源应用概况

1. 太阳能

太阳能在众多的新能源中以独有的清洁性、廉价性、高效性成为人们关注的焦点，它储量丰富，取之不尽，用之不竭。太阳能的利用方式多种多样，可以转化为热能、电能、化学能等。目前，我国太阳能设备制造能力和太阳能利用面积已经达到世界第一，其发展空间极为广阔。

截至 2019 年，我国太阳能发电累计装机容量达 20474 万 kW，其中光伏发电、光热发电累计装机容量分别为 20430 万 kW、44 万 kW。2019 年全国光伏发电量达 2243 亿 kW · h，占全部电源总发电量的 3.1%。得益于项目布局持续优化、集中式与分布式发展并举，以及电力市场化交易提升等因素，平均弃光率下降至 2%。全国光伏产业在多晶硅、硅片、电池片、光伏组件等环节实现平稳快速发展（图 1–6），光伏发电能力和项目运维管理水平明显提升；光热发电国产设备技术逐步提升。技术进步推动光伏发电成本快速下降，光伏发电将成为未来中国上网电价最低、规模最大的可再生能源。

图 1–6　非晶硅薄膜太阳能电池

2. 风能

风能作为一种清洁能源正在受到更多的关注和开发利用。中国可开发利用的风能资源初步估算约为 10 亿 kW，其中海上可开发和利用的风能储量约为 7.5 亿 kW。中国沿海特别是东南沿海及附近岛屿拥有非常丰富的风能资源，中国海岸线约为 1800km，有岛屿 6000 多个，海上风速高，很少有静风期，可以有效利用风电机组发电容量（图 1–7）。目前，全球现有 2/3 的风力发电设备在欧洲，未来的十年，在利用风能方面中国有望成为全球领先的国家。就目前的发展状况而言，中国的风电产业发展已经大大超过预期目标。

2019 年全国风电新增并网装机容量 2574 万 kW，累计并网装机容量为 21005 万 kW，年发电量为 4057 亿 kW · h，占全部电源发电量的 5.5%。在持续优化风电开发布局、多渠道拓展新能源电力本地消纳、跨省跨地区输电通道建设扩大新能源消纳等因素影响下，弃风率下降至 4%。风电产业装备研发和制造技术快速提升，工程施工和勘测设计技术不断进步，海上风电技术快速发展以及智慧风电机组等新型智能化技术应用不断涌现，技术推动风电上网电价持续下降，竞争性配置有序推进。

图 1–7　海上风电机组

3. 生物质能

中国拥有丰富的生物质能资源，中国理论生物质能资源有 50 亿 t 左右。现阶段可利用和开发的资源主要为生物废弃物，包括秸秆、薪柴、禽类粪便、工业有机废弃物和城市固体有机垃圾等。生物质能主要是植物光合作用生成的有机物，它的能量最初来源于太阳能，所以生物质能也是太阳能的一种。

近年来，中国在生物质能领域取得了重大进展。截至 2019 年，生物质发电新增装机容量 473 万 kW，累计装机容量达到 2254 万 kW，同比增长 26.6%；全年生物质发电量为 1111 亿 kW · h，同比增长 20.4%，继续保持稳步增长势头。累计装机容量排名前五位的省份是山东、广东、浙江、江苏和安徽，分别为 324 万 kW、239 万 kW、203 万 kW、199 万 kW 和 195 万 kW；新增装机容量较多的省份是广东、山东、江苏、安徽和浙江，分别为 95.4 万 kW、66.5 万 kW、35 万 kW、28.9 万 kW 和 22.9 万 kW；年发电量排名前五位的省份是山东、广东、江苏、浙江和安徽，分别为 140.8 亿 kW · h、120.2 亿 kW · h、110.4 亿 kW · h、106.7 亿 kW · h 和 97.7 亿 kW · h。中国政府及有关部门对生物质能利用也极为重视，已连续在四个国家五年计划中将生物质能利用技术的研究与应用列为重点科技攻关项目，开展了生物质能利用技术的研究与开发，如户用沼气池（图 1–8）、节柴炕灶、薪炭林、大中型沼气工程、生物质压块成型、气化与气化发电、生物质液体燃料等，取得了多项优秀成果。

图 1–8 沼气池

4. 海洋能

海洋能是海水运动过程中产生的可再生能，主要包括潮汐能、波浪能、潮流能（海流能）、温差能、盐差能等。更为广义的海洋能源还包括海洋上空风能、海洋表面的太阳能以及海洋生物质能等。海洋能具有蕴藏量大、可再生性强、不稳定性及造价高、污染小等特点。

中国海洋能的开发利用始于 20 世纪 50 年代，到 70 年代末、80 年代初，中国海洋能的开发利用有了较大发展，具备了一定的科技和开发基础。经过不断努力，中国海洋能发电产业稳步增长，并保持着良好的发展势头。近年来，中国海洋能开发进一步加快。浙江温岭江夏潮汐试验电站是中国最大的潮汐电站，总装机容量为 3900kW，规模居世界第三（图 1–9）。它记录了我国潮汐能技术的进步，也代表了我国海洋能技术开发的进步。

图 1–9 江夏潮汐试验电站

5. 地热能

地热能是储存于地球内部的一种巨大的能源。地球内部热源来自重力分异、潮汐摩擦、化学反应和放射性元素衰变释放的能量等。地热发电是地热利用的主要方式，地热能在采暖、供热、农业、医学等领域应用广泛。随着传统化石能源的日益紧缺，人们对能源安全、气候变化的担忧与日俱增，地热能源也越来越受到关注，在全球范围内激发了新一轮地热能开采热，欧、美、日等纷纷加速地热能开发。

我国拥有丰富的地热资源。全国地热可采储量是已探明煤炭可采储量的 2.5 倍，其中距地表 2000m 内储藏的地热能为 2500 亿 t 标准煤。全国地热可开采资源量为每年 68 亿 m^3，所含地热量为 973 万亿 kJ。我国在地热资源开发中，经过多年的技术积累，地热发电效益得到显著提升。除地热发电外，直接利用地热水进行建筑供暖、发展温室农业和温泉旅游等也得到较快发展。全国已经基本形成以西藏羊八井为代表的地热发电（图 1–10）、以天津和西安为代表的地热供暖、以东南沿海为代表的疗养与旅游和以华北平原为代表的种植和养殖的开发利用格局。

图 1–10 西藏羊八井地热发电

截至 2019 年底，中国地热热泵供暖（制冷）建筑面积约 8.41 亿 m^3，位居世界第一。地热发电相继启动，油田地热开发陆续形成项目突破，温泉热水利用已具规模。地热资源勘探技术不断成熟，中深层地源热泵研发活跃，深部地热储层改造增产技术取得突破，地热能行业标准体系初步建立。

6. 氢能

氢能被誉为人类的终极清洁能源。它是一种极为优越的新能源，其主要优点有：燃烧热值高，每千克氢燃烧后的热量，约为汽油的 3 倍、酒精的 3.9 倍、焦炭的 4.5 倍。燃烧的产物为水，是世界上最干净的能源。

世界各国在氢能开发利用方面投入巨大。中国对氢能的研究与发展可以追溯到 20 世纪 60 年代初，中国科学家为发展本国的航天事业，对作为火箭燃料的液氢的生产、H_2/O_2 燃料电池的研制与开发进行了大量而有效的工作。将氢作为能源载体和新的能源系统进行开发，则是从 20 世纪 70 年代开始的。氢燃料电池技术一直被认为是利用氢能解决未来人类能源危机的终极方案。随着中国经济的快速发展，汽车工业已经成为中国的支柱产业之一。在能源供应日益紧张的今天，发展新能源汽车已迫在眉睫，用氢能作为汽车的燃料无疑是最佳选择（图 1–11）。

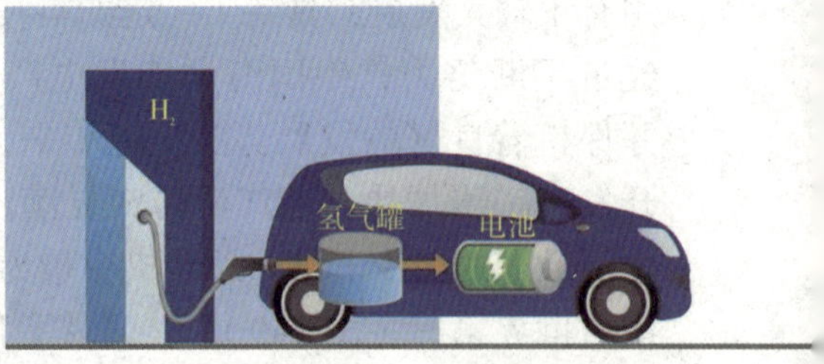

图 1–11 氢能汽车

近年来，我国新能源发展势头良好，在多个领域取得了显著的成就。大力发展新能源如太阳能、风能、核能、生物质能可以解决许多社会问题，有助于共建和谐社会。大力发展新能源可以解决能源危机、缓解运输紧张局面。即使新能源短期内难以占据能源市场的主要份额，也可以在很大程度上减轻用电压力，缓解电煤紧张的局面。总的来说，新能源产业的利用和发展与整个社会是相辅相成的。因此，我们必须对新能源产业给予足够的重视和支持。

第六节
新能源在军事领域的应用

在以化石能源为战略储备并作为核心储备的时代，军事领域也在探索利用新能源技术的可行性。安全范畴下的新能源技术应用，不仅包括武器装备，还是后勤保障的必须补充选项。现阶段，国际上对发展新能源技术尤为重视，并开展了相关新能源战略项目。

一 当前军事能源保障存在的主要问题

1. 士兵能源保障

单兵：主要使用充电电池，能量密度低（普遍低于 90W·h/kg），使用时间短（普遍低于 5h），低温性能差（-40℃以下不能使用），输入输出接口不通用，不便于携带，影响战术动作，缺乏高能量密度一次性电池和可穿戴式光储一体隐蔽充电手段。

班组：目前主要依靠备用电池，缺乏长期无依托条件下的便携隐蔽充电手段；电池能量密度低、重量大、体积大、低温性能差（-40℃以下不能使用）；现有发电机组存在目标特征信号强［噪声≥ 90dB（A）、有强烈的红外辐射］、重量大（≥ 10kg）、体积大、不便于携带等问题。

2. 装备平台能源保障

陆基平台：主要承担陆基运载平台及平台上武器系统动力、电力、空调、采暖保障。存在问题：供能手段单一（主要依靠柴油发电机），可靠性、持续性差，红外和电磁辐射强、噪声大，战时易暴露遭打击。电源型号多兼容性差，配件不通用、接口不统一，野战条件下撤收不便，使用安全性差。

海基平台：主要用于海基运载平台及平台上武器系统动力、电力、空调保障。存在问题：油品研发与装备发展在一定程度上脱节，造成油料品种多、型号杂等问题，如辽宁舰列装时使用的油品达 95 种，后经国产化和替代研究，压减到 41 种，其中仍有 14 种需进一步简化替代。舰船用燃气轮机、柴油机与发达国家技术差一代，且油机目标特征明显、隐蔽性差。

空基平台：主要用于空基运载平台及平台上武器系统动力、电力、空调保障。存在问题：高超音速飞行器、无人机用的高密度高安定性合成燃料、超低温燃料等与国外尚有差距。发动机技术与发达国家技术差1~2代，红外目标特征明显、隐蔽性差。无人平台中锂离子电池能量密度不高，载荷能力不足，燃料电池高空低温和轻量化性能不够。

3. 设施能源保障

永久性地面设施：各种固定台站、营房、基地，主要依靠市政电网、供热网，为其装备、设备或者设施提供各种电能、热能，维持其运行。存在问题：重要设施真正意义上的多路供电难以实现、战时安全性差，自备发电设备主要为柴油发电机组，油耗高、故障率高、红外特征信号高，缺乏专业运行维护人员。除驻大中城市部队外，多数难以接入市政供热网，自备供暖设备多为燃煤锅炉，工作环境较差，污染较大。

永久性地下设施：主要用于各种永久性地下指挥所、阵地、场站、洞库、台站、仓库，为其装备、设备或者设施提供各种电能、热能，维持其运行，以市政供电为主，以自备发电设备、通风空调、供暖设备为辅。存在问题：真正意义上的多路供电难以实现、战时安全性差，自备柴油发电机组排气温度高、烟度大、红外特征信号高、工程口部隐蔽性差。自备空调设备多为间接循环，供暖除湿主要靠电，能耗高、用电量大。

移动式地面设施：主要用于各种野战移动式指挥所、营房、台站，为其装备、设备或者设施提供各种电能、热能，以自备独立式移动发电装备、供暖装备为主。存在问题：自备移动式发电装备以柴油发电机为主，红外特征信号强烈，存在电磁干扰，隐蔽性差，高原（海拔3500m以上）启动、使用困难，技术状态普遍不佳，油耗高、故障率高，缺乏专业运行维护人员，持续供电保障不托底。战场机动、远程投送等移动供电能力弱，仅仅依靠电池、UPS和逆变电源供电，没有移动发电能力。

4. 高新武器能源保障

制导武器：电源安装在导弹弹体内，主要为制导、动力、引信、战斗部等用电设备供电。应用的锌银电池低温性能较差，成本高，储存寿命短，使用前需提供附加能量激活电池，需要对电池进行加热保温等。应用的热电池内阻小，电池容易短路，稳定性差，对振动和静电相当敏感，工作寿命短。

新概念武器：主要通过新概念武器内部储能器件缓慢充电积累能量，然后在很短时间内产生高幅度、大功率脉冲输出。可分为电容储能高功率脉冲电源、电感储能高功率脉冲电源、化学能与核能高功率脉冲电源、机械能高功率脉冲电源。目前，主要存在脉冲电源的源系统异常庞大，一般平台难以支撑的问题。

二 新能源在军事中的应用实例

1. 太阳能发电帐篷

很多部队已经开始配备这类太阳能发电器，白天为装备供电，可以满足巡逻电台等便携式通信装备的用电需求，还可以保证野战部队日常生活、部队外出作业用电，在无电区开展活动的时候也能派上用场（图 1–12）。

图 1–12 太阳能发电帐篷

2. 高能镍碳超级电容器

国内技术人员研发的高能镍碳超级电容器不仅可以解决电动汽车动力问题，也可以应用在潜艇、航天，甚至新型飞机、导弹上，有效缓解了能源紧张问题（图 1–13）。

图 1–13 高能镍碳超级电容器

3. 中国氢能无人机

在大范围、全天候的巡逻场景中，锂电池无人机续航时间短（不到 1h），而油动无人机振动大，高精度拍摄时需加装减振器件，加大了载荷。相比锂电池动力，氢燃料电池无人机先天具备续航优势，而且无振动、无污染。搭载了氢燃料电池的无人机可以拓展应用的空间，比如集群运作时，长续航的通信中继无人机，可确保机群飞得更远，执行一些目前仅靠人力无法完成的复杂任务（图 1–14）。

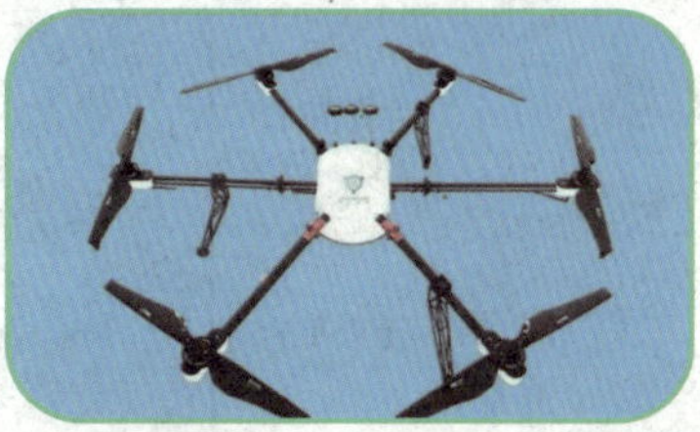

图 1–14 中国氢能无人机

4. 基地微电网

基地供电系统实际上是一个微电网群，可由若干子微网组成。在野战条件下，部队集结时可由各部（分）队配置的小型微电网和装备微电网通过并网互联快速构成基地微电网（图 1–15）。

图 1–15 采用微电网供电的美军远征基地

5. 移动式隐身电站

隐身性是现代武器装备的重要性能指标之一。军用移动电站如果具有隐身性，就可以大大提高电站在战场上的生存能力。目前，一些国家的军用移动电站除通过采取控制电站体积、外观亮度和颜色，降低噪声等传统手段隐身外，还大量采用了隐身材料新技术。目前已有新型材料技术被应用到军用移动电站的隐身上，作战效能大增（图 1–16）。

图 1–16 某开关站

6. 月球上的氦 –3

氦 –3，是一种无色无味的氦气同位素气体，被认为是一种在未来将被广泛应用的核聚变能源燃料，因为氦 –3 可以和氢的同位素发生核聚变反应，但是与一般的核聚变反应不同，氦 –3 在聚变过程中不产生中子，所以放射性小，而且聚变反应过程易于控制，既环保又安全，有这种原材料作基础，人类很快就能掌握可控核聚变技术，实现高效、安全、廉价、清洁无污染发电。然而氦 –3 在地球上非常少，已探明容易获取的资源只有 500kg 左右，也就是只有 0.5t，但是在月球表层的土壤中含量却高达 100 万 t，是地球的 200 万倍，足够全世界发电使用 1 万年（图 1–17）。

图 1–17　月球上提取氦 –3

三 新能源在军事中的发展趋势

随着新能源的发展，高比能可充电电池、太阳能电池、柔性电源、燃料电池及其他新能源技术快速进步，甚至呈现出爆发式发展的态势。这些动力与能源技术具有高度的军民两用性和军种通用性，其快速发展将带来装备形态、使用方式、部署模式的改变。主要体现在：高比能电池、小型便携式电源、能量回收技术有望打造能长期独立作战的超级士兵；燃料电池技术通用性强，可用于潜艇、战车及各种无人平台；无人干预充电，尤其是无线充电技术，将大幅提高作战无人平台的作战半径；太阳能、波浪能、海洋温差能、微生物燃料电池等新能源技术有望实现无人值守传感器的无限续航力（图 1–18）。

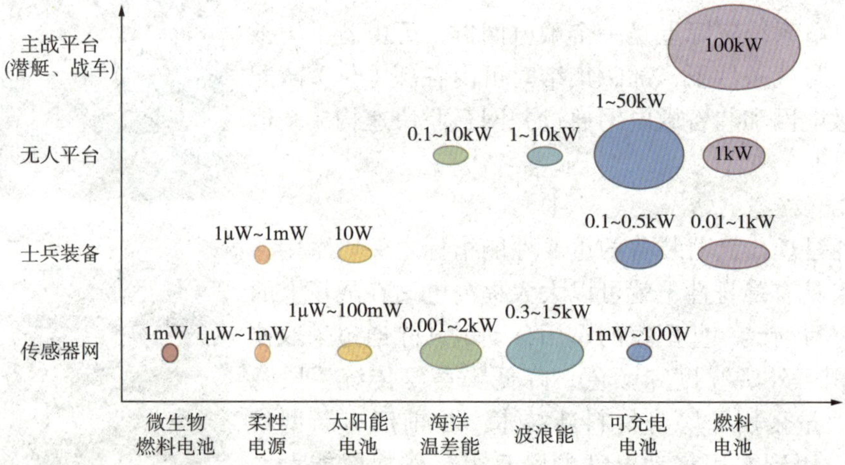

图 1–18　新能源技术在军事中应用情况

1. 打造能长期独立作战的超级士兵

新一代的士兵系统将装备功能更加完善的情报、监视、侦察系统，具备更快的通信、敌我识别等数据交互能力，使士兵能操控无人车和无人机，同时收集士兵心率、呼吸频率、血压、体温等健康状态数据，并能过滤空气和水，实现人体保暖和降温，为士兵提供必要的生命支持。美国国防部设想的未来士兵头盔将具备抬头显示、综合通信、空气过滤、夜视、光学侦察等功能；智能作战服（例如 DARPA 研发的“勇士织衣”）重量轻、柔韧性好，能通过小型传感器、功能结构件和致动器将负重分布于士兵全身，减轻负重对关节的损伤，同时带有生物传感器，具备实时健康监测、自主医药辅助等功能。

未来士兵服装可由拉伸发电的纱线混纺而成，肩部、胸部可集成柔性光伏电池，腹部可装备多组轻量化高比能电池，大腿部装备小型燃料电池，并携带适量战术燃料，膝盖、关节、肩膀等还可装备动能回收系统，手套、背心前部可粘贴拉伸发电电容器贴片，由配电模块向作战服各处分配电能并监控用电、供电情况，形成未来士兵作战服的电源系统。士兵电源正在从单电池发展为包含柔性电源、便携式自发电、贴合人体能量回收的综合能源系统，趋势是更薄、更轻、更柔软。这些士兵电源能够有效延长士兵携带的传感器、电子设备、通信系统的续航力，能够支持新一代武器、传感器、外骨骼，提高干扰环境下的目标命中率、状态感知、多模式通信、毁伤目标的能力，还能在必要时为携带的小型无人机、无人车充电，提高无人平台的航程和续航时间。

2. 燃料电池技术通用性强，可用于常规潜艇、战车、无人平台等

德国的 212 型 /214 型潜艇、俄罗斯第五代常规潜艇、西班牙 S80 潜艇、法国“短鳍梭鱼”型潜艇均已使用或已确定使用燃料电池 + 柴油机动力型式。此外，日本防卫省也在研发潜艇燃料电池动力系统，很可能用于下一代潜艇。由于高压氢气储存条件苛刻、金属氢化物储氢密度低，国外海军正在研发以甲醇、乙醇、燃油为原料重整制氢的技术。俄罗斯正在为第五代常规潜艇试验燃油重整制氢技术，法国“短鳍梭鱼”型潜艇也将提供燃油重整制氢方案。

车用燃料电池的研究已经开展了多年，商用燃料电池车已经开始销售，作战车辆也已经开始应用燃料电池。美国通用汽车公司与陆军装备司令部坦克机动车辆研发与工程中心（TARDEC）联合研发了雪佛兰科罗拉多 ZH2 燃料电池汽车，发电功率为 92kW，用于夏威夷军事基地。燃料电池除可用于驱动车辆外，还可用于制备淡水和为小型无人系统充电，而无须额外携带发电机。

3. 通过无人干预充电扩大无人平台的作战半径

从动力和能源角度看，扩大无人平台作战半径的主要方式有两种：一是持续发展高比能、大容量的蓄电池，但受电池工业整体发展水平限制，短期内蓄电池比能难以大幅提高；二是在无人平台执行任务的间隙，进行无人干预充电，减少布放和回收频次。国外在无人潜航器和无人机领域研发出了无人干预的中继充电系统。

4. 使分布式无人值守传感器具备理论的无限续航力

分布式无人值守传感器一般用电池供电，地面传感器的首选电源之一就是太阳能电池，但电池的更换、充电会带来隐蔽性差、后勤维护成本高等问题。例如，利用舰艇和舰员更换一次深海传感器电池的费用超过 50 万美元。随着新能源技术发展，地面、水面、水下、海底的无人值守传感器均有望实现无限续航力。

水面、水下传感器可使用波浪能、海洋温差能供电，在全世界绝大多数的温暖海洋和热带海洋，海平面的温度（15~30℃）远高于 500m 深的海水温度（4~7℃）。海洋温差能可利用表层和深层海水间的温差进行发电，有望将浮标的续航力延长至数年。此外，水下传感器还可使用波浪能供电。美国潮汐能源技术公司已经研发出功率为 350W~15kW 的波浪能浮标发电系统，浮标部署深度为 25~1000m。

海底传感器可使用微生物燃料电池发电。微生物燃料电池以海底微生物为阳极、海水为阴极，利用微生物的呼吸作用，分解环境中的糖类和其他养分，释放能量形成电流。美国空间与海上作战系统中心太平洋分部针对微生物燃料电池开展了大量研究，提出了用搅拌型电池提高比功的思路。早在 2016 年 11 月，该机构在海洋技术协会会议上提出，可在中国南海及周边海域部署微生物传感器供电的分布式传感器网络。

太阳能、可充电电池、燃料电池、能量回收等新能源技术的发展，在引导民用消费趋向的同时，也正在对军事装备、战场形态产生潜移默化的影响。

四 我军的未来新能源发展规划

现阶段，应积极推动转化应用，快速形成便携式隐身电站、便携式多源野战供电装置、可穿戴式柔性赋形光储一体电源、分队级多源野战供电系统，以及陆上高机动作战平台、无人作战平台和海上作战平台等隐身综合能源保障技术解决方案，完善我军单兵、班组和分队特种作战及陆上高机动作战、无人平台作战、深远海作战综合能源保障技术体系，快速提升我军军事能源综合保障能力。

2025 年前，注重创新突破，面向各类先进平台、关键系统，全面开展新兴前沿军事能源技术创新并加快技术的成熟，解决军事能源保障存在的来源单一、能量密度低、传输不便、环境适应性差、抗毁生存能力弱等共性问题，形成完整系统的特种燃料、多源能量接入、高效储能、无线能量传输、战场微电网、军事能源安全防护技术体系，总体技术达到国际先进水平，全面提升我军军事能源整体保障能力。

2035 年前，实现跨越发展，选择、验证和发展分子工厂燃料合成、迷你型核能发电、生物碳基固态纳米线电池、空天地海一体化能量传输等适应未来战争需要的颠覆性能源技术，整体达到国际领先水平，抢占未来军事能源战略的制高点，确保形成针对主要军事对手的能源保障优势。

第二章

太阳能及其在军事领域应用

在全球资源匮乏的今天，化石能源的快速消耗导致能源短缺问题日益突出，新能源取代化石能源的需求迅速增加，太阳能作为一种清洁能源，因其供应的持续性、分布广泛性和清洁无污染性等优点而备受关注，是未来社会最安全、最理想的绿色替代能源。

第一节

概　述

一　太阳的形成

在大约 45.7 亿年前，无限巨大的宇宙星云开始演化，引力坍缩的结果是 99.86% 的质量形成了太阳；其余部分经过演化形成了行星、卫星、陨星和其他小型的太阳系天体系统。

太阳是一个炽热的气态球体，它的直径约为 139 万 km，质量约为 2.2×10^{27}t，为地球质量的 33.2 万倍，体积比地球大 130 万倍。从化学组成来看，现在太阳质量的大约 3/4 是氢，剩下的几乎都是氦，氧、碳、氖、铁和其他的重元素质量少于 2%，以核聚变的方式向太空释放光和热。

天文学家把太阳结构分为内部结构和大气结构两大部分。太阳的内部结构由内到外可分为核心、辐射层、对流层 3 个部分，大气结构由内到外可分为光球、色球和日冕 3 层（图 2–1）。

太阳的核心区域虽然很小，半径只是太阳半径的 1/4，却是产生核聚变反应之处，是太阳的能源所在地。太阳核心的温度极高，达 1500 万℃，压力也极大，因此产生了由氢聚变为氦的热核反应，从而释放出极大的能量。太阳核心物质的密度约为 $150000kg/m^3$。核心区温度和密度的分布都随着与太阳中心距离的增加而迅速下降。

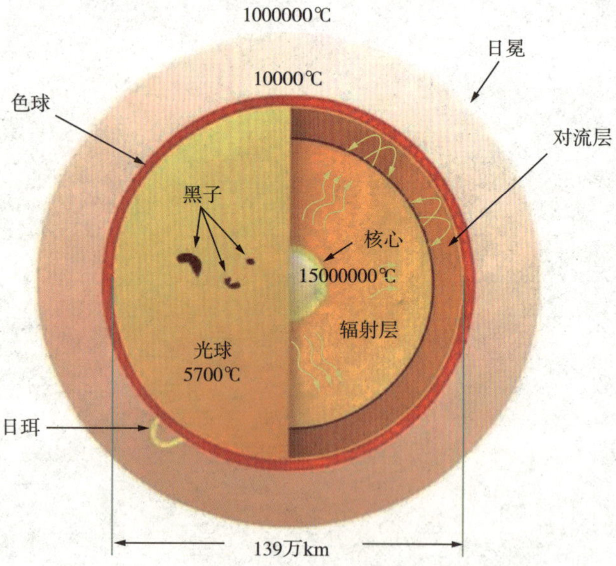

图 2–1　太阳的结构简图

在太阳内部 0.25~0.71 个太阳半径区域称为太阳的辐射层。在这个层中气体温度约为 7×10^6K，密度约为 $150000kg/m^3$。按照体积而言，辐射层约占太阳体积的一半。太阳核心产生的能量，通过这个区域以辐射的方式向外传输。

对流层处于辐射层的外面，大约在 0.71~1.0 个太阳半径区域。温度约为 5×10^5K，密度也降至 $150kg/m^3$。由于巨大的温度差引起对流，太阳内部的热量以对流的形式在对流层向太阳表面传输。除通过对流和辐射传输能量外，对流层的太阳大气湍流还会产生低频声波扰动，这种声波将机械能传输到太阳外层大气，导致加热和其他作用。

太阳光球就是我们平常所看到的太阳圆面，通常所说的太阳半径是指光球的半径。光球的表面是气态的，其平均密度只有水的几亿分之一，但由于它的厚度达500km，所以光球是不透明的。光球层的大气中存在着激烈的活动，用望远镜可以看到光球表面有许多密密麻麻的斑点状结构，像一颗颗米粒，称为米粒组织。它们极不稳定，一般持续时间仅为5~10min，其温度要比光球的平均温度高出300~400℃。目前认为这种米粒组织是光球下面气体的剧烈对流产生的。光球表面另一个著名的活动现象便是太阳黑子。黑子是光球层上的巨大气流旋涡，大多呈近椭圆形，在明亮的光球背景反衬下显得黑暗，但实际上它们的温度高达4000℃左右，倘若把黑子单独取出，一个大黑子便可以发出相当于满月的光芒。日面上黑子出现的情况不断变化，这种变化反映了太阳辐射能量的变化。太阳黑子复杂的变化有一定的周期性，平均活动周期为11.2年。

太阳色球是充满磁场的等离子体层，厚度约为2500km。色球层的温度由4000K左右的极小值向上增加，到2000km左右时停留在4000~6000K，在此高度以上，温度显著增高，达到10^5~10^6K。其温度，在与光球层顶衔接的部分为4500℃，外层达到几万℃，密度随高度的增加而减小，整个色球层的结构并不均匀，也没有明显的边界。由于磁场的不稳定性，色球层经常产生爆发活动。

日冕是太阳大气的最外层，厚度达到几百万km以上。日冕温度有100万℃。在高温下，氢、氦等原子已经被电离成带正电的质子、氦原子核和带负电的自由电子等。这些带电粒子运动速度极快，以致不断有带电的粒子挣脱太阳的引力束缚，射向太阳的外围，形成太阳风。日冕发出的光比色球层的还要弱。日冕被分为内冕、中冕和外冕3层。内冕从色球顶部延伸到1.3太阳半径处；中冕从1.3太阳半径到2.3太阳半径处，也有人把2.3太阳半径以内统称为内冕，大于2.3太阳半径处统称为外冕。

二　太阳资源的分布

太阳是一颗自己能发光的气体星球，其内部不断进行着热核反应，因而每时每刻都在稳定地向宇宙空间发射太阳能。人类开发太阳能主要是利用太阳光辐射所产生的能量，由于地球表面大部分被海洋覆盖，达到地球表面的能量约占太阳达到地球范围内辐射能的10%，然而太阳每秒钟到达地球陆地表面的辐射能相当于全世界一年内各种能源所产生的总能量的3.5万倍，因此太阳能的开发利用日益受到人们的青睐。

根据太阳辐射的总功率以及太阳上氢元素的总含量进行估算，太阳能资源尚可继续使用600亿年之久，对于人类存在的年代来说，可谓取之不尽，用之不竭。太阳向宇宙空间发射能量的辐射功率为3.8×10^{23}kW的辐射值，其中20亿分之一到达地球大气层。到达地球大气层的太阳能，30%被大气层反射，23%被大气层吸收，47%到达地球表面，其功率为8.0×10^{14}kW，也就是说，太阳每秒钟照射到地球上的能量就相当于燃烧500×10^4t

煤释放的热量。全球人类每年能源的消费总和只相当于太阳在 40min 内照射到地球表面的能量。

我国幅员辽阔，有着十分丰富的太阳能资源。据估算，我国陆地表面每年接收的太阳辐射能约为 50×10^{18}kJ，全国各地太阳年辐射总量达 335~837kJ/（cm^2·a），中值为 586kJ/（cm^2·a）。从全国太阳年辐射总量的分布来看，西藏、青海、新疆、内蒙古南部、山西、陕西北部、河北、山东、辽宁、吉林西部、云南中部和西南部、广东东南部、福建东南部、海南岛东部和西部以及中国台湾西南部等广大地区的太阳辐射总量很大。尤其是青藏高原地区最大，那里平均海拔高度在 4000m 以上，大气层薄而洁净，透明度好，纬度低，日照时间长。例如被人们称为“日光城”的拉萨市，1961~1970 年，年平均日照时间为 3005.7h，相对日照为 68%，年平均晴天为 108.5 天，阴天为 98.8 天，年平均云量为 4.8，太阳总辐射能为 816kJ/（cm^2·a），比全国其他省区和同纬度的地区都高。全国以四川和贵州两省的太阳年辐射总量最小，其中尤以四川盆地为最，那里雨多、雾多，晴天较少。例如成都市，年平均日照时数仅为 1152.2h，相对日照为 26%，年平均晴天为 24.7 天，阴天达 244.6 天，年平均云量高达 8.4。其他地区的太阳年辐射总量居中。

按接受太阳能辐射量的大小，全国大致可分为五类地区，见表 2–1。

表 2–1　中国太阳能等级表

地区等级	全年日照时间 /h	全年总辐射能 /［kJ/（cm^2·a）］	包括的主要地区	备注
一类	2800~3300	6700~8370	青藏高原、甘肃北部、宁夏北部和新疆南部等	太阳能资源最丰富的地区
二类	3000~3200	5860~6700	河北西北部、山西北部、内蒙古南部、宁夏南部、甘肃中部、青海东部、西藏东南部和新疆南部等	太阳能资源较丰富的地区
三类	2200~3000	5020~5860	山东、河南、河北东南部、山西南部、新疆北部、吉林、辽宁、云南、陕西北部、甘肃东南部、广东南部、福建南部、江苏北部和安徽北部等	太阳能资源中等的地区
四类	1400~2200	4190~5020	长江中下游、福建、浙江和广东的部分地区	太阳能资源不足的地区
五类	1000~1400	3350~4190	四川、贵州	太阳能资源匮乏的地区

一类、二类、三类地区，年日照时数大于 2000h，辐射总量高于 5020kJ/（cm^2·a），是我国太阳能资源丰富或较丰富的地区，面积较大，约占全国总面积的 2/3 以上，具有利用太阳能的良好条件。四类、五类地区虽然太阳能资源条件较差，但仍有一定的利用价值。

太阳能丰富区：在青藏高原、甘肃北部等地，年总辐射量在 150kcal/cm^2 以上。太阳能较丰富区：河北西北部、山西北部等地，年总辐射量约 130~150kcal/cm^2。太阳能可利用区：分布在长江中下游、福建、浙江等地，年总辐射量为 110~130kcal/cm^2。

三 我国太阳能发电的发展历程

1954 年 4 月 5 日，人类太阳能利用实现了历史上的最大突破，世界上第一块商业实用型太阳能电池在美国贝尔实验室诞生。1958 年，中国研制出了首块硅单晶，1968~1969 年底，半导体所承担了为“实践 1 号卫星”研制和生产硅太阳能电池板的任务。研究人员发现，P+/N 硅单片太阳能电池在空间中运行时会遭遇电子辐射，造成电池衰减，使电池无法长时间在空间运行。1969 年，半导体所停止了硅太阳能电池研发，随后，研究人员为东方红二号、三号、四号系列地球同步轨道卫星研制生产了太阳能电池阵。

1975 年宁波、开封先后成立太阳能电池厂，电池制造工艺模仿早期生产空间电池的工艺，太阳能电池的应用开始从空间降落到地面。1998 年，中国政府开始关注太阳能发电，拟建第一套 3MW 多晶硅电池及应用系统示范项目。但是，当时太阳能光伏产业发展前景尚不明朗，加之受政策因素制约，不少人对这一新能源项目望而却步。

2001 年，无锡尚德公司建立 10MW 太阳能光伏电池生产线获得成功。2002 年 9 月，其第一条 10MW 太阳能光伏电池生产线正式投产，产能相当于此前四年全国太阳能光伏电池产量的总和，一举将我国与国际光伏产业的差距缩短了 15 年。2003~2005 年，在欧洲特别是德国市场的拉动下，多家企业纷纷建立太阳能电池生产线，使我国太阳能电池的生产量迅速增长。

2004 年，我国自主研发出了 12 对棒节能型多晶硅还原炉。以此为基础，2005 年国内第一个 300t 多晶硅生产项目建成投产，从而拉开了中国多晶硅大发展的序幕。2007 年，中国成为生产太阳能光伏电池最多的国家，产量从 2006 年的 400MW 一跃达到 1088MW。

2010 年后，在欧洲光伏产业需求放缓的背景下，我国光伏产业迅速崛起，成为全球光伏产业发展的主要动力，累计光伏装机并网容量达到 16GW。2014 年，我国光伏制造业总产值超过 1500 百亿元，多晶硅产量达到 6.2 万 t，硅片产量为 18GW，电池组件产量为 15.5GW。我国骨干企业掌握了万吨级多晶硅及晶硅电池的全套工艺，光伏设备本土化率不断提高。

2018 年，全国新增光伏并网装机容量达到 44GW，累计光伏并网装机容量超过 174GW，新增和累计装机容量均为全球第一。全年光伏发电量约为 1800 亿 kW · h，约占全国全年总发电量的 2.6%。

2019 年，虽然我国光伏新增装机容量再次同比下降，但是新增和累计光伏装机容量仍继续保持全球第一。同年，我国新增光伏并网装机容量达到 30.1GW，累计光伏并网装机容量达到 204.3GW，全年光伏发电量达到 2242.6 亿 kW · h，占我国全年总发电量的 3.1%。

第二节

太阳能光伏发电系统

太阳能是指太阳的热辐射能，主要表现就是常说的太阳光线。对太阳能的利用有光热转换和光电转换两种方式。太阳能发电是指通过发电设备将光能转变为电能。太阳能发电包括太阳热发电和太阳能光伏发电，其中，太阳能光伏发电因为具有独特优势，成为当前最有发展潜力和前景的新能源技术之一。

一 光伏发电的原理

光伏发电是利用太阳能电池这种半导体器件 P–N 结的光生伏特效应，将太阳光能直接转化为电能。

光生伏特效应是指在 P–N 结中，P 区、空间电荷区和 N 区都会产生光生电子 – 空穴对，这些电子 – 空穴对由于热运动，会向各个方向迁移。空间电荷区产生的与迁移进来的光生电子 – 空穴对被内建电场分离，光生电子被推进 N 区，光生空穴被推进 P 区。在空间电荷区边界处总的载流子浓度近似为 0。在 N 区，光生电子 – 空穴对产生后，光生空穴便向 P–N 结边界扩散，一旦到达 P–N 结边界，便立即受到内建电场的作用，在电场力作用下作漂移运动，越过空间电荷区进入 P 区，而光生电子（多数载流子）则被留在 N 区。同样，P 区中的光生电子也会向 P–N 结边界扩散，在到达 P–N 结边界后，同样由于受到内建电场的作用而作漂移运动，进入 N 区，而光生空穴（多数载流子）则被留在 P 区。因此，在 P–N 结两侧积累了正、负电荷，形成与内建电场方向相反的光生电场。这个电场除了一部分抵消内建电场，还使 P 型层带正电，N 型层带负电，因此产生了光生电动势（图 2–2）。

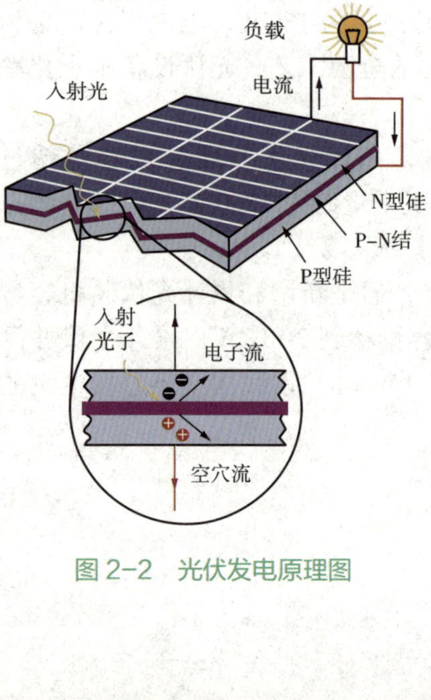

图 2–2 光伏发电原理图

光伏发电系统是利用光伏电池的光生伏特效应，将太阳光辐射能直接转换成电能的系统。按照运行方式，光伏发电系统主要可分为独立光伏发电系统、并网光伏发电系统和分布式光伏发电系统。光伏发电与传统能源和其他新能源相比，其独特优势如下：太阳能资源十分丰富，储藏量巨大，取之不尽、用之不竭，而且不需要运输；光伏发电不涉及机械能，无噪声，不会影响周围居民日常生活；太阳能发电干净、清洁、环保、无污染；光伏组件使用寿命较长，工作稳定、可靠性高；维护成本较低等。

二　独立光伏发电系统

未与电力系统进行并网连接的光伏发电系统被称为独立光伏发电系统，也称为离网光伏发电系统。独立光伏发电系统是由光伏电池、DC/DC 控制器、DC/AC 逆变器和蓄电池等构成，其结构如图 2–3 所示，该系统主要应用于偏远山区、岛屿、基站等地方。

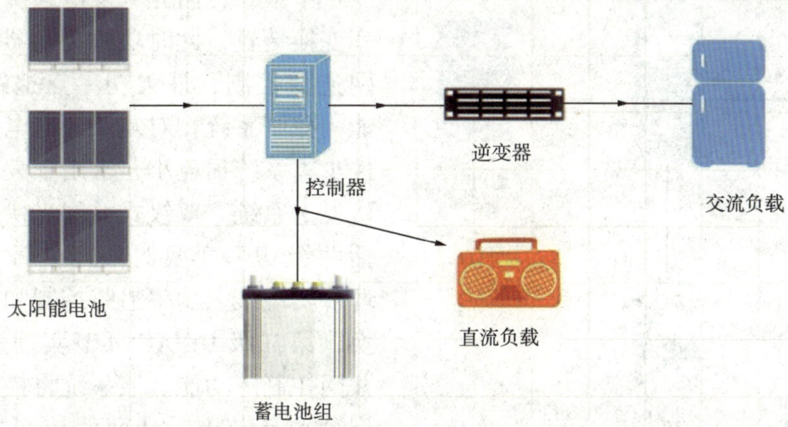

图 2–3　独立光伏发电与负载系统

1. 蓄电池

通常用铅酸电池，在微小型系统中也可用镍氢电池、镍镉电池或锂电池。一般有 12V 和 24V 两种。其作用是将太阳能电池板所发出的电能储存起来，需要时再释放出来。

2.DC/DC 控制器

在太阳能光伏发电系统中，DC/DC 控制器的基本作用是对蓄电池进行充发电控制和最大功率点跟踪、直流电压变换。

随着外界环境因素的变化，光伏组件的内阻也会发生变化，为了使负载获得最大功率，可以通过在光伏组件和负载之间增加阻抗变换器实现负载阻抗的匹配。阻抗变换器即 DC/DC 控制器，通过改变 DC/DC 变换电路中功率开关的占空比，来改变等效负载阻值的大小，实现阻抗匹配。

3.DC/AC 逆变器

逆变器的作用就是将太阳能光伏电池和蓄电池提供的直流电逆变成正弦交流电，供给交流负载使用。

4. 蓄电池组

蓄电池组的作用是将太阳能光伏电池发出的直流电储藏起来，供负载使用。

三 并网光伏发电系统

并网光伏发电系统是指发电输出端与电网相连接，不是直接与负载连接的系统，即光伏电池经过逆变后在相应控制下，输出符合并网要求的交流电的光伏发电系统（图 2-4）。该系统中逆变器与独立光伏发电系统的功能不同，其不仅要实现逆变还要实现并网。根据光伏系统拓扑结构的不同，并网光伏发电系统可以分为单级式、双级式和多级式，其中最常见的是单级式、双级式并网光伏发电系统。

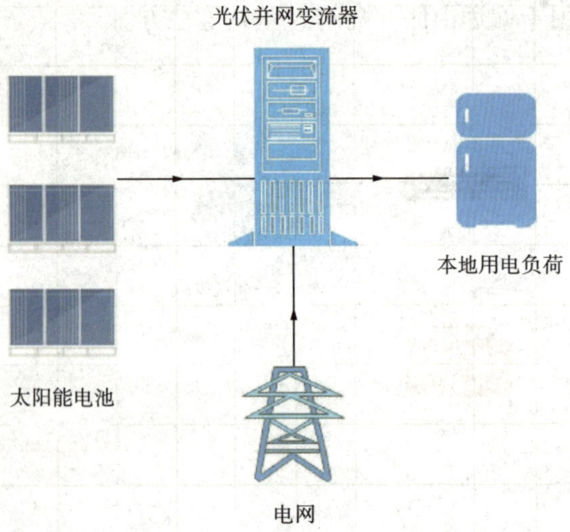

图 2-4 并网光伏发电系统

单级式并网光伏发电系统只有一级功率变换装置，此时功率变换器需要实现并网逆变控制、最大功率点追踪等控制功能，控制系统相对复杂，但电路简单、器件少、系统损耗小，常用于大功率并网光伏发电系统。双级式并网光伏发电系统包括两级功率变换器，其中第一级 DC/DC 环节实现最大功率追踪控制和直流电压变换，第二级 DC/AC 环节实现逆变控制和并网控制等功能。该系统将控制功能分配到两个环节上，从而使控制方法相对简单，但增加了效率损耗，常用于中小功率等级的并网光伏发电系统中。

四 分布式光伏发电系统

近年来，我国西部地区大力发展光伏发电，但随着集中式光伏电站的大规模建设，显现出了一些问题。部分地区用电量低，已经无法完全消纳这些电量，而且受到电力系统接纳能力的限制无法大规模发展。因此，鼓励东、中部地区发展分布式发电，鼓励自发自用，成为光伏发电的发展方向。

分布式光伏发电特指采用光伏组件，将太阳能直接转换为电能的分布式发电系统。它是一种新型的、具有广阔发展前景的发电和能源综合利用方式，倡导“就近发电、就近并网、就近转换、就近使用”的原则，不仅能够有效提高同等规模光伏电站的发电量，还有效解决了电力在升压及长途运输中的损耗问题。分布式发电通常是指装机规模较小的、布置在用户附近的发电系统。

图 2-5 家庭光伏发电系统

分布式发电是指并网电压等级在 35kV 及以下（东北地区在 66kV 及以下），单个并网点功率 20MW 以下的分布式光伏系统。

分布式光伏发电系统的适用场合可分为两大类：

一是可在全国各类建筑物和公共设施上推广，形成分布式建筑光伏发电系统，利用当地各类建筑物和公共设备建立分布式发电系统（图 2-5），满足电力用户的部分用电需求，为高耗能企业提供生产用电。

二是可在偏远地区或海岛等少电、无电地区推广，形成离网发电系统或微电网，由于经济发展水平的差距，我国仍有部分偏远地区没有解决基本用电问题。

以往的农网工程大多依靠大电网的延伸，小水电、小火电等供电，电网延伸困难极大，且供电半径过长，导致供电质量较差，发展离网型分布式发电不仅可以解决处于无电、少电地区居民基本用电问题，还可以清洁高效地利用当地的可再生能源，有效地解决能源和环境之间的矛盾。

根据不同的应用场合，太阳能光伏发电系统一般分为并网发电系统、离网发电系统、并离网储能系统、并网储能系统和多种能源混合微网系统五种。

据统计，2015~2019 年中国分布式光伏发电累计装机容量逐年提升，2018 年已经达到 50.61GW，截至 2019 年第三季度，中国分布式光伏发电累计装机容量达到 58.7GW。

从区域格局来看，截至 2019 年 9 月底，全国光伏发电累计装机容量为 19019 万 kW，同比增长 15%，新增 1599 万 kW。其中分布式光伏发电装机容量为 5870 万 kW，同比增长 28%。浙江、山东、江苏累计装机容量在全国排在前三位。

五 太阳能光伏电池

太阳能电池（图 2-6）指可以有效吸收太阳能，并将其转化成电能的半导体部件，具有可靠性高、寿命长、转

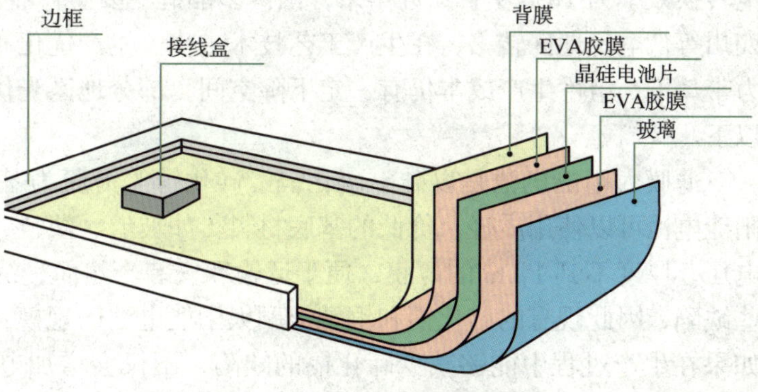

图 2-6 晶体硅太阳能电池

图 2-7 非晶硅太阳能电池

换效率高等优点。按电池结构划分，太阳能电池可分为晶体硅太阳能电池和薄膜太阳能电池。

按照使用的基本材料不同，太阳能电池可分为硅太阳能电池、化合物太阳能电池、染料敏化电池和有机薄膜电池等。太阳能光伏电池按其发展可分为三代，目前正从第一代基于硅片技术的晶体硅电池向基于半导体薄膜电池技术的第二代薄膜电池过渡，第三代太阳能电池尚处于研发阶段，目标是提高转化效率，降低生产成本。晶体硅太阳能电池可分为单晶硅和多晶硅太阳能电池，特点是转化效率高、寿命长和稳定性好，但在生产过程中会产生对环境有污染的物质，同时成本也较高；薄膜电池具有工艺简单、成本低等特点，但这种电池稳定性差、寿命短、效率低，发展较慢（图 2-8）。

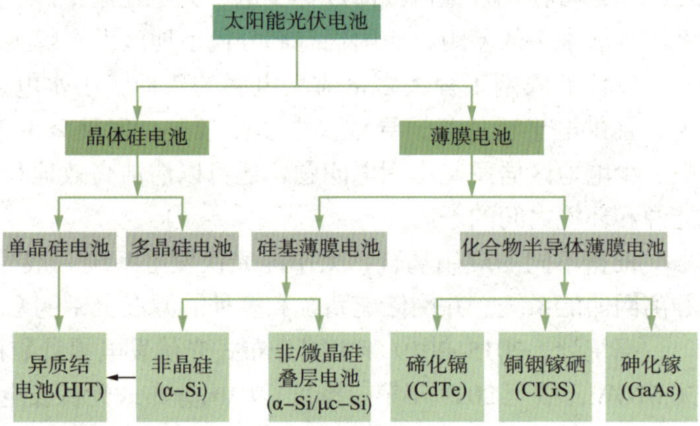

图 2-8 太阳能电池分类

单晶硅太阳能电池的光电转换效率为 20% 左右，理论上计算的单晶硅太阳能电池极限效率达 33%，2016 年以来，随着单晶硅、多晶硅市场份额的逆转，电池价格在过去三年里下降了 2/3，其驱动力一方面来自单晶硅片成本的快速下降，另一方面来自 PERC 技术渗透率提升大幅提高了电池转换效率。至 2019 年，单晶硅产品市场占有率已接近 70%。多晶硅太阳能电池的光电转换效率为 18% 左右，近年来，国内多晶硅主要生产企业纷纷将产能向新疆、内蒙古、四川等低电价地区转移，在生产工艺技术进步、生产优化布局以及原辅材料等环节降本压力带动下，组件生产成本仍有一定下降空间，部分地区光伏度电成本已降至当地煤电价格以下。

薄膜太阳能电池是以硅、硫化镉、砷化镓等薄膜为基体材料的太阳能电池。薄膜太阳能电池可以使用质轻、价低的基底材料（如玻璃、塑料、陶瓷等）来制造，形成可产生电压、厚度不到 1μm 的薄膜，便于运输和安装。然而，沉淀在异质基底上的薄膜存在一些缺陷，因此现有的碲化镉和铜铟镓硒太阳能电池的规模化量产转换效率只有 12%~14%。如果在生产过程中能够减少碲化镉的缺陷，不仅会增加电池的寿命，还会提高其转换效率。因此需要研究缺陷产生的原因，以及减少缺陷和控制质量的途径。

晶体硅材料（包括多晶硅和单晶硅）不仅是当前最主要的光伏材料，而且在今后相当长的一段时期依然是太阳能电池的主流材料。

为了降低硅片表面对太阳光的反射，提高对太阳光的吸收率，从而提高光电转换效率，需要对硅片表面进行前清洗与织构化绒面制备处理，简称制绒。扩散的目的在于控制半导体中特定区域内杂质的类型、浓度、深度和 P–N 结。扩散时在硅片周边表面形成的扩散层，会使电池上下电极短路，用掩蔽湿法腐蚀或等离子干法腐蚀去除周边扩散层，简称刻蚀。磷硅玻璃（PSG）的存在使得硅片表面在空气中容易受潮，导致电流的降低与功率的衰减，所以要通过酸洗去除 PSG。PEVCD 会使基片表面钝化，沉积出一层薄膜。最后，用真空蒸镀、化学镀镍或铝浆印刷烧结等工艺，先制作下电极，然后制作上电极，这一环节称为烧结（图 2–9）。

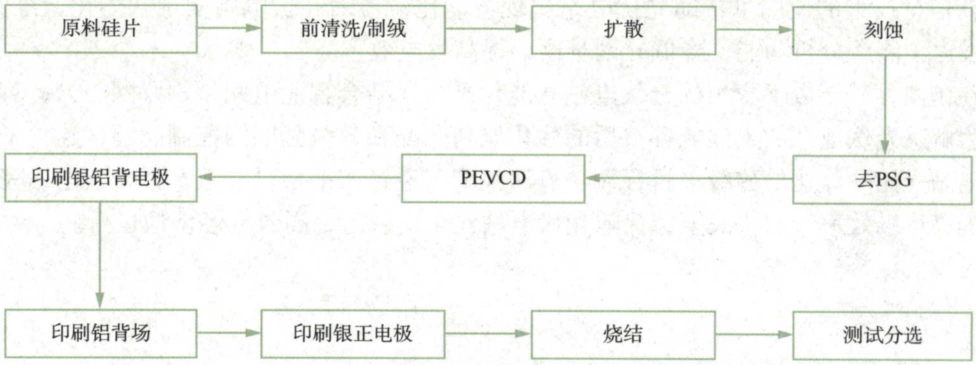

图 2–9　太阳能电池生产基本流程

单晶硅和多晶硅在制作流程上存在很大区别，单晶硅太阳能电池是将硅料拉棒形成的硅棒切割成硅片后制作而成，具有晶体结构规律、转换效率高等优点；多晶硅太阳能电池是将硅料铸锭形成的硅锭开方切片后制作而成，具有制作简单、成本较低的特点。

六　太阳能光伏发电的发展趋势

1. 政策变化

2019 年 5 月国家能源局发布的《关于 2019 年风电、光伏发电项目建设有关事项的通知》，提出了优先推进无补贴的平价上网项目建设，再开展需要国家补贴项目的竞争配置工作，这对风电、光伏行业来说将是一个重大转变。

随着光伏行业的发展，受制于当地消纳及电力传输等，国内地面电站的增速已明显下降。与此同时，越来越多的光伏企业开始把目光投向海外。

近年来，东南亚各国在可再生能源领域也做出了相应努力，泰国、印尼等国的光伏规模出现一定增长，越南则在计划建设风电项目。东南亚地区政府补贴光伏项目，鼓励利用可再生能源，由于地理位置靠近中国，受到中国企业的关注。

新兴市场扩大以及平价竞争上网将成为未来新的趋势。

2. 技术发展

（1）从分布式发电到集中式电站

集中式大型并网光伏电站就是集中建设大型光伏电站，发电直接并入公共电网，接入高压输电系统供给远距离负荷，其优点是可以降低成本，减少运输损耗。规模越大的光伏发电站，其光伏系统的成本越低。

（2）光储一体化电站

对含储能环节的光伏电厂进行光储一体化调控，快速控制，可以满足功输出最大化，“削峰填谷”响应电网调度需求，实时保障电网调度要求。储能系统的使用能缓解充电时对电网的冲击，尽可能提升电网质量。

（3）云存储、云计算、数字孪生、大数据等技术的应用

新信息技术的使用可帮助光伏电站实现智能化，帮助光伏电站实现智能化运维监控，提供发电预测等分析功能，降低并网难度，提高发电效率。

在国内，基于数字孪生的光伏电站智能化平台，结合智能电网、物联网、云计算等技术，为解决光伏电站加入储能环节后的优化调功分配和分级分层的控制问题，建立了面向光伏电站光储一体化的分级多目标调功算法模型。通过该平台可有效掌握光伏电站完整信息，提高运维效率，加快决策，保障光伏电站安全、稳定、高效、经济地运行。

第三节 光伏建筑一体化

光伏建筑一体化是将太阳能光伏系统与现代建筑结合，在建筑结构外表面铺设光伏组件提供电力，将太阳能发电系统与建筑屋顶、天窗、幕墙、墙面等元素融为一体，节省用地、节约资源，成就绿色环保住宅。

一 光伏建筑一体化的概述

光伏建筑一体化（Building Mounted Photovoltaic，简称 BMPV）由世界能源组织最早提出，是指把光伏发电系统安装在现有的建筑物上，或者光伏发电系统与新的建筑物同时设计、施工、安装，既具备光伏发电的功能，又与建筑完美结合，甚至能提升建筑物的美感（图 2–10）。

光伏建筑一体化的内涵：

一体化设计。设计的内容不仅包括建筑和光伏系统，也包括需要的其他器件和结构，并把建筑物的墙体和房顶分解为结构模块。

一体化制造。建立专用的生产线，并应用该生产线，对设计好的建筑结构模块进行大规模、高效率、低成本制造。

一体化安装。用电动吊装设备，把生产出的结构模块集中安装在房屋等建筑上。

根据光伏方阵与建筑结合的方式，太阳能光伏建筑一体化可分为两大类：BIPV 和 BAPV。BIPV 即 Building Integrated Photovoltaic，是将太阳能光伏发电产品集成到建筑中，成为建筑的有机组成部件，从而创造出建筑自身产生能源的新概念。BAPV 即 Building Attached Photovoltaic，意思是光伏系统只是简单附着在建筑物之上。BAPV 建筑中采用的是普通太阳能电池组件，太阳能电池组件通过支架安装在屋顶上，光伏产品并不是建筑物的一部分。

(a) 薄膜太阳能汉瓦

(b) 薄膜太阳能发电墙

(c) 太阳能车棚

(d) 太阳能路灯

图 2-10　光伏建筑一体化应用

一般来讲，建筑处于建设阶段或者处于设计阶段时，就应考虑该建筑是否要利用太阳能光伏发电，需要将太阳能光伏发电系统结合到建筑中，可以考虑将太阳能电池组件和一般的建筑材料（例如金属板等）组合在一起作为建筑的表面材料；或者将太阳能电池组件覆盖到建筑的表面作为屋顶材料或者幕墙材料。在这种方式中，太阳能光伏组件真正成为BIPV建筑的一部分，由于在建筑或设计阶段就考虑到太阳能光伏的应用，能够对建筑和光伏发电系统进行整合，从而得到最佳的效果，既保持了建筑的美观，又能够最大限度地发挥太阳能系统的发电效能。

二 太阳能光伏建筑设计原则与安装

1. 能够满足建筑美学的要求

在BIPV建筑中，通过相关设计将接线盒、旁路二极管、连接线等隐藏在幕墙结构中，既可避免阳光直射和雨水侵蚀，又不会影响建筑物的外观效果，达到与建筑物的完美结合，实现建筑大师们的构想。

2. 能够满足建筑物的采光要求

BIPV建筑是采用光面超白钢化玻璃制作的双面玻璃组件，能够通过调整子电池的排布来达到特定的透光率，即使是在大楼的观光处也能满足光线通透的要求。

3. 能够满足建筑的安全性能要求

BIPV建筑中使用的双玻璃光伏组件是由两片钢化玻璃和PVB胶片复合太阳能电池组成的复合层。钢化玻璃的厚度是按照国家建筑规范和幕墙规范，通过严格的力学计算得出的。而组件中间的PVB胶片有良好的黏结性、韧性和弹性，具有吸收冲击的作用，可防止冲击物穿透，即使玻璃破损，碎片也会牢牢黏附在PVB胶片上，不会脱落四散伤人，从而使产生伤害的可能性减小到最低程度，提高建筑物的安全性。

4. 能够满足安装方便的要求

双层通风幕墙系统具有通风换气、隔热隔声、节能环保等优点，并能够改善BIPV组件的散热情况，减少组件的效率损失，降低热量向室内的传递。取代普通钢化玻璃的BIPV组件，其结构形式基本上同传统玻璃幕墙相同。

5. 具有寿命长的优势

普通光伏组件封装用胶一般为EVA。EVA的抗老化性能不强，使用寿命达不到50年，而且EVA发黄将会影响建筑的美观和太阳能光伏系统的发电量。而PVB膜具有透明、耐热、耐寒、耐湿、机械强度高等特性，现已经成熟应用于建筑用夹层玻璃的制作。BIPV光伏组件采用PVB代替EVA制作能达到更长的使用寿命。

6. 具有绿色环保的效果

建筑物能为光伏系统提供足够的面积，不需要另占土地，还能省去光伏系统的支撑结构；太阳能电池是固态半导体器件，发电时无转动部件，无噪声，对环境不会造成污染；BIPV建筑可自发自用，减少了电力输送过程的费用和能耗，降低了输电和分电的投资和维修成本。而且日照强时恰好是用电高峰期，BIPV系统除可以保证自身建筑内用电外，在一定条件下还可以向电网供电，舒缓高峰电力需求，具有极大的社会效益。

第四节

太阳能光热系统

太阳能光热是指太阳辐射的热能。聚合太阳辐射，将光能转换成热水、蒸汽和电力的系统称为太阳能光热系统。太阳能光热利用，除了常见的太阳能热水器，还有太阳能光热发电、太阳能海水淡化、太阳能温室、太阳能干燥系统等。在清洁能源中，太阳能光热电站的优势非常明显，太阳能所烧热的水可以储存在巨大的容器中，在太阳落山后几个小时内仍然能够带动汽轮发电，这是其他形式的太阳能转换系统所无法比拟的。

一　太阳能光热发电概况

通过水或其他工质和装置将太阳辐射能转换为电能的发电方式，称为太阳能光热发电。其工作原理是先将太阳能转化为热能，再将热能转化成电能。它有两种转化方式：一种是将太阳热能直接转化成电能，如半导体或金属材料的温差发电、真空器件中的热电子和热电离子发电、碱金属热电转换，以及磁流体发电等；另一种方式是通过热机（如汽轮机）带动发电机发电，与常规热力发电类似，只不过是其热能不是来自燃料，而是来自太阳能。太阳能光热发电有多种类型，主要有塔式系统、槽式系统、盘式系统、太阳池和太阳能塔热气流发电。前三种是聚光型太阳能光热发电系统，后两种是非聚光型太阳能光热发电系统。一些发达国家将太阳能光热发电技术作为国家研发重点，制造了各种类型的太阳能光热发电示范电站，已达到并网发电的实际应用水平。

世界上现有的最有前途的太阳能光热发电系统大致可分为槽形抛物面聚焦系统、中央接收器或太阳塔聚焦系统和盘形抛物面聚焦系统。在技术上和经济上可行的三种形式是：30~80MW 聚焦抛物面槽式太阳能热发电技术（简称抛物面槽式）；30~200MW 点聚焦中央接收式太阳能热发电技术（简称中央接收式）；7.5~25kW 点聚焦抛物面盘式太阳能热发电技术（简称抛物面盘式）。

二　太阳能光热发电技术

太阳能光热发电（Concentrated Solar Power，简称 CSP）是一种太阳能聚光热发电技术，依靠各种聚光镜面将太阳的直接辐射（DNI）聚集起来，通过加热导热介质，再经过热交换产生高温蒸汽，推动汽轮机发电。

1. 塔式系统

塔式太阳能发电系统主要由大量的跟踪太阳的定向反射镜（定日镜）和装在中央塔上的热接收器两大部分组成，成千上万面定日镜将太阳光聚焦到中央接收器上，接收器将聚集的太阳辐射能转化为热能，再将热能传递给热力循环工具，驱动热机做功发电。随着镜场中定日镜数目的增加，塔式太阳能发电系统的聚光比也在不断上升，最高可达 1500，运行温度为 1000~1500℃。因其具有聚光倍数高、能量集中过程简便、热转化效率高等优点，极适合太阳能并网发电。塔式太阳能发电系统包括跟踪太阳光的定日镜、接收器、工质加热器、储能系统以及汽轮机组等部分。收集装置由多面定日镜、跟踪装置、支撑结构等构成，系统通过对收集装置的控制，实现对太阳的最佳跟踪，从而将太阳的反射光准确聚焦到中央接收器内的吸热器中，使传热介质受热升温，进入蒸汽发生器产生蒸汽，最终驱动汽轮机组进行发电。此外，为了保证持续供电，需要蓄热装置将高峰时段的热量存储起来，以备早晚和阴雨间隙使用。定日镜分布在塔的周围，由于北方纬度较高地区太阳高度低，处于塔南部的定日镜利用率低，分布在塔北部较合适；在低纬度地区定日镜可分布在塔四周。许多定日镜组成庞大的定日镜场，其聚光面积非常大，也可以将它们看成一个庞大的成像聚光太阳能集热器，所以塔式太阳能集热装置聚光比很高，接收器工作温度往往达 1000℃以上。

2019 年 9 月 20 日，鲁能集团青海新能源公司宣布，鲁能海西州多能互补集成优化国家示范工程 5 万 kW 光热项目于 9 月 19 日正式投产发电，目前运行稳定，成为中国目前储热时长最长、可实现 24h 连续稳定发电的塔式光热电站。该项目采用塔式熔盐太阳能光热发电技术，由聚光集热系统、储热和蒸汽发生系统、高温高压再热纯凝汽轮发电机系统以及其他辅助设施组成，其中吸热塔高 188m，定日镜共计 4400 块（图 2-11）。

图 2-11　鲁能海西州塔式光热电站

2. 槽式系统

槽式太阳能发电系统采用多个槽形抛物面式聚光器，将太阳光聚集到接收装置的集热管上，加热工质，产生高温蒸汽后推动汽轮机发电。收集装置的几何特性决定了槽式太阳能发电系统的聚光比要低于塔式系统，通常在 10~100，运行温度达 400℃。槽式太阳能发电系统包括聚光集热部分、换热部分、发电储能部分。其中，发电储能部分与塔式系统基本相似，不同之处在于聚光集热和换热部分。聚光集热是整个槽式发电系统的核心，它由聚光阵列、集热器和跟踪装置组成，集热器大多采用串、并联排列的方式，可按南北、东西和极轴 3 个方向对太阳光进行一维跟踪。在换热部分，预热器、蒸汽发生器、过热器和再热器 4 个组件完成了工质加热、换热、产生蒸汽、发电的过程。由于槽式发电系统结构相对紧凑，其收集装置的占地面积相比塔式和碟式较小，从而为槽式太阳能发电向产业化发展奠定了基础。

2018 年 10 月 11 日，中广核德令哈 50MW 光热示范项目投运。该电站是目前全球海拔最高、极端温度最低的大型商业化光热电站，填补了我国大规模槽式光热发电技术的空白，使我国成为世界第 8 个拥有大规模光热电站的国家（图 2–12）。

3. 碟式系统

作为目前热发电效率最高的方式，碟式太阳能发电整合多个反射镜组成抛物面碟形聚光镜，通过旋转将太阳光聚集到接收器中，经接收器吸热后加热工质，进一步驱动发电机组发电。旋转抛物面碟形聚光镜的应用使得碟式太阳能发电的聚光比达到 3000 以上，一方面有效地提高了光热转换的效率，另一方面由于其较高的接收温度，对接收器的材料和工艺提出了更高的要求。碟式太阳能发电系统包括抛物面碟形聚光镜、高温接收器、跟踪传动装置、发电储能装置等。

图 2–12　位于青海的中广核德令哈槽式太阳能光热发电系统

与塔式和槽式不同的是，碟式太阳能发电系统主要采用斯特林（Stirling）热力循环，完成热能到机械能的转化，但由于斯特林热机的技术开发尚未成熟，碟式太阳能发电尚在试验示范阶段。

西航铜川兆瓦级碟式斯特林太阳能光热示范电站是目前国内建设的装机规模最大的碟式斯特林光热发电试验基地，该项目总投资约 1.1 亿元，占地 49.8 亩，建筑面积 $2745m^2$，年发电量可达 126 万 kW · h（图 2–13）。

图 2–13　西航铜川兆瓦级碟式斯特林太阳能光热电站

4. 储热系统

由于太阳辐射存在间歇性，储热是保障太阳能光热电站连续运行不可缺少的技术之一。目前常用的储热介质是液态熔盐。熔盐发电的基本原理是把太阳的热量收集起来，把能量转入盐中使其熔化，盐的温度能达到几百摄氏度，再通过它传热。在整个发电装置中，会涉及 3 个主要部分：一是太阳能的汇集，二是熔盐的存储，三是能量交换和转换。高温的液态盐循环流动，通过热量交换将水变成水蒸气，再用蒸汽推动汽轮机，从而实现发电。

图 2-14 青海中控德令哈 50MW 塔式熔盐储能光热电站

2018 年建成的青海中控德令哈 50MW 塔式熔盐储能光热电站是国家首批光热发电示范项目之一，装机容量 50MW，配置 7h 熔盐储能系统，设计年发电量为 1.46 亿 kW · h（图 2-14）。

三 太阳能热水器

太阳能热水器是将太阳光能转化为热能的加热装置，将水从低温加热到高温，以满足人们在生活、生产中的使用。太阳能热水器按结构形式分为真空管式和平板式两种，真空管式太阳能热水器占据国内 95% 的市场份额。真空管式家用太阳能热水器是由集热管、储水箱及支架等相关零配件组成，把太阳能转换成热能主要依靠真空集热管，利用热水上浮冷水下沉的原理，使水产生微循环从而得到所需热水。

真空管式热水器在吸热时，太阳辐射透过真空管的外管，被集热镀膜吸收后沿内管壁传递到管内的水中。管内的水吸热后温度升高，因密度减小而上升，形成一个向上的动力，构成一个热虹吸系统。热水不断上移并储存在储水箱上部的同时，温度较低的水沿管的另一侧不断补充，如此循环往复，最终使整箱水都升高至一定的温度。

平板式热水器一般为分体式，介质在集热板内因热虹吸自然循环，将太阳辐射到集热板上的热量及时传送到水箱内，水箱内通过热交换（夹套或盘管）将热量传送给冷水。介质也可通过泵循环实现热量传递。

家用太阳能热水器通常按自然循环方式工作，没有外在的动力。真空管式太阳能热水器为直插式结构，热水通过重力作用提供动力。平板式太阳能热水器通过自来水的压力（称为顶水）提供动力。而太阳能集中供热系统均采用泵循环。由于太阳能热水器集热面积不大，考虑到热能损失，一般不采用管道循环。

四 太阳能温室

太阳能温室是根据温室效应的原理建造的。

温室内温度升高后所发射的长波辐射能阻挡热量，而且很少有热量透过玻璃或塑料薄膜散失到外界，温室的热量损失主要是对流和导热导致的。如果人们采取密封、保温等措施，则可减少这部分热损失。

如果室内安装储热装置，这部分多余的热量就可以储存起来了。在夜间没有太阳辐射时，太阳能温室仍然会向外界散发热量，这时温室处于降温状态，为了减少散热，故夜间要在温室外部加盖保温层。若温室内有储热装置，晚间时可以将白天储存的热量释放出来，以确保温室夜间的最低温度。

采用太阳能真空管集热器收集热能产生的45℃热水为热媒，在加热管内循环流动，通过埋藏在土壤里的供热管道将该部分热量传递到土壤中，从而提高土壤温度，解决冬季由于气温过低地表温度不足造成的植物无法生长的问题。由于多数花卉、蔬菜、水果的生长根系主要分布在地表以下40~50mm，侧根系分布在5~20mm深处，侧根一般长30~40mm，因而在50mm以下深处埋设加热管道，不会影响植物根系的生长，冬季用40~50℃的低温水循环加热，并安装自动温控热源生热保护混流器和温控分水器，埋设感温探头，与混流器相连，可人为设定出水温度，便于控制室内和地面表层温度。这种采暖方式无遮阴、无占地，温室利用率高，不影响耕作，具有投资少、资金回收快、风险小、一次性投入终身受益的特点，管理方便，遵循“资源节能高效、高产利用现有耕地面积”的使用原则（图2–15）。

图2–15 太阳能蓄热温室大棚系统

五 太阳能干燥

利用太阳能进行物品的干燥，是太阳能利用的方式之一，太阳能干燥是指利用太阳辐射能、太阳能干燥装置进行干燥作业，也称主动式太阳能干燥。具有干燥周期短、效率高、产品品质好等优点。目前，太阳能干燥技术的应用范围有了进一步扩大，已从食品、农副产品扩大到木材、中药材、工业产品等领域，太阳能干燥器主要应用于工农业生产方面（图2–16）。

太阳能干燥原理是将太阳的辐射能先转变成热能后再使物料中水分汽化，并扩散到空气中的过程，也就是一个“脱水”的传热传质过程。太阳能干燥是使被干燥物料直接吸收太阳能或通过太阳能空气集热器所加热的空气，进行对流传热，间接地吸收太阳能，物料表面获得热能后，再传至物料内部，水分从物料的内部以液态或气态方式扩散，透过物料层达到表面，然后通过物料表面的气膜扩散到热气流中，从而使物料逐步脱水干燥。

太阳能干燥技术和装置按接收太阳能的方式及能量输入方式主要分为四种类型：温室型、集热器型、集热器–温室型和整体式。此外，根据热空气的流动方式，我们还可以把太阳能干燥装置分为自然循环式和强制循环式。

图2–16 太阳能干燥的应用

1. 温室型太阳能干燥器

温室型太阳能干燥器的结构与栽培农作物的温室相似，温室即为干燥室，将干燥物料置于温室内，直接吸收太阳辐射，温室内的空气被加热升温，物料脱去水分，达到干燥目的。温室型太阳能干燥器一般都设有排风装置，排去含湿量大的空气，缩短物料干燥周期。这种干燥器结构简单、造价低廉，在农村应用广泛。

2. 集热器型太阳能干燥器

集热器型太阳能干燥器是太阳能空气集热器与干燥室组合而成的干燥装置，这种干燥器利用集热器把空气加热至60~70℃，然后通入干燥室，物料在干燥室内实现对流热质交换，达到干燥目的。

3. 集热器－温室型太阳能干燥器

温室型太阳能干燥器结构简单、效率较高，缺点是干燥室温升较小，在干燥含水率高的物料时（如蔬菜、水果等），温室型干燥器所获得的能量不足以短时间内使物料干燥至安全含水率以下。为增加能量以保证被干燥物料的干燥质量，可在温室外增加一部分太阳能集热器，组成集热器－温室型太阳能干燥装置。

4. 整体式太阳能干燥器

整体式太阳能干燥器将太阳能空气集热器与干燥室合并成为一个整体。装有物料的料盘排列在干燥室内，物料直接吸收太阳辐射能，起吸热板的作用，空气则由于温室效应而被加热。干燥室内安装轴流风机，使空气在两列干燥室中不断循环，并上下穿透物料层，使物料表面增加与热空气接触的机会。

在我国，太阳能干燥技术是一个新兴产业，具有非常广阔的应用领域和良好的市场前景。太阳能干燥在农副产品方面的应用较多，如蔬菜、水果、挂面、烟叶、木材、中草药材、人参、鹿茸等；在水产方面，有鱼、虾类、贝类等；在轻工产品方面，有蚕丝、橡胶、唐三彩瓷器、制鞋等；另外，山西陈醋、东北发酵大酱等也可以利用太阳能进行干燥，这些方面已取得了良好的成果。

六 太阳能制冷与太阳能空调

从理论上讲，太阳能制冷可通过太阳能光电转换制冷和太阳能光热转换制冷两种途径来实现。目前在太阳能电池成本较高的情况下，对于相同的制冷功率，太阳能光电转换制冷系统的成本要比太阳能光热转换制冷系统的成本高出许多，因而尚难推广使用。

1. 光电转换制冷

太阳能光电转换制冷是利用光伏转换装置将太阳能转化成电能后，再用于驱动半导体制冷系统或常规压缩式制冷系统实现制冷的方法，即光电半导体制冷和光电压缩式制冷。这种制冷方式的前提是将太阳能转换为电能，其关键是光电转换技术，必须采用光电转换接收器，即光电池，它的工作原理是光伏效应。

光电半导体制冷是将太阳能电池产生的电能提供给半导体制冷装置，实现热能传递的特殊制冷方式。半导体制冷的理论基础是固体的热电效应，即当直流电通过两种不同导电材料构成的回路时，结点上将产生吸热或放热现象。如何改进材料的性能，寻找更为理想的材料，成为太阳能半导体制冷的重要问题。太阳能半导体制冷在国防、科研、医疗卫生等领域被广泛用作电子器件、仪表的冷却器，或用在低温测试仪、器械中，或用于制作小型恒温器等。目前太阳能半导体制冷装置的效率还比较低，COP 一般为 0.2~0.3，远低于压缩式制冷。

光电压缩式制冷：首先利用光伏转换装置将太阳能转化成电能，制冷的过程是常规压缩式制冷。光电压缩式制冷的优点是可采用技术成熟且效率高的压缩式制冷技术方便地获取冷量。光电压缩式制冷系统在日照好又缺少电力设施的一些国家和地区已得到应用，如非洲国家将其用于生活和药品冷藏，但其成本比常规制冷循环高 3~4 倍。随着光伏转换装置效率的提高和成本的降低，太阳能光电转换制冷产品将有广阔的发展前景（图 2–17）。

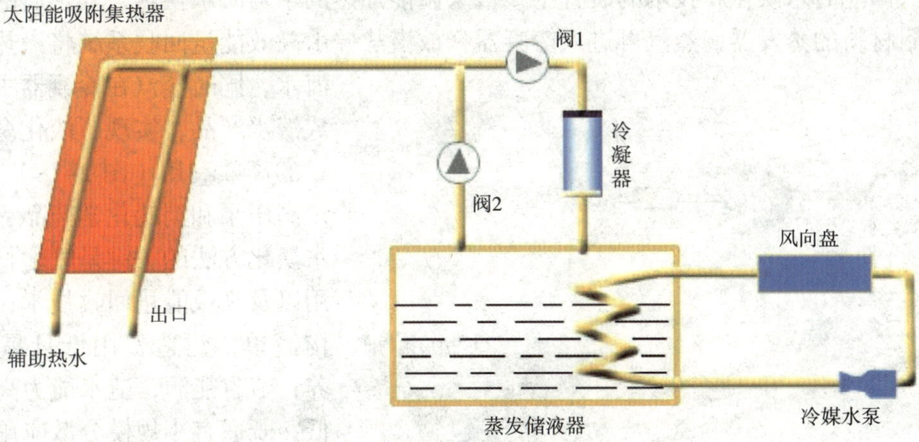

图 2–17 太阳能光电转换制冷

2. 光热转换制冷

太阳能光热转换制冷首先是将太阳能转换成热能，再以热能作为外界补偿来实现制冷目的。光热转换实现制冷主要从以下几个方向进行：太阳能吸收式制冷、太阳能吸附式制冷、太阳能除湿制冷、太阳能蒸汽压缩式制冷和太阳能蒸汽喷射式制冷。

太阳能吸收式制冷：其研究最接近于实用化，最常规的配置是采用集热器收集太阳能，用来驱动单效、双效或双级吸收式制冷机，工质对主要采用溴化锂 – 水，当太阳能不足时可采用燃油或燃煤锅炉来辅助加热。系统主要构成与普通的吸收式制冷系统基本相同，唯一的区别就是发生器处的热源是太阳能而不是通常的锅炉加热产生的高温蒸汽、热水或高温废气等。

太阳能吸附式制冷：其制冷原理是利用吸附床中的固体吸附剂对制冷剂的周期性吸附、解吸实现制冷循环。太阳能吸附式制冷系统主要由太阳能吸附集热器、冷凝器、储液器、蒸发器、阀门等组成。常用的吸附剂与制冷剂工质对有：活性炭 – 甲醇、活性炭 – 氨、氯化钙 – 氨、硅胶 – 水、金属氢化物 – 氢等。太阳能吸附式制冷具有系统结构简单、无运动部件、噪声小、无须考虑腐蚀等优点，而且造价和运行费用都比较低。

太阳能空调：最大优点在于季节适应性好。一方面，夏季天气炎热、太阳辐射强度大，人们对空调的需求大；另一方面，由于夏季太阳辐射强度大，依靠太阳能来驱动的空调系统可以产生更多的冷量。太阳能空调系统的制冷能力是随着太阳辐射能量的增加而增大的，这正好与夏季人们对空调的迫切需求相匹配。而太阳能热水器等太阳能光热利用技术的季节适应性并不是很好，冬季寒冷需要太阳能时太阳能辐射强度往往不够高，而夏季天气炎热时太阳能辐射强度很高，此时对热水的需求却很少。因此，太阳能空调制冷显然是夏季太阳能有效利用的最佳方案。

七 太阳能海水淡化

在太阳能海水淡化新技术的装置中，被太阳能加热的水与海水换热，加热后的海水进入有吸附材料的蒸发器，蒸汽再进入冷凝器释放潜热并由高效能量回收系统将潜热回收进海水，同时蒸汽在冷凝器中被冷凝成淡水产品，实现了淡化海水和能量的高效利用（图 2–18）。系统无须高压泵和消耗化学药品，这种海水淡化方法的关键是吸附材料的使用以及高效能量回收技术；设备结构简单，建造费用低且易维修保养；节省能源，造水能力高，成本低；既适宜小规模分散应用，又适合大规模工程，此技术不同于以往的任何一种海水淡化方法。太阳能海水淡化系统又分为主动式和被动式两大类。

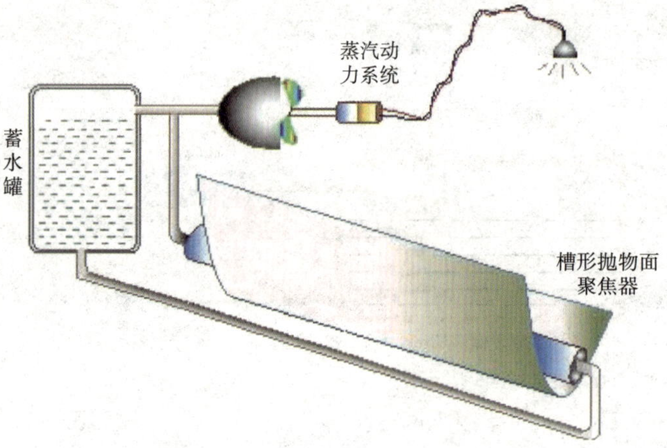

图 2–18　太阳能海水淡化系统

1. 被动式太阳能蒸馏系统

被动式太阳能蒸馏系统的例子就是盘式太阳能蒸馏器，其应用已有近 150 年的历史。它结构简单、取材方便，至今仍被广泛采用。对盘式太阳能蒸馏器的研究主要集中于材料的选取、各种热性能的改善以及与各类太阳能集热器配合使用。比较理想的盘式太阳能蒸馏器的效率约在 35%，晴天时产水量一般在 3~4kg/m。如果在海水中添加浓度为 172.5 μL/L 的黑色萘胺，蒸馏水产量可以提高约 30%。

2. 主动式太阳能蒸馏系统

被动式太阳能蒸馏系统的一个严重缺点是工作温度低、产水量不高，也不利于在夜间工作和利用其他余热。为此，人们提出了数十种主动式太阳能蒸馏器的设计方案，并对此进行了大量研究。

在主动式太阳能蒸馏系统中，由于配备其他的附属设备，其运行温度得以大幅提高，内部的传热传质过程也得以改善。而且，大部分的主动式太阳能蒸馏系统，都能主动回收蒸汽在凝结过程中释放的潜热，因而这类系统能够得到比传统的太阳能蒸馏器高一至数倍的产水量。

太阳能海水淡化系统与现有海水淡化利用项目相比，不仅蒸发压力小，海水的沸点低，实现了海水低温蒸发，还可以利用多孔吸附材料增加海水蒸发面积，增加淡水产量。太阳能海水淡化系统利用合理设计的流程和布置，增加了整个系统的能量回收率，具有节能、环保的作用。而且可独立运行，不受蒸汽、电力等条件限制，无污染、低能耗、运行安全、稳定可靠；不消耗石油天然气、煤炭等常规能源，在能源紧缺、环保要求高的地区更具有突出的应用价值（图 2–19）。

图 2–19 太阳能海水淡化系统

2016 年，中国南海永兴海水淡化厂正式投入运营，该厂共有 3 台 500t 海水淡化设备，两备一用。该工程采用双膜法处理工艺，通过去除杂质、反渗透、脱盐、矿化、调质等一系列处理，产水可达到饮用水标准。该厂一天淡化海水约 1000t，其中约 700t 达到直饮水标准。淡化的海水通过铺设好的供水管道直达驻岛军、警、民所用水龙头，加上此前建设的海水淡化设备，永兴岛目前每天可淡化海水约 1800t，满足了驻岛军、警、民的用水需求。

第五节 太阳能光导照明技术

光导照明系统作为一种新型的太阳能利用形式，能直接传输自然光线，全光谱、无频闪、无眩光，在相同的照度水平下，人们在自然光照明环境下的视觉功效要比在人工照明条件下高 5%~20%，如果在室内也能沐浴到阳光，工作环境就会更加舒适，对人们的生理和心理健康都有良好的影响。

一 光导照明技术的原理

光导照明系统是通过室外的采光装置捕获自然光，并将其导入系统内部，经过光导装置强化并高效传输后，由漫射器均匀导入室内需要光线的任何地方。从黎明到黄昏，甚至是阴天或雨天，该照明系统导入室内的光线仍会十分充足。

二 光导照明技术的分类

从采光的方式上分，光导管有主动式和被动式两种。主动式是通过一个能够跟踪太阳的聚光器来采集太阳光，这种类型的光导管采集太阳光的效果很好，但是聚光器的造价相当昂贵，从而限制了其在建筑业中的推广应用。目前用得最多的是被动式采光光导管，聚光罩和光导管本身连接在一起固定不动，聚光罩多由PC或有机玻璃注塑而成，表面有三角形全反射聚光棱。这种类型的光导管主要由聚光罩、防雨板、可调光导管、延伸光导管、密封环、支撑环和散光板等组成。

图2-20 光导管系统结构图

常见的光导技术包括光导管、光纤光导和定日镜三种。

1. 光导管系统

光导管采光系统又叫光导照明、日光照明、自然光照明等。系统主要分为三个部分：①采光区：利用透射和折射的原理通过室外的采光装置高效采集自然光，并将其导入系统内部，其透光率高达90%以上；②传输区：导光管内壁反光率高达99.7%，可以保证光线长距离高效传输。③漫射区：由漫射器将比较集中的自然光均匀地分散到室内需要光线的各个地方，其透光率同样高达90%以上（图2–20）。

光导管系统包括外部收集器（通常在屋顶上），通常是一个透明的圆顶，可以清除紫外线辐射，并起到防止灰尘和水进入管道的作用；光导管本身将光线释放到内部的发射器或灯具。

图2-21 光纤光导系统示意图

光导管采光系统可广泛应用于地下空间、厂房、移动房、办公场所、会议室、学校、医院、疗养中心、体育场馆、展览馆、动物园、植物园、海洋馆、部队、监狱、物流中心、港口、机场、火车站、地铁、轻轨、商场、超市、酒店等空间场所。

2. 光纤光导系统

光纤光导系统包括三部分（图2–21）：太阳双轴跟踪系统、透镜、光纤束。首先，透镜对准太阳聚焦阳光，然后通过柔软的光纤远程传输到需要照明的场合。很多学者研究了不同形式的聚光装置，其中大多数系统都采用了菲涅尔透镜，并取得了不错的照明效果。

光纤光导系统的聚焦倍数为100~10000，采用的光纤有石英光纤、玻璃光纤、塑料光纤和液体光纤。不同的光纤材料可以承受的聚焦倍数亦不相同，但是，所有的光纤光导系统都需要配置高精度的太阳跟踪系统。

3. 定日镜

定日镜包含跟踪系统和镜子，是一种很好的获取太阳光的设备，在远距离传输光方面有很大的优势（图2-22）。现有的系统大多加入了二次反光镜，合理的设计光路使光线转向的次数越来越少，整个系统的光效率也越来越高，这也是定日镜可以远距离传输的原因。

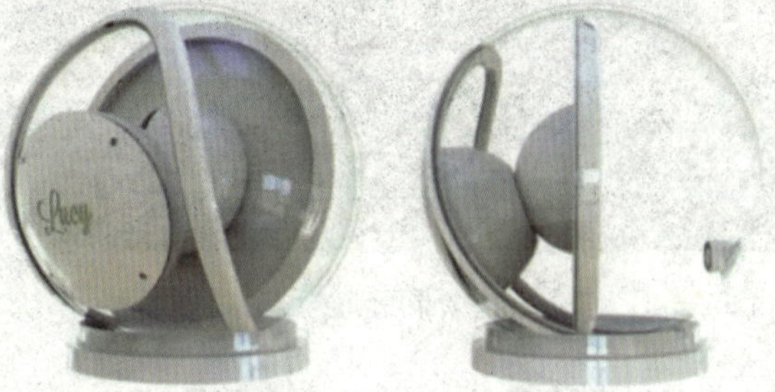

图2-22　定日镜

第六节
太阳能在军事领域的应用

除了原子能、地热和火山爆发的能量，地面上大部分能源均直接与太阳能有关。随着人类的不断探索，对于太阳能的应用不再局限于交通、农业等领域，根据其无处不在且清洁安全的优点，太阳能在军事领域的应用也翻开了新的篇章。在未来信息化战争的趋势下，数字化装备将大量列装部队，军队能源供给除了化石燃料的保障，稳定充足的电能也是重中之重。

一　太阳能在军事能源供给系统中的应用

高原、边防和海岛的自然条件恶劣，交通运输不便，能源保障困难。高原和边防部队远离城市，地处偏僻且分散，常发生大雪封山、塌方堵路等情况；海岛远离内陆，海况复杂恶劣，有时保障船只无法靠岸。高原、边防和海岛能源保障需要远距离输送，在保障过程中，能源消耗大，保障效率低，遇上恶劣气候则无法实施。如果遇突发战事，远水难救近火，再加上敌之封锁、破坏，能源保障异常困难，甚至会出现断供局面。因此，充分利

图 2-23 美军的太阳能电池板与太阳能远征系统

用当地的太阳能等新能源，弥补现有能源保障短板，就可以极大地提高高原、边防和海岛等地区的能源保障效能，进而提升该地区部队的作战能力。为了实现向偏远地区或缺乏稳定电力来源地区的军事基地输送电力，太阳能的开发与利用对未来军事的布局与发展有着重要意义。

2010 年，美军为位于科罗拉多、新墨西哥、内华达、犹他以及亚利桑那五个州的海军及海军陆战队军营安装了太阳能供电设备。2014 年，位于亚利桑那州土桑市戴维斯－蒙森空军基地装机量 16.4MW 的光伏电站竣工，同年位于该州谢拉维斯塔瓦丘卡堡军事基地的 18MW 太阳能项目破土动工（图 2-23）。

由于太阳能能流密度低，晶体硅光伏发电装置占用面积大，不宜用于机动式军事装备。而我国蕴藏着丰富的太阳能资源，太阳能利用前景广阔，在日照量较大的西藏、青海、新疆、甘肃、宁夏、内蒙古高原等地区的大型基地（机场场站、兵站、卫星发射中心、试验基地）以及南方大型岛屿上可规模化应用太阳能发电技术作为辅助电源。近年来，随着我国太阳能发电成本迅速下降，太阳能在军事领域中的应用也越来越多。

1. 边防哨所风光互补离网电站

光伏电站建设前，呼伦贝尔边防某团伊木河、奇干、西牛尔河边防连，因地处偏远，常电拉不过去，过去一直利用柴油机发电，日常生产、生活非常不便，战士们只有周末才能看会儿电视。光伏电站建成后，连队的厨房用电、抽水机、战士电教室、电视、电话信号基站，全部由光伏电站提供电力，给边防连的生产、生活带来极大的方便。

边防哨所需要 24h 监控，之前一直利用柴油机发电，既浪费、不环保，噪声又大。光伏电站建好后，除满足监控的用电外，还能满足边防哨所官兵的生产、生活、学习、娱乐用电需求。一排排风光互补离网电站，为空旷的边防哨所增添了一道靓丽的风景（图 2-24）。

图 2-24 边防哨所风光互补离网电站项目

2. 太阳能海岛光伏项目

宁波象山海岛光伏项目采用了 2MW 集散式箱逆变一体化设备，海岛湿度大、腐蚀性强，而禾望逆变器优越的除湿、防腐蚀以及防凝露措施使得海岛光伏逆变器能长期可靠运行。该项目自并网以来，系统运行稳定，发电量高（图 2-25）。

相比之下，目前西沙群岛中永兴岛电网被分为部队电网和民用电网，各自独立运行，无电力交换。存在的问题为：电源结构单一，电力供应主要依赖柴油发电机组，缺少其他能源形式互济支撑；电网网架以辐射状为主，尚未形成可靠的环网，电力保障稳定性、可靠性不足；柴油发电机组运行过程中产生的废气、废油、废水会对海岛和海洋环境产生影响；岛上“三高”（高温、高湿、高盐）、“三强”（日照强、台风强、降雨强）气候严重影响设备使用寿命；由于前期缺乏规划，电网线路铺设凌乱且多为直埋，路由标识不清晰，屡次挖断重接，存在隐患较多。

图 2–25　宁波象山海岛光伏项目

二　战略太阳能设备

目前，美军正积极推进替代能源发展，力争实现军用能源的多样化。其曾在一份计划中大胆设想：到 2025 年，任何一名美军士兵可以在任何地方补充燃料和电能。要想实现这一目标，不能完全依靠传统的补给线，因为传统的补给线会随着战事的进展，补给越来越困难，而太阳能够照射到的地方就可以使用太阳能电池，不再依赖传统的补给线，而且太阳能发电过程中外泄信号低，特别是无噪声，因此太阳能电池必将以其独特的优势为实现上述目标发挥重要的作用。

战术太阳能系统的主要优点是轻便、便于携带，更高的能量 - 重量比；减少了电池与燃料的运输需求；更高的战场生存能力（没有噪声，可以进行伪装，没有突出的反射面，没有热辐射）；可以满足部队能源需求（充电，净化水，可供个人电子设备、指控设备、医疗设备、生活使用）。此外，太阳能设备的优势还包括操作、维护简单，可靠性比内燃机发电设备更高。

此类设备在我军已经有应用，在我国高原地区的边防部队中已经开始配备这类太阳能发电器，如在士兵背囊上安装的太阳能发电装置，白天可为装备供电，满足巡逻电台等便携式通信装备的用电需求。该套装备还配备了普通手电筒大小的单兵步行发电器，官兵行进时带动挂在身上的发电器晃动完成发电，保证阴雨天也有电可用，保障电台、导航等单兵用电装备野外作业时的电力补充（图 2–26）。

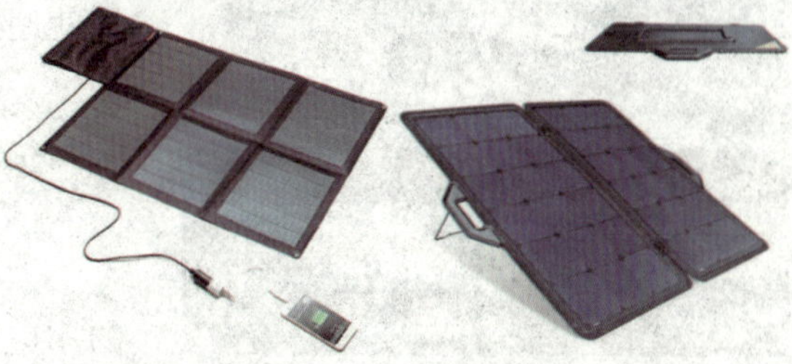

图 2–26　便携式太阳能折叠组件

背负式薄膜太阳能电池采用柔性薄膜太阳能芯片，为用电设备供电。阳光充足时，可用包内 USB 为充电宝充电，在非充电状态时，充电模块可翻折隐藏（图 2–27）。

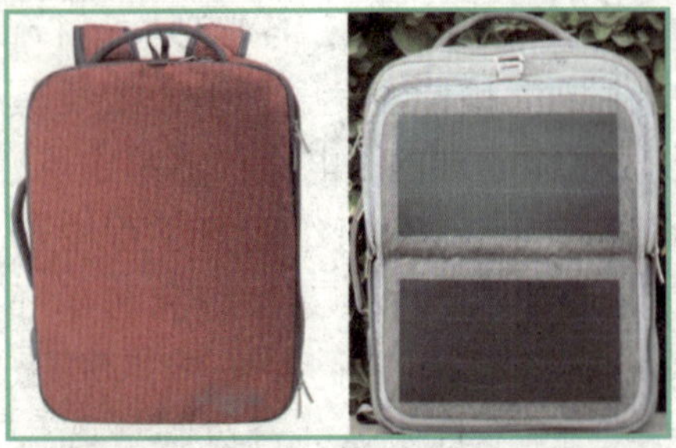
图 2-27　背负式薄膜太阳能电池

图 2-28　太阳能移动电源

图 2-29　可折叠式太阳能电池

图 2-30　可展式太阳能电池

图 2-31　太阳能防晒网 / 帐篷

太阳能移动电源可为手机直接充电；配储能电箱时，可为不同的直流 / 交流电子产品供电。柔性强可折叠，轻巧便携，可随时随地高效发电，太阳辐射强度 AM1.5 下，每小时能发电 3Ah，3h 充满 10000mAh 的充电宝（图 2-28）。

可折叠式太阳能电池采用智能电源管理系统，常用交直流电压输出，DC12V 可以满足直流照明灯、熔接机、对讲机充电；USB 端口可以给手机、GPS、卫星电话、手持机、警务终端等设备充电；AC220V 可以给小型电动工具和小型交流电器供电。实时显示电池电量等参数，具有过充、过放、过载、过热、短路等自动保护功能（图 2-29）。

可展式太阳能电池见图 2-30。

柔性太阳能防晒网集成了遮阳和光伏发电的功能，能够在高效遮阳、满足帐篷等野营用房制冷需求的同时，利用具有遮阳作用的太阳能光伏电池板产生绿色电能，为帐篷内的照明、通风、通信和可充电设备提供电力，具有无噪声、无红外辐射等特征，不仅可以提升部队防侦察监视的能力，而且因无须携带笨重的电池和燃料，机动能力也大大提高（图 2-31）。

柔性太阳能技术是一种具有无光致衰减现象、抗辐射性能强、可制成柔性组件等独特优势的技术，我国柔性太阳能技术尚处于研发阶段，与国外有较大差距，未来随着太阳能薄膜国产化技术的进步，可将该技术用于帐篷保暖和照明，解决柴油发电机噪声大、污染大、隐蔽性弱的问题，还能起到节能的作用。此外，柔性太阳能技术还可用于单兵系统，用于单兵照明、通信用电和设备充电，解决目前电池使用寿命短的问题。

三　车载光伏系统与飞行光伏系统

太阳能移动电源车能够满足偏远地区野外作业的用电需求，与以柴油发电机作为唯一能源的传统电源车系统相比，其最大特点在于以太阳能绿色新能源为主要能源，而以柴油作为备用能源。通过合理的容量配置，这种基于太阳能的移动电源系统的有效使用时间可以大大增加，同时大大降低了系统对柴油的依赖程度。因此，这种太阳能移动电源车非常适合在偏远地区为野外作业提供长期的电力保障（图 2–32）。

图 2–32 太阳能移动电源车

太阳能无人机由于能够在高空长航而有着十分广阔的应用前景，它可以提供一种新的态势感知、信息中继平台。以太阳能作为动力源的太阳能无人机，续航时间长、巡航高度高、可持久驻留，亦可连续机动，并且能随时降落、维修和变更有效载荷（图 2–33）。

图 2–33 太阳能无人机

太阳能无人机多采用超薄砷化镓太阳能电池设备，砷化镓太阳能电池可以产生足够的电量供飞机远距离飞行，太阳能飞机增加的重量几乎可以忽略不计。太阳能无人机由于续航能力强，拥有十分广阔的应用前景。当发生地震、洪灾或者森林火灾通信中断时，无人机可替代中断的通信，使受灾地区与外界保持联络。此外还能到核爆现场采样，在预定空域长时间盘旋侦察敌情，校炮或者为战机指引攻击目标。这种技术早就在各国军事研究室开始研发，首先掌握这种技术的国家会占尽先机。比如，战斗机在空中执行任务，燃油耗尽时必须降落补充燃料，而太阳能无人机可以持续航行、持续作战。

国家国防科工局探月与航天工程中心 2016 年 8 月 23 日发布中国第一个火星车外观设计构型图见图 2–34。从发布的图片可以看出，火星车装有 4 个“大翅膀”——太阳能电池板，火星车的能源获得依靠太阳能。由于火星光照强度小，火星大气对阳光有削减作用，火星车能源供给比月球车更困难，火星车比“玉兔”多设计了两个“翅膀”。

图 2–34 太阳能火星车

四 空间太阳能发电

地面上的太阳能电站会受到季节、昼夜变化和天气的影响，是一个不稳定的电力源，会对电网送电及工业用电造成非常大的影响。建设大规模光伏电站的条件苛刻，在我国，太阳能资源比较丰富的地区主要为西藏、青海、甘肃、内蒙古等西部地区，这些地区的工业相对落后，人口也不稠密，所以发出的电还要通过非常庞大的电力系统输送到沿海主要工业用电地区。

但在太空中这些问题都不存在，在地球同步轨道上，太阳能电站可以每天 24h 发电，只有在春分和秋分前后，电站会短时间地进入地球阴影区，但这些时间很短，而且都是可以精确预测的。另外在空间中，太阳光的能量密度要比在地球上高得多，在地球同步轨道上的太阳光平均能量大约为 1300W/m^2，而在地面上大概只有 100W/m^2。而且，空间太阳能电站能够定点传输，地面接收站可以设置在用电负荷集中的地方，比如北、上、广、深，而不用考虑长距离输电问题。除了以上这些因素，空间太阳能电站还是一种清洁能源，不会产生碳排放，也不会产生其他废料，所以空间太阳能电站是一个比较稳定的清洁电力源（图 2–35）。

图 2–35 太阳能发电卫星设想图

空间太阳能发电站的核心是太阳能发电设备，利用众多太阳能板收集太阳能并最终将其转化为电能。如今航天技术的突飞猛进，人造卫星、宇宙飞船、空间站等航天器大部分采用太阳能供电，有些是将太阳能电池贴在卫星的表面，有些则是贴在专门的翼板上，这种翼板好像是卫星向左右伸出的两只翅膀。在翼板表面贴有数以万计的太阳能电池，将它们并联或串联起来，在太阳光的照射下，便能产生几百瓦乃至几千瓦的电力（图 2–36）。

近年，世界各国非常重视发展和利用空间太阳能，许多公司在该技术上取得了巨大的突破。

德国 Azur Space 公司致力于高效多结太阳能电池技术研究、产品研制及太阳能电池的空间应用技术研究，是欧洲太阳能电池领域的领导者，高效多结电池的光电转换效率达到 31%，电池产品在多个空间项目中得到应用。

美国 Emcore 公司是世界上著名的空间高效太阳能电池制造商，主要从事磷化铟光学晶片的设计与制造，用于宽频、光纤、卫星及太阳能等行业。其光电部门主要提供用于空间动力的产品，包括卫星应用的太阳能电池板以及地面聚光太阳能电池发电系统用的砷化镓太阳能电池等。其研制的反向四结太阳能电池效率达到 34%。

美国 ATK 公司总部设在杜勒斯（轨道科学公司总部），雇佣员工 1.3 万名，包括 4300 名工程师、科学家和 7400 名生产和操作专业技术人员，工程中心、研究实验室、生产车间、测试和发射场分布在美国的 17 个州。公司为美国和国际客户提供航天器硬件，包括运载火箭与推进系统、军火系统与弹药，以及商业和军用卫星结构及相关部件。ATK公司是“宇宙神-5”火箭和“德尔塔-4”火箭固体发动机供应商，曾成功为国际空间站运送货物，是原轨道科学公司卫星天线、太阳能电池阵列和推进系统的供应商。

图2-36 空间太阳能电池

日本Sharp公司是世界领先的太阳能公司，专注于家电、通信设备、太阳能电池及液晶面板等电子元器件的大型综合性电子信息研究。Sharp公司开发了成为日本国家项目的卫星供电太阳能电池，并在亚洲开展功率太阳能维护业务。于2008年在世界上率先达到了太阳能电池累计2GW产量，也是最早开展薄膜砷化镓太阳能电池研究的单位之一，在电池封装、可靠性技术及搭载方面走在国际前列。

五 太阳能发电设备在军事应用中的发展趋势

太阳能发电设备在军事应用中的发展趋势主要有四个特点：

1. 增强便携性

美军资助、美国公司负责开发的一个太阳能电池项目，目的是增强太阳能电池的便携性能。士兵可以方便地携带这些像油布一样可以快速打成背包的太阳能电池，这样，每个士兵就拥有了各自的充电单元。科学家们还在研究一种可以传导光能的光纤，将这种光纤混织到衣服里，士兵们就可以把太阳能电池穿在身上了。

2. 提高转换效率

目前，太阳能电池的转换效率在18%左右，提高转换效率，一方面可以大幅度减少太阳能电池的体积和重量，使其更易于贴附在其他装备（如头盔）的表面，达到一体化的目的，从侧面增强了便携性；另一方面也可提供更大的输出功率，满足未来数字化装备发展的需要。

3. 推进太阳能电池与数字化装备紧密结合

目前，大多数太阳能电池都是针对民用设备开发的，所以必须开展太阳能电池与数字化装备紧密结合的研究，比如，解决太阳能电池与数字化装备的功率匹配问题，即如何评估满足数字化装备需要的太阳能电池的最小功率；解决太阳能电池充电中产生的谐波对数字化装备，特别是通信装备的干扰问题；数字化装备待机状态下的消耗功率与开机状态下的消耗功率相差极大，太阳能电池如何满足这一要求也是面临的挑战。

4. 推进建筑节能在军队中的应用

建筑节能是对太阳能的综合利用，是太阳能利用的一个重要发展方向。试验表明，选用隔热性能好的建筑材料，安装太阳能利用装置的建筑节能率能达到 75% 左右。对于远离电网的边防地区和海岛驻守部队来讲，建设太阳能综合利用系统，在保证电力供应可靠度的同时还可以减少油料消耗，应得到大力推广普及。美国海军目前正在研究利用太阳能为舰艇提供电力的设备，以减少对常规能源的依赖，增加其作战半径和持久力。

所以我军必须加快发展和利用太阳能，以应对信息化的发展趋势。经过数十年的发展，我国与太阳能相关的技术已取得了长足的进步，与世界先进国家相差不大，而且完全有能力研发制造应用于军事装备的太阳能设备，推进部队数字化发展，有力地支持我军信息化建设。

第三章

风能及其在军事领域应用

风能作为一种清洁的可再生能源，越来越受到世界各国的重视。而利用风力发电受到世界各国的高度重视，已逐渐成为风能利用的主要形式，发展速度极快。风能在军事中的应用也越发广泛。

第一节
概　述

风是大气的运动，气象学上一般把垂直方向的大气运动称为气流，将水平方向的大气运动称为风。气象学上将风吹来的方向称为风向，通常所说的西北风、南风等表明的就是风向。地球表面，受太阳加热的空气较轻，会上升到高空；冷却的空气较重，倾向于去补充上升的空气，这就导致了空气的流动——风。全球性气流、海风与陆风、山谷风的形成大致都如此。

一　风的形成及其特点

风是由空气流动引起的一种自然现象，它是由太阳辐射热引起的。太阳光照射在地球表面上，使地表温度升高，地表的空气受热膨胀变轻而往上升。热空气上升后，低温的冷空气横向流入，上升的空气因逐渐冷却变重而降落，由于地表温度较高又会加热空气使之上升，这种空气的流动就产生了风（图 3–1）。

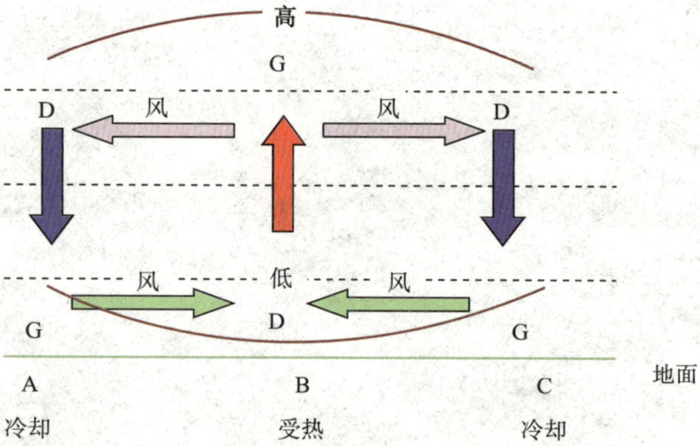

图 3–1　风的形成

二　风能的特点及风能密度

空气流动所形成的动能称为风能。风能是太阳能的一种转化形式，太阳的辐射使地球表面受热不均，引起大气层中压力分布不均，空气沿水平方向运动形成风。风的形成是空气流动的结果。风能利用就是将大气运动时所产生的动能转化为其他形式的能。

风所具有的能量很大。风速 9~10m/s 的 5 级风，吹到物体表面上的力约为 10kg/m^2；风速 20m/s 的 9 级风，吹到物体表面上的力可达 50kg/m^2 左右；台风的风速可达 50~60m/s，物体表面受到的力高达 200kg/m^2 以上。汹涌澎湃的海浪对海岸的冲击力相当大，有时可达 20~30t/m^2，最大时甚至可达 60t/m^2 左右。

风不仅能量大，在自然界中所起的作用也很大。它可使山岩发生侵蚀，造成沙漠，形成风海流，它还可在地面做输送水分的工作，水汽主要是由强大的空气流输送的，从而影响气候，造成雨季和旱季。风中含有的能量，比人类迄今为止所能控制的能量高得多。全世界每年燃烧煤炭得到的能量，还不到风力在同一时间内所提供能量的1%。可见，风能是地球上重要的能源之一。

合理利用风能，既可减少环境污染，又可减轻越来越大的能源短缺带来的压力。自然界中的风能资源极其巨大。据世界气象组织估计，整个地球上可以利用的风能为 2×10^7MW，为地球上可资利用的水能总量的10倍。

风能与其他能源相比，既有明显的优点，如蕴量巨大、可以再生、分布广泛、没有污染等，又有突出的局限性，如密度低、不稳定、地区差异大等。

密度低：这是风能的一个重要缺陷。由于风能来源于空气的流动，而空气的密度很小，因此风力的能量密度也很小，只有水力的1/816。在各种能源中，风能的含能量极低，给其利用带来一定的困难。

不稳定：由于气流瞬息万变，风的脉动、日变化、季变化乃至年际的变化都十分明显，波动很大，极不稳定。

地区差异大：由于地形的影响，风力的地区差异非常明显。一个邻近的区域，有利地形下的风力往往是不利地形下的几倍甚至几十倍。

不同时刻、不同地点，风能密度是不一样的。风能密度，又称风功率密度，是气流在单位时间内垂直通过单位面积的风能，单位为 kW/m^2，是描述一个地方风能潜力的最方便、最有价值的量。风能密度蕴含着风速、风速频率分布和空气密度的影响，是衡量风电场风能资源的综合指标。在国标“风电场风能资源评估方法”中给出了7个风功率密度等级，如表3-1所示。

表3-1 风功率密度等级评估

风功率密度等级	10m		30m		50m		应用于并网风力发电
	风功率密度/(kW/m^2)	年平均风速参考值/(m/s)	风功率密度/(kW/m^2)	年平均风速参考值/(m/s)	风功率密度/(kW/m^2)	年平均风速参考值/(m/s)	
1	<0.1	4.4	<0.16	5.1	<0.2	5.6	
2	0.1~0.15	5.1	0.16~0.24	5.9	0.2~0.3	6.4	
3	0.15~0.2	5.6	0.24~0.32	6.5	0.3~0.4	7.0	较好
4	0.2~0.25	6.0	0.32~0.40	7.0	0.4~0.5	7.5	好
5	0.25~0.3	6.4	0.40~0.48	7.4	0.5~0.6	8.0	很好
6	0.3~0.4	7.0	0.48~0.64	8.2	0.6~0.8	8.8	很好
7	0.4~1.0	9.49	0.64~1.60	11.0	0.8~2.0	11.0	很好

第二节

风能资源利用概况

随着化石能源的短缺和价格的不断上涨，世界各国特别是发达国家越来越关注气候的变化，开发利用风能是减排的主要手段之一，经过几十年的发展，风电技术已经成熟，成本逐渐降低，风能已经成为可与常规能源一较高下的主流能源。风能是一种开发中的洁净能源，分布广泛、就地可取，取之不尽、用之不竭。我国很早就开始了风力发电的研究、试验和推广工作。科学、准确地估算我国风能潜力及其空间分布是风能资源开发中一项极其重要的基础性工作。

一 世界风能利用

地球上的风能资源十分丰富，每年来自外层空间的辐射能为 1.5×10^{18}kW·h，其中的 2.5% 即 3.8×10^{16}kW·h 的能量被大气吸收，产生大约 4.3×10^{12}kW·h 的风能。在地球 1.07×10^{8}km^2 的陆地面积中，有 27% 的地区年平均风速高于 5m/s（距地面 10m 处）。

风能资源受地形的影响较大，世界风能资源多集中在沿海和开阔大陆的收缩地带。8 级以上的风能高值区主要分布于南半球中高纬度洋面和北半球的北大西洋、北太平洋以及北冰洋的中高纬度部分洋面上，大陆上风能则一般不超过 7 级，以美国西部、西北欧沿海、乌拉尔山顶部和黑海地区等多风地带较大。表 3–2 为世界各地风能资源分布情况。

表 3–2 世界各地风能资源分布

地区	陆地面积 /km^2	风力为 3~7 级的面积 /km^2	风力为 3~7 级的面积所占比例 /%
北美	19339	7876	41
拉丁美洲和加勒比	18482	3310	18
西欧	4742	1968	42
东欧等国家	23049	6783	29
中东和北非	8142	2566	32
撒哈拉以南非洲	7255	2209	30
太平洋地区	21354	4188	20
中国	9597	1056	11

续表

地区	陆地面积 /km²	风力为 3~7 级的面积 /km²	风力为 3~7 级的面积所占比例 /%
中亚和南非	4299	243	6
总计	106660	29143	27

二 中国风电近年状况与前景

我国陆上 50m 高度年平均风功率密度大于等于 0.3kW/m^2 的风能资源理论储量为 73 亿 kW。风能资源丰富和较丰富的地区主要分布在两个地带：第一是三北（东北、华北、西北）地区丰富带；第二是沿海及其岛屿的丰富带。另外在一些地区由于湖泊和特殊地形的影响，风能也较丰富，成为内陆风能丰富地区。表 3-3 为中国风资源较丰富省区。

表 3-3 中国风资源较丰富省区

省区	风能资源 /kW	省区	风能资源 /kW
内蒙古	6.178×10^7	山东	3.94×10^6
新疆	3.433×10^7	江西	2.93×10^6
黑龙江	1.723×10^7	江苏	2.38×10^6
甘肃	1.143×10^7	广东	1.95×10^6
吉林	6.38×10^6	浙江	1.64×10^6
河北	6.12×10^6	福建	1.37×10^6
辽宁	6.06×10^6	海南	6.4×10^5

沿海及其岛屿的风能丰富带，其形成的气候背景与三北地区基本相同，所不同的是海洋与大陆由两种截然不同的物质所组成，两者的辐射与热力学过程存在着明显的差异。大气与海洋间的能量交换与大陆大不相同。海洋温度变化慢，具有明显的热惰性；大陆地区温度变化快，具有明显的热敏感性。所以，冬季海洋较大陆温暖，夏季较大陆凉爽。在这种海陆温差的影响下，冬季每当冷空气到达海上时风速增大，再加上海洋表面平滑、摩擦力小，一般风速比大陆高 2~4m/s。

出于某些原因，风电不能上网，风机只能停止发电。像内蒙古、河北等地，虽然大规模建设了风机，但是电网设备没有及时跟上，如果全部风机都运行起来，会拖垮整个电网，因此部分风场会被限制发电量，这种情况称为弃风。这主要是风电行业产能过剩以及电网设备建设滞后造成的，需要提高风机的核心技术，使风电更加稳定。

2019 年，全国风电新增并网装机 2574 万 kW，其中陆上风电新增装机 2376 万 kW、海上风电新增装机 198 万 kW，到 2019 年底，全国风电累计装机 2.1 亿 kW，其中陆上风电累计装机 2.04 亿 kW、海上风电累计装机 593 万 kW，风电装机占全部发电装机的 10.4%。2019 年风电发电量为 4057 亿 kW · h，首次突破 4000 亿 kW · h，占全部发电量的 5.5%。

2019 年，全国风电平均利用小时数为 2082h，风电平均利用小时数较高的地区是云南

（2808h）、福建（2639h）、四川（2553h）、广西（2385h）和黑龙江（2323h）。2019 年弃风电量为 169 亿 kW·h，同比减少 108 亿 kW·h，平均弃风率为 4%，同比下降 3 个百分点，弃风限电状况进一步得到缓解。

2019 年，弃风率超过 5% 的地区是新疆（弃风率 14.0%、弃风电量 66.1 亿 kW·h），甘肃（弃风率 7.6%、弃风电量 18.8 亿 kW·h）、内蒙古（弃风率 7.1%、弃风电量 51.2 亿 kW·h）。三省（区）弃风电量合计 136 亿 kW·h，占全国弃风电量的 81%。

由于我国风力资源丰富，可以设想未来我国风能的应用前景。

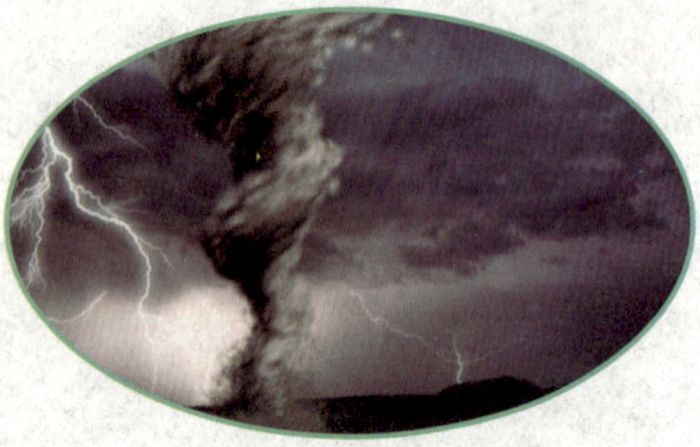

图 3–2　龙卷风

1. 人造龙卷风发电

气流旋转导致龙卷风中心的气压极低，只有 20kPa 左右，而标准大气压是 101.325kPa，因此，上升型龙卷风具有强烈的“抽吸”地面的作用，而下曳型龙卷风有向地面“喷射”气体的作用。当龙卷风旋涡直径为 200m 时，其功率可达 30GW，相当于 10 座巨型电站的功率。利用龙卷风发电，可以获得巨大的能量。然而，自然界的龙卷风难以驾驭，无法加以利用。而人工制造可控制的龙卷风，能为人类提供无限的绿色能源。人造龙卷风不仅可以进行发电，还可以用于军事，是一种威力媲美核弹的强大武器（图 3–2）。

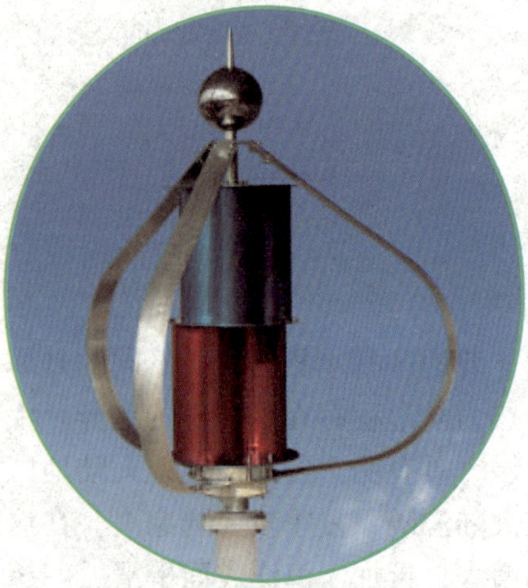

图 3–3　全永磁悬浮风力发电机

2. 全永磁悬浮风力发电机

磁铁具有同性相斥、异性相吸的性质，能够抗拒地心引力，达到磁性悬浮。如果把这种技术应用到风力发电机上，使风力机的轴承等部件都在磁悬浮的状态下工作，摩擦力就会消失，将大大提高风力发电的工作效率。

由于磁铁便于携带，军事人员在野外行动时可以使用，避免在野外因无法用电而导致任务失败（图 3–3）。

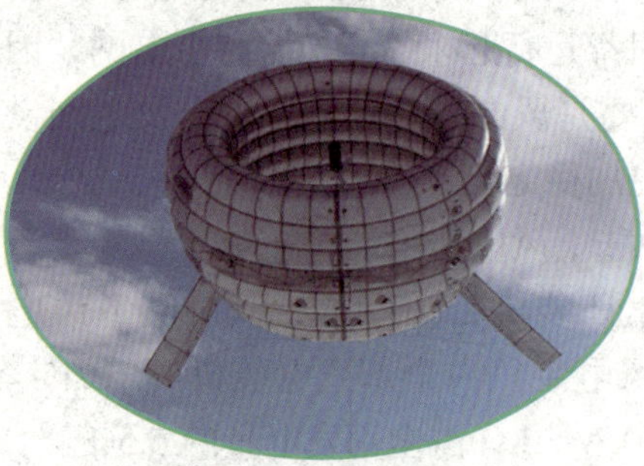

图 3–4　风筝发电机

3. 利用风筝发电

高空中的风力比地面上强很多，风力也更加持续稳定。在过去，从对流层无穷无尽的风中获取能源的想法仅仅是个梦，如今一只放飞的风筝就能帮助人们实现这个梦想——利用高空的风产出便宜的电力。越来越多的科研工作者提出了各种各样的设想来实现风筝发电。

风筝易于携带，因而风筝发电也可以用在军事发展上（图 3–4）。

第三节

风力发电

风力发电是将风能转换为机械功，机械功带动转子旋转，最终输出交流电的电力设备。

一 风力发电系统的组成

风力发电系统即风机系统，是由风轮（叶片）、传动系统、发电机、限速安全机构、储能设备、塔架及电器系统组成的发电设备（图 3–5），大中型风力发电系统还有自控系统。图 3–6 给出了一个使用了直流发电机的风机系统。

图 3–5　风力发电机

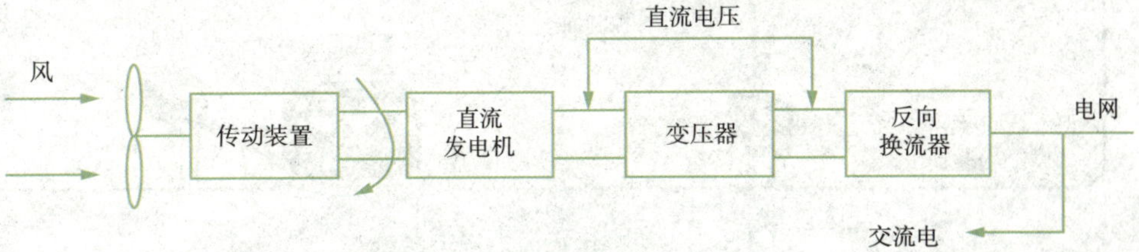

图 3–6　直流风机系统

二 风力发电系统的运行方式

风力发电可以分为离网型风力发电和并网型风力发电。后者与电网相连，单机容量较大，如今已发展至单机兆瓦级别；而前者独立于电网运行，单机容量较小。

1. 离网型风力发电系统

离网型风力发电系统具有成本低、应用灵活、维护简便等优点，故十分适用于牧区、林区、通信基站、气象站、海岛及边防哨所等电网无法有效覆盖的地区。随着全球风力发电产业的快速发展，离网型风力发电系统在上述应用场合发挥了越来越大的作用。离网型风力发电系统的基本原理就是通过风力机将风能转化为机械能带动发电机发电，经过整流器得到稳定的直流电分别供给直流负载，再通过逆变器输出三相交流电供给交流负载，如图 3-7 所示。

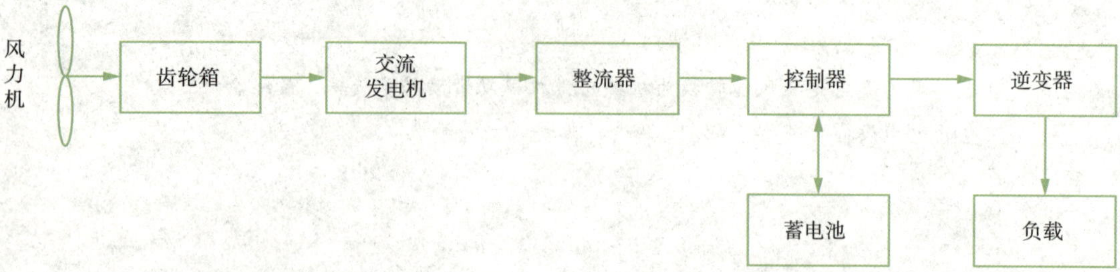

图 3-7　离网型风力发电系统

还有一种互补运行的风力发电系统，这种发电系统除了有风力发电装置，还带有一套备用的发电系统，例如太阳能电池。在风力发电机不能提供足够的电力时，由太阳能电池提供电力，以实现连续、稳定供电。如图 3-8 所示。

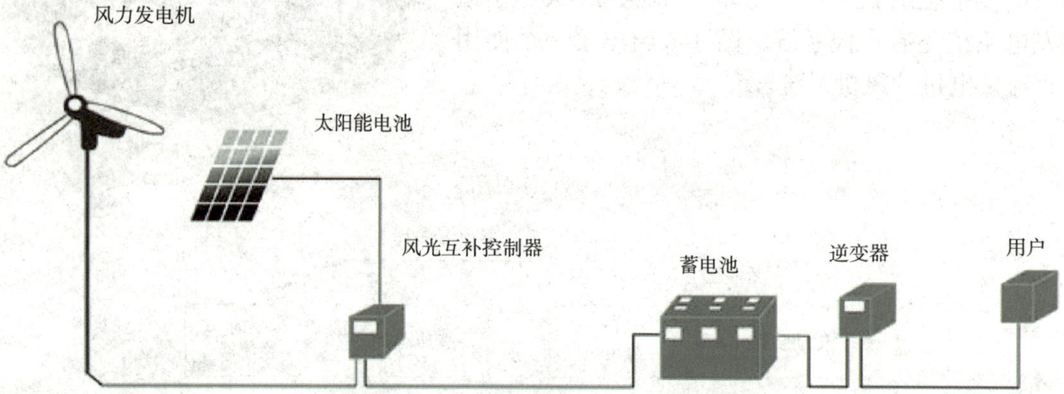

图 3-8　互补运行风力发电系统

2. 并网型风力发电系统

并网型风力发电系统是指风电机组与电网相连接，向电网输送有功功率，同时吸收或发出无功功率的风力发电系统。由于风机的转速随着外来风速的改变而改变，不能保持一个恒定的发电频率，因此需要配备一套交流变频系统。由风机产生的电力进入交流变频系统，通过交流变频系统转换成交流电网频率的交流电。由于风电的输出功率是不稳定的，为了防止风电对电网造成冲击，风电场装机容量占所接入电网的比例不宜超过 5%~10%，这是限制风电场大型化发展的一个重要因素，另外，电网系统内还需配置一定的备用负荷。将风力发电机与电网连接，由电网输送电能，是克服风的随机性带来的蓄能问题的最稳妥易行的方式。并网型风力发电系统如图 3-9 所示。

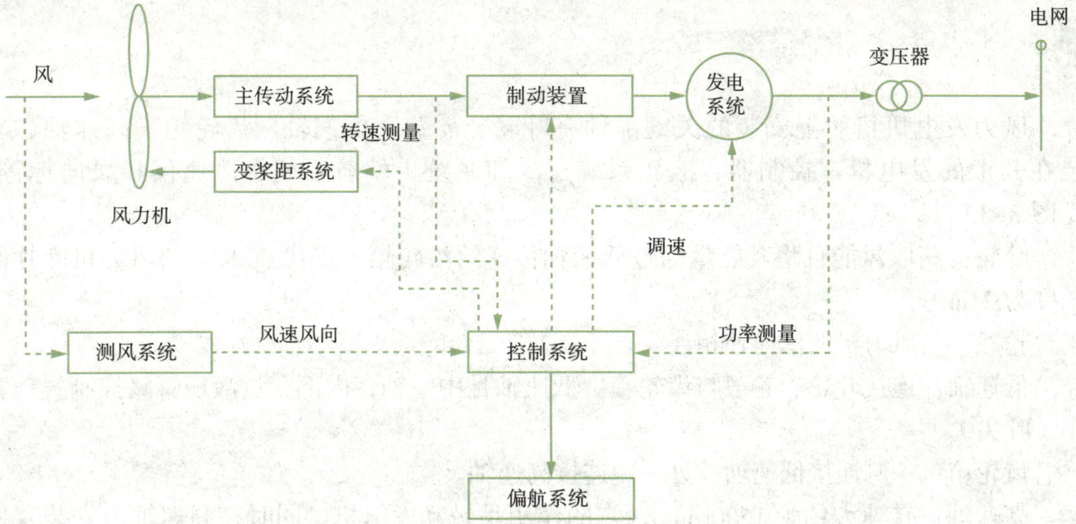

图 3-9 并网型风力发电系统

三、风力发电机组的工作原理

风力发电机的工作原理比较简单，风轮在风力的作用下旋转，把风的动能转变为风轮轴的机械能，发电机在风轮轴的带动下旋转发电。广义地说，风能也是太阳能，所以也可以说风力发电机是一种以太阳为热源、以大气为工作介质的热能利用发电机。

简单来说，风力发电机组是一种将风能转换为电能的能量转换装置，其发电原理、工作原理及其基本结构见图 3-10~ 图 3-12。

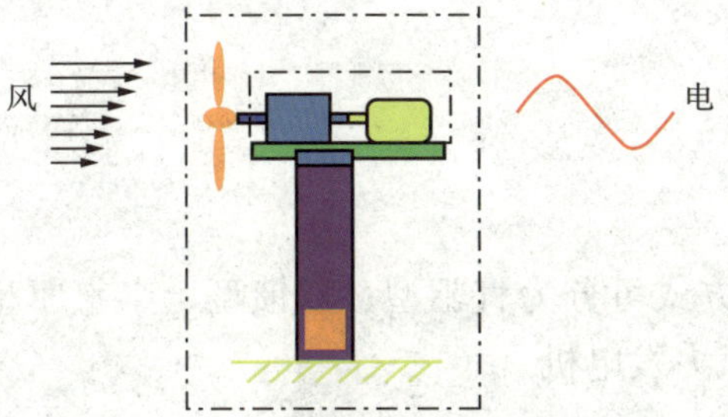

图 3-10 风力发电机组的简单发电原理

图 3-11 风力发电机组工作原理图

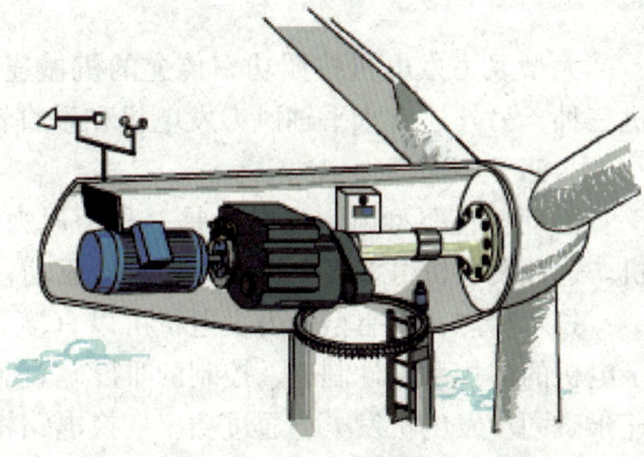

图 3-12 风力发电机组的基本结构

四 风力发电机的结构组成

风力发电机机舱上安装的关键部件有叶轮、轮毂、低速轴、齿轮箱、高速轴和安装在其上的发电机、控制器、液压系统、冷却系统、偏航系统、风速仪和风向标等，见图 3-13。

叶轮：获取风能且将其能量通过低速轴传递给齿轮箱。现代 600kW 的风力机叶片的长度为 21m。

轮毂：与风力机的低速轴相连。

低速轴：连接叶轮、轮毂与齿轮箱。低速轴是中空轴，内部穿过液压管路控制气动刹车（叶尖）。

齿轮箱：一侧连接低速轴，另一侧连接高速轴。

高速轴：转速大约为 1500r/min，它的作用是带动发电机，同时在高速轴上安装有一套机械刹车。

发电机：通常被称为感应型发电机或异步发电机。

控制器：计算机持续监控风力发电机的状态，控制偏航。出现任何故障，计算机都将立即控制风机停机。

液压系统：作用是控制风力发电机气动刹车装置。

冷却系统：包含冷却发电机的风扇、冷却齿轮油的散热器，一些风力发电机还装有发电机水冷装置。

偏航系统：通过偏航电机推动机舱对风。

塔架：作用是承载机舱和叶轮。一台 600kW 风力发电机的塔架为 40~60m 高。塔架有锥形圆柱钢塔架，也有桁架式塔架，在其内部装有梯子。

风速仪和风向标：用于测量风速和风向。

五 风力发电机的分类

大型风力发电机按照功率传递的机械连接方式可分为直驱型、双馈型、半直驱型风机三种，另外还有水平轴风力发电机和垂直轴风力发电机。

1. 直驱型风力发电机

原理：直驱型风力发电机是一种由风力直接驱动的发电机，也称为无齿轮风力发电机。这种发电机由多级电机和叶轮直接驱动，省去了齿轮箱这一传统部件。

技术特点：直驱型风力发电机可以直接与风轮相连，增加了系统的稳定性，同时增大了电机的体积和设计制造、控制的难度。直驱型风力发电系统是采用风轮直接驱动多极低速永磁同步发电机发电，通过功率变换电路将电能转换后并入电网。相对于双馈型发电系统，直驱型发电机采用较多的极对数，在转速较低时，发电机定子电压输出频率仍然比较

(a) 叶轮　(b) 轮毂和低速轴　(c) 齿轮箱

(d) 高速轴　(e) 发电机　(f) 控制器

(g) 液压系统　(h) 冷却系统　(i) 偏航系统

(j) 风速仪和风向标　(k) 塔架

图 3-13　风力发电机的组成

高，完全可以在电机的额定等级下工作，并且其定子输出电压通过变流器后再和电网相接，定子频率变化并不会影响电网频率。在直驱型风力发电系统中风机与发电机直接耦合，省去了传统风力发电系统中齿轮箱这一部件，减轻了发电机的维护工作，并且降低了噪声。另外，其不需要电励磁装置，具有重量轻、效率高、可靠性好的优点。直驱型发电机采用全功率的交—直—交变频技术，与电网隔离，具有低电压穿越能力，对电网友好。

器材结构：直驱型风力发电机组主要由风力轮、永磁同步电机、PWM 整流器和逆变器、升压变压器等部分组成，如图 3-14 所示。

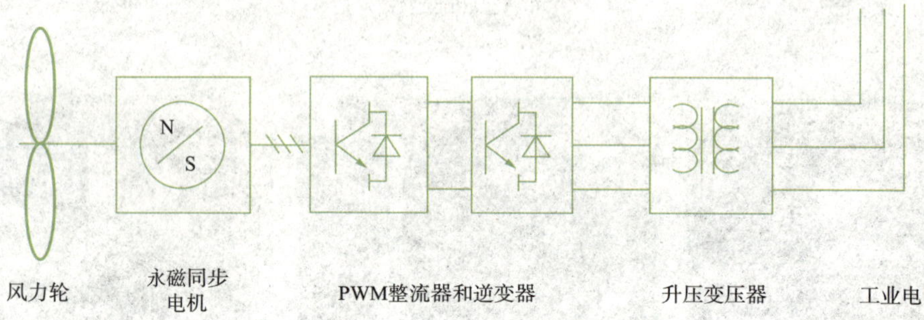

图 3-14　直驱型风力发电机组器材结构

2. 双馈型风力发电机

原理：风轮经过增速后带动发电机，发电机定子绕组线端是发电机电力的输出端，通过开关箱连接到交流电网。定子和转子都可以和电网进行功率交换，该系统允许在限定的范围内变速运行（图 3-15）。

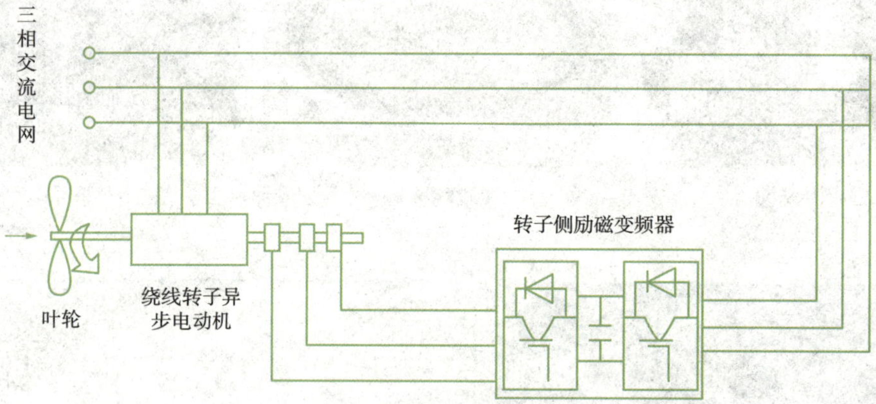

图 3-15　双馈型风力发电系统器材结构

技术特点：

①由于定子直接与电网连接，转子采用变频器供电，因此，系统中的变频器容量仅取决于发电机运行时的最大转差功率，一般发电机的最大转差率为 25%~35%，因而变频器的最大容量仅为发电机额定容量的 1/4~1/3。这样，系统的总体配置费用就比较低。

②具有变速恒频的特性。

③可以实现有功功率和无功功率的调节。

器材结构：双馈型风力发电机是由叶轮通过齿轮箱变速带动电机高速旋转，同时转子接变频器，通过变频器控制达到定子侧输出相对完美正弦波，同时在额定转速下，转子侧也能发出电流，从而达到最大利用风能的效果。

3. 半直驱型风力发电机

半直驱型风力发电机是为解决直驱型与双馈型风电机组向大型化发展过程中遇到的问题而设计的，兼顾二者的特点。从结构上说，半直驱型与双馈型类似，具有布局形式多样的特点，而且目前尚在研究中的无主轴结构还具有与直驱型相似的外形，区别在于：一是与双馈型比，半直驱型的齿轮箱的传动比低；二是与直驱型比，半直驱型的发电机转速高，这个特点决定了半直驱型一方面能够提高齿轮箱的可靠性与使用寿命，另一方面，能够兼顾对应的发电机设计，改善大功率直驱型发电机设计与制造条件（图 3–16）。

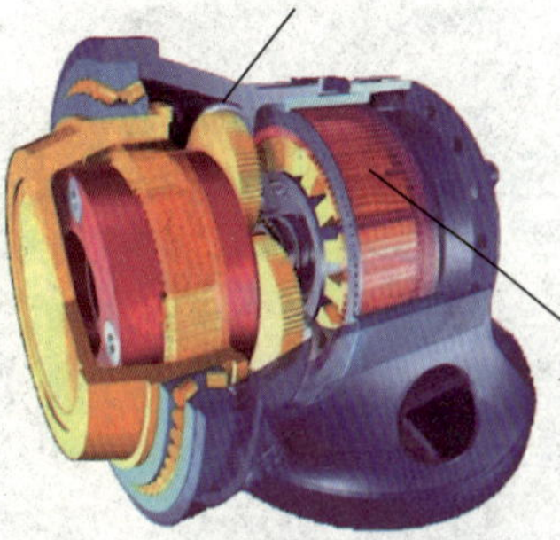

图 3–16　半直驱型风力发电机器材结构

技术特点：采用一级或两级增速齿轮箱，多极同步发电机，全容量变流。此外，为了减轻机舱的重量，半直驱型风力发电机组多为紧凑机型，也就是取消低速轴或将低速轴的长度缩小，增速箱输出轴与发电机主轴直连。

国内一般将发电功率在 10kW 及以下的风力发电机称为小型风力发电机，将 10~100kW 功率级别的风机称为中小型风力发电机。

小型风力发电机的利用方式主要有两类：一类是独立运行（离网型）供电系统。即电网未通达的偏远地区，如高山草原、通信基站和海岛等，用小型风力发电机组为蓄电池充电，再通过逆变器转换成交流电向终端电器供电，单机容量一般在 100W~10kW；或采用中型风力发电机与柴油发电机或光伏太阳能电池组成混合供电系统，目前系统的容量为 10~200kW，可以解决小社区、工业园区用电问题。另一类是作为常规电网的电源，并网运行。商业化的机组单机容量为 150~300kW，既可单独并网，也可以由多台，直至成百上千台风机组成风力发电场。

4. 水平轴风力发电机

原理：水平轴风力机的风轮旋转轴是水平方向的，和地面与风向基本平行。每个叶片相对于风轮平面呈 25°（或相近角度）的倾斜角度。当风车轴与来风平行时，风轮就会旋转起来（图 3–17）。

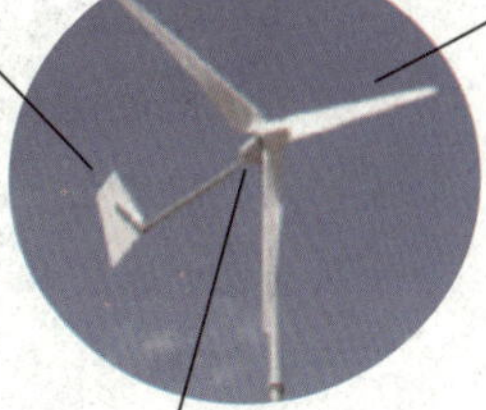

图 3–17　水平轴风力发电机器材结构

5. 垂直轴风力发电机

原理：属于阻力风力机，依靠迎风面阻力和背风面阻力差获得动力，其差值越大，效率就越高（流线和连续外形，避免空气的扰动能量损失），其缺点是系统刚度大，旋转轴细，摩擦阻力致使其线速度始终比风速低，转动惯量小，速度平稳性不好，但可以通过类似飞轮的机械系统加以改善。效率与阻力面积和表面光滑状况有关。

技术特点：垂直轴风力发电机在风向改变的时候无须对风，相对于水平轴风力发电机这是一大优势，不仅使结构设计简化，而且减少了风轮对风时的陀螺力（图 3-18）。

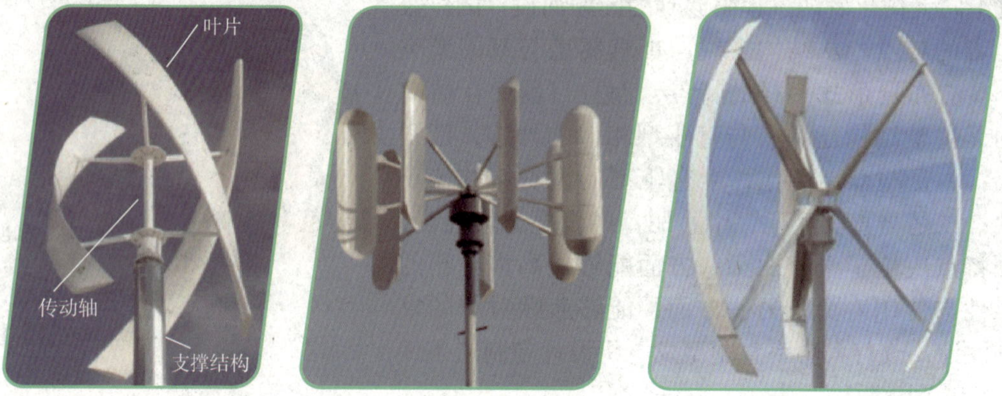

图 3-18　垂直轴风力发电机器材结构

第四节

海上风力发电

风能作为一种无污染、可再生的高效清洁新能源日益受到重视，世界各国都已经加紧对风能的开发和利用。风电场主要分为陆上（包括滩涂）和海上，其中海上风电场又分为潮间带和中、深海域。

海上风电技术经过近 20 年的发展已经得到了较大提高，但海上风能开发的主要问题在于成本过高和安装运输不便。随着海上风电技术的成熟，海上风力发电的成本也将不断下降。海上风电机组呈现大型化的发展趋势，由近海走向深海。

海上风能资源是一种清洁的永续能源，在各国政策的积极支持下，海上风电技术的提高和风电开发成本的下降促使海上风电规模化发展，海上风能将得到更深入、更大范围的开发和利用。

我国东部沿海的经济发展和电网特点与欧洲类似，适于大规模发展海上风电。2010 年我国第一个海上风电示范项目——上海东海大桥 102MW

海上风电场的34台机组实现并网发电，在我国海上风电建设史上具有里程碑式的意义。根据国家能源规划，到2020年底，风电累计并网装机容量达到2.1亿kW以上，其中海上风电并网装机容量达到500万kW以上；风电年发电量达到4200亿kW·h，约占全国总发电量的6%。“十三五”期间我国重点推动江苏、浙江、福建、广东等省的海上风电建设，到2020年四省海上风电开工建设规模均达到了100万kW以上，并积极推动天津、河北、上海、海南等省市的海上风电建设，探索性推进辽宁、山东、广西等地的海上风电项目。2020年，全国海上风电开工建设规模达到1000万kW，累计并网容量达到500万kW以上。未来随着海上风电的建设成本逐渐下降，海上风电有望迎来快速增长（图3-19）。

图3-19 海上风电

一 国内外海上风电发展现状

1. 全球海上风电发展现状

2019年，全球海上风电新增装机容量为5194MW，单年新增装机创历史新高（图3-20）。全球共有23个在建海上风电项目，共7GW，其中13个项目在中国；16个新建海上风电场投运，分布在中国、英国、德国、丹麦、比利时、中国台湾地区，平均容量325MW。全球共有10个已投运、在建、规划中的浮式海上风电项目（不包括示范项目），超过1GW。

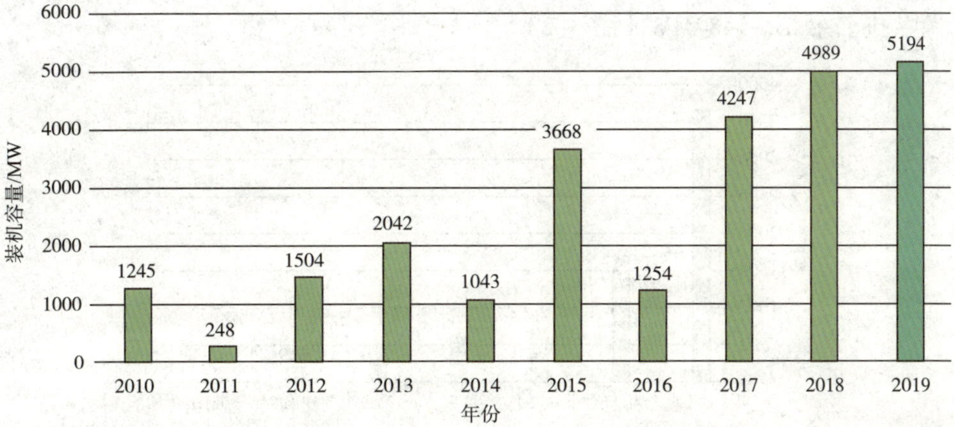

图3-20 全球海上风电历年新增装机容量

截至2019年底，全球海上风电累计装机容量27213MW，比2018年底的数字增长了23%，全球已投运海上风电场共146个（图3-21）。

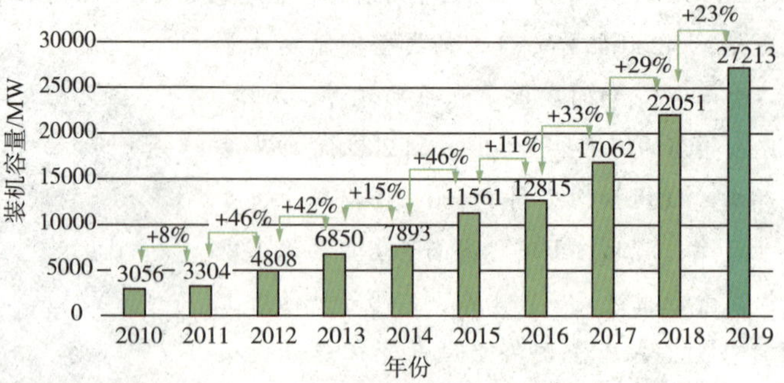

图3-21 全球海上风电历年累计装机容量

已投运项目装机容量（所有风机全部投运）：英国依然是全球海上风电的老大，累计装机容量9710MW；德国排名第二，7498MW；中国首次登上前三位置，4906MW（图3-22）。

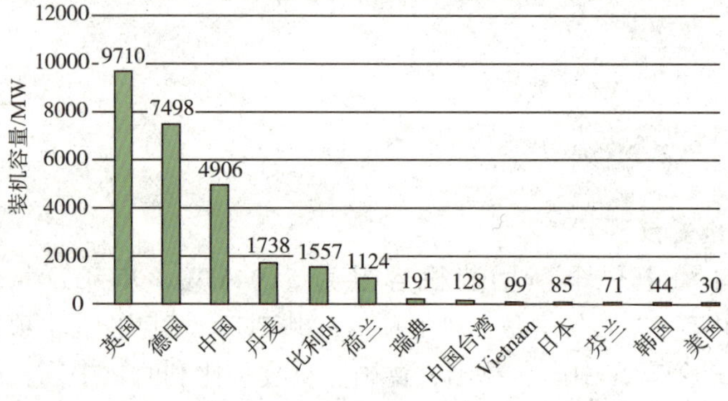

图3-22 各国及地区海上风电累计装机容量

在建项目装机容量（未全部投运，至少安装了一台风机基础）：中国以3662MW遥遥领先；荷兰排名第二，1484MW（图3-23）。

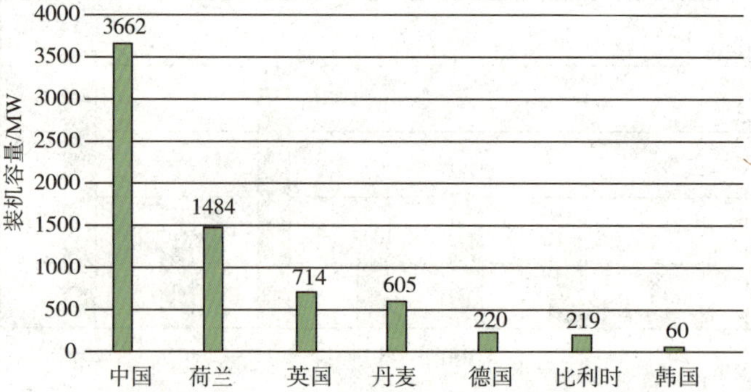

图3-23 各国海上风电在建装机容量

图 3-24 荷兰 MHI VestasV164-9.5MW 风机

目前全球共有 23 个在建海上风电项目，共 7GW，其中 13 个项目在中国。装机容量最大的四个项目：荷兰 Borssele3&4，732MW，77 台 MHI VestasV164-9.5MW 风机；英国 East Anglia One，714MW，102 台西门子歌美飒 SG7.0-154DD 风机；丹麦 Kriegers Flak，605MW，72 台西门子歌美飒 SG8.0-167DD 风机；中广核阳江南鹏岛，400MW，73 台明阳 MYSE5.5-155 风机。见图 3-24~图 3-26。

关于浮式海上发电，全球共有 10 个已投运、在建的浮式海上风电项目（不包括示范项目），超过 1GW。已投运项目（所有风机全部投运）1 个：苏格兰 Hywind Scotland，30MW（图 3-27）。在建项目（未全部投运，至少安装了一台风机）2 个：葡萄牙 Windfloat Atlantic，25MW；英国 Kincardine，50MW。规划中项目 7 个，分布在法国、挪威和韩国。

图 3-25 西门子歌美飒 SG8.0-167 DD 风机

图 3-26 广东阳江 MYSE5.5-155 风机

图 3-27 苏格兰浮式海上发电

2. 我国海上风电发展现状

中国海上风能资源最丰富的东南沿海地区，毗邻用电负荷大的经济发达地区，可以实现能源就地消纳，降低运输成本，所以在中国发展海上风电的潜力是不容估量的。

2018 年全国风电新增装机容量为 2114MW，海上风电吊装容量在 2019 年达到 270MW，同比增长 1GW，增速达到 63%，增长量接近翻番，增速也比 2018 年高出 19 个百分点，海上风电发展呈现加速势头（图 3-28、图 3-29）。上海电气依旧是海上风电市场的龙头，2019 年上海电气以 732MW 的吊装容量继续领跑该细分市场，而公司 2019 年共吊装 1.71GW；行业龙头金风科技在海上市场紧追其后，实现约 640MW 的海上风电吊装量；明阳智能在海上风电赛道跃居第三，新增容量同比实现六倍增长，达 559MW。

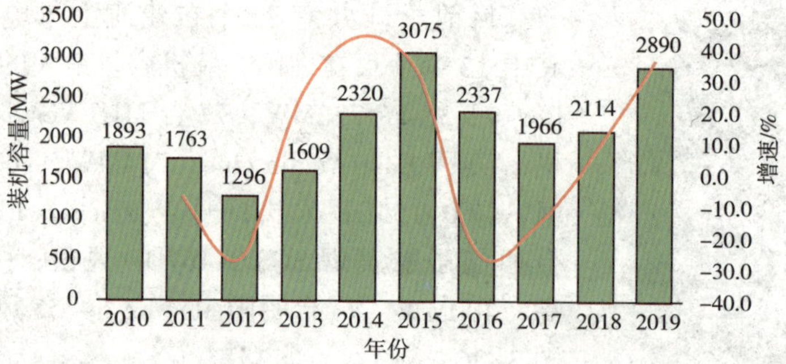

图 3-28　国内风电历年新增装机容量及同比增速

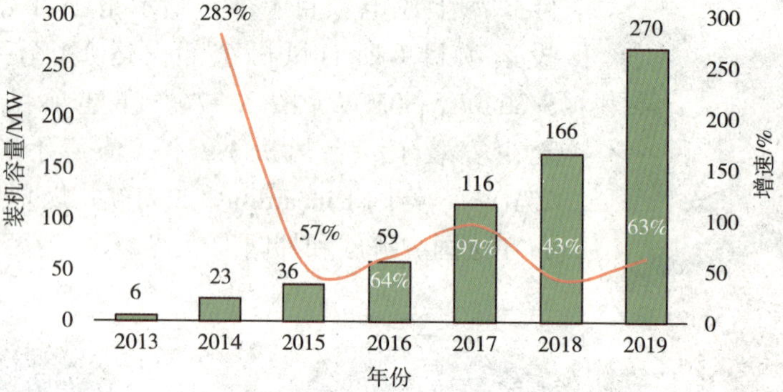

图 3-29　国内海上风电历年新增装机容量及同比增速

2019 年，风电市场景气度略超预期，海上风电加速发展，整机行业第二梯队部分企业展现出良好的竞争势头，占有率显著上升。2020 年，风电行业在抢装大背景下，保持高速增长。装机容量刷新 2015 年 30.75GW 的最高纪录，达到 31~33GW。

海上风电加速发展，装机容量有望在 2020 年超过 3GW，根据订单推测，其中上海电气、明阳智能的装机容量有望各自超过 1GW。2021 年将承接 2020 年的抢装项目结转需求，叠加三北平价大基地和海上风电高速发展，行业装机容量仍将高位运行，在 25~28GW，与此同时，设备商市场集中度将持续提高。而我国海上风电在军事中的应用也会越来越广，对于守护我国海事力量将起到极其重要的作用。

二　海上风电机的安装

海上整机安装方法：在装配基地将风机机组完全组装好，运至海上拟建风电场，整机安装在风机塔筒基础上。

海上分体安装法：是将风电机组的各部件由制造厂运至装配基地进行适当组装，再将各部件和组件（下文统称“部件”）运输至拟建海上风电场进行逐件安装。

所采用的海上安装方法可以分为 3 类：通用海上浮吊安装法、海洋平台安装法和风机专用安装船安装法。

通用海上浮吊安装法，是采用通用的海上起重船进行风电机组的安装，风机的海上运输可以用起重船本身所具有的运载能力吊着风机，由拖轮拖带航行，也可以采用平板驳船运输。

海洋平台安装法，就是在海洋平台上配置起重机进行海上风电机组的安装。

风机专用安装船带有可伸缩的支腿和起重机，收起支腿便具有普通船舶的运载能力，可用来运输风机；在安装作业时，将其支腿插入海底，船舶就成为一个临时固定的海上作业平台，它可避免风浪造成的摇晃。

区别在于：海洋平台风机专用安装船的特点是将一般船舶的运输和自航功能、海洋平台的自升功能以及起重船的起重功能融为一体。海洋平台也是用支腿支撑于海底构成一个临时固定的作业平台，海洋平台与专用安装船一般没有自航能力，也没有常规船舶上通常所具有的其他必要设备和设施。

目前，在国内外已经建成的海上风电项目，风机基础结构形式以单桩基础为主，安装作业以分部安装为主。

图 3-30 为海上风电机组安装工程流程图，图 3-31 为海上风机的视图。

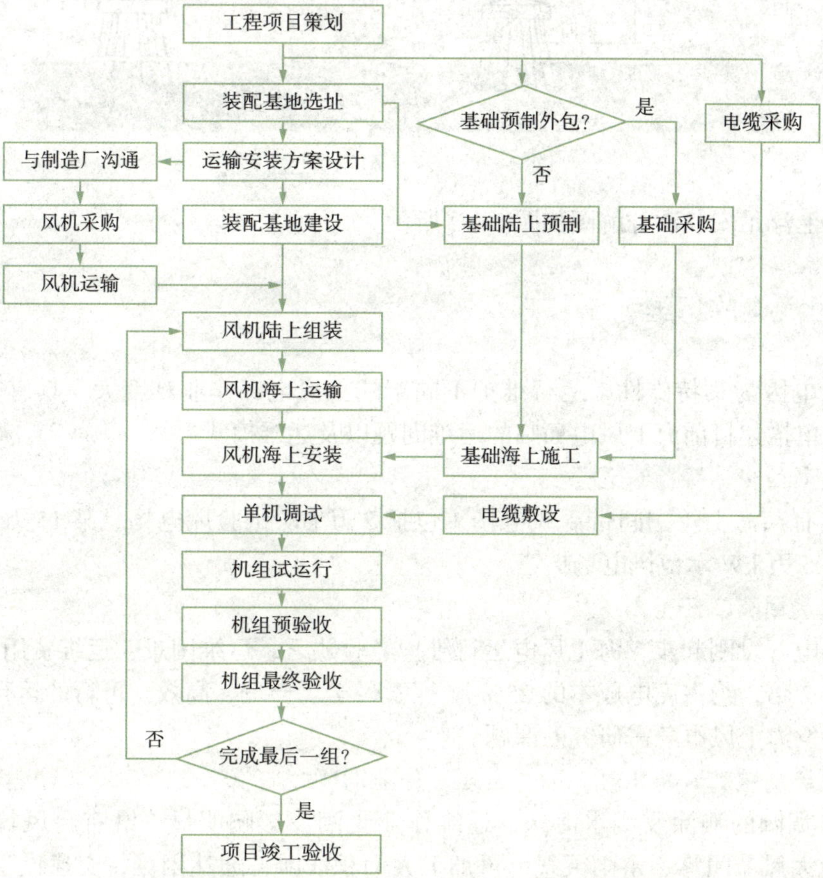

图 3-30 海上风电机组安装工程流程图

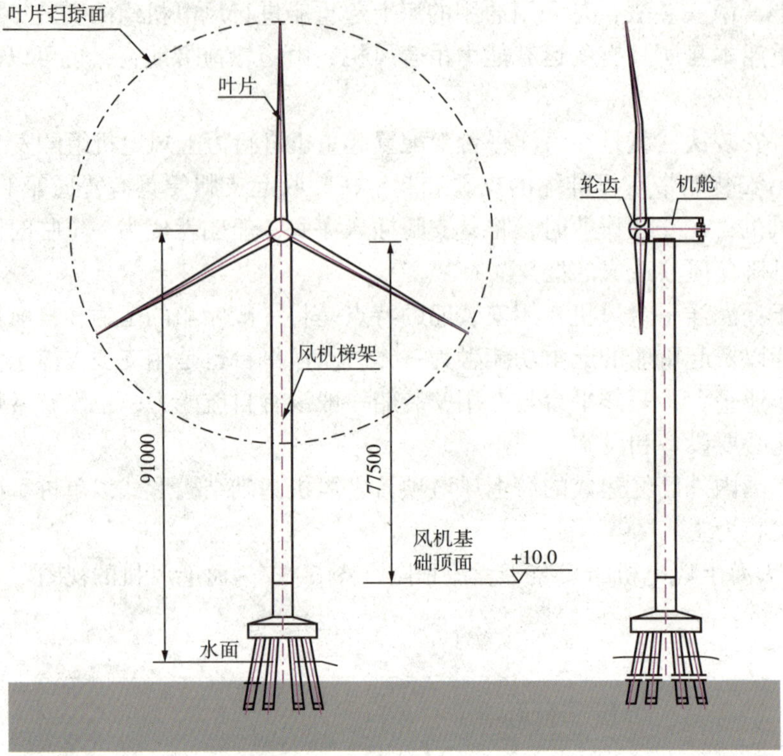

图 3-31 海上风机的视图

通用海上浮吊安装法分解图如图 3-32 所示。

三 海上风电的运维

海上风电因为其特殊性，运行维护不同于陆上风电，作业难度大，具有很强的专业性。本节简单描述目前海上风电面临的运维问题以及运维模式。

1. 开发项目少，经验缺乏

目前仅有某海上（潮间带）风电场（包括 3 万 kW 试验风电场、某 15 万 kW 示范风电场，以及 5 万 kW 示范风电场扩建。

2. 运维费用高，任务重

海上风电开发刚起步，海上风电运行维护经验缺乏，运维困难，运维费用高（大约为陆上费用的 2 倍，约占度电成本的 25%）。探索科学、合理、高效、可行的运行维护模式，是大规模开发海上风电急需研究的课题。

3. 风电场海域有其特殊性，通达困难，作业时间短

沿海有宽阔的滩涂及浅水海床，运维作业受潮汐影响明显，既有台风等恶劣工况，还存在气旋大风、团雾、雷雨天气，再加上大面积浅滩，通达困难，交通设备运行困难，海上维护作业有效时间短，安全风险大。

(a) 安装墩台　(b) 准备驳船将风机移到墩台旁　(c) 准备浮吊

(d) 将浮吊与驳船对接　(e) 下放锁具　(f) 挂索

(g) 提升平衡梁　(h) 将锁具拉紧　(i) 将机构锁紧

(j) 拆除桶底固定螺栓　(k) 并且将锁具提升 3.5m　(l) 移动浮吊，将浮吊对位

(m) 固定

图 3-32　通用海上浮吊安装法分解图

4. 样机比重大，故障率高，维修工作量大

目前，国内海上风电开发刚起步，基本使用国产样机，机组运行试验周期短，没有很好的试验和论证，使用的风机为陆上风机改造而成，而复杂恶劣的海上环境，使得风机故障率居高不下。在风机质保期内，厂商配置了庞大的维护人员队伍，及时处理故障，维持合同约定的风机可利用率。而出质保期后，如果运营商没有相应规模的运维技术力量投入，可利用率会明显降低。

5. 开发量小，大型维修装备缺乏

基于潮间带风电场海域特殊的海洋水文工况，大型设备更换需要使用专用浅吃水甲板驳船，潮间带风电开发量太少，难以供养大型潮间带专用船舶，如潮间带风电开发结束后专用船舶改造用于普通水上施工，潮间带风电场大型检修时将无海上专用船舶可用。

6. 风电场处于特殊海洋工况，防腐问题突出

海上风机基础采用钢结构，盐雾腐蚀、海洋附着生物等海洋因素对基础、设备影响大，防腐工作专业性强，工作量大。而潮间带海域工况特殊，风机钢结构基础主要处于潮差区与浪溅区，且有大量海洋附着生物，防腐困难（图 3–33）。

图 3–33　被海洋生物覆盖的风机基础

海上风电场运行维护模式：

（1）风电机组出质保期后仍然由整机厂家负责运行维护。此种运行维护模式的主要弊端是运行维护费用较高，且风电场运行厂商没有自己的维护技术人员，容易受制于人。

（2）风电机组出质保期后由风电场运行维护人员负责。此种模式运行维护费用较低，且可以培养锻炼风电场运行维护相关人员，但由于相关运行维护人员技术水平较低，无法保证风电机组可利用率。

（3）交由市场上第三方专业运行维护服务公司维护。此种模式维护费用介于上述两者之间，但是可以通过第三方服务公司经过培训的专业技术人员来保证运行维护的质量，保证风电机组可利用率。

海上风电场运维工作主要包括：

（1）生产设备的运行监护、操作和数据记录分析；

（2）风机机组、塔筒、风机钢构基础、升降机及海上升压站平台的日常维护和设备大小检修；

（3）风机升压设备、海上升压站输变电设备的维护、预防性试验和设备大小维修，消防、救生逃生设备维修；

（4）陆上集控中心设备的维护、检修工作；

（5）风电场内集电海缆、送出海缆及其连接设备的维护、试验工作；

（6）运行维护船等海上交通运输工具、通信器材及救生设备的维护。

我国潮间带区域使用最多的交通工具是拖拉机，速度较快，可用于简单的人员运输，满足离岸较近潮间带机组的日常检修维护工作，但因载重量小、牵引力小，无法完成大型零部件的运输和吊装。

四 我国海上风电发展前景

1. 行业前景广阔

目前我国海上风电开发已经进入了规模化、商业化发展阶段。我国海上风能资源丰富，5~25m 水深、50m 高度海上风电开发潜力约 2 亿 kW；5~50m 水深、70m 高度海上风电开发潜力约 5 亿 kW。全国海上风电规划总量超过 8000 万 kW，重点分布在江苏、浙江、福建、广东等省，行业开发前景广阔。

2. 近海规模化、远海示范化

目前，我国海上风电场的建设主要集中在浅海海域，且呈现由近海到远海、由浅水到深水、由小规模示范到大规模集中开发的特点。为获取更多的海上风能资源，海上风电项目将逐渐向深海、远海方向发展。随着场址离岸越来越远，在海上风电机组基础和送出工程成本等方面将逐步增大，另外对运维服务要求也更高，运维成本也会随之增大，故深海、远海的海上风电项目在经济性上仍存在较大风险，需要柔性直流输电技术、漂浮式基础、海上移动运维基地快速发展，为我国远海风电的开发提供必要支撑。

3. 机组逐步国产化、大型化

华锐、金风、湘电等一批整机制造厂家都致力于海上机组的研发工作，海上风机机组基本已经实现国产化。近年来，海上风电发展缓慢，一定程度上也影响了整机制造厂家的积极性。目前，我国大部分整机制造厂家研发的海上机组因运行经验不足，基本处于机组设计研发、样机试运行阶段。从陆上风电的发展历程可以看出，在巨大市场需求的带动下，海上机组也将逐步实现国产化。

由于海上施工条件恶劣，单台机组的基础施工和吊装费用远远高于陆上机组的施工，大容量机组虽然在单机基础施工及吊装上的投资较高，但由于数量少，在降低风电场总投资上具有一定优势，因此，各整机制造厂家均致力于海上大容量机组的研发。目前，国内研发的最大单机容量已经达到 6MW，其中联合动力 6MW 机组已经在山东潍坊试运行，明阳 6MW 机组已在江苏海上试运行，金风研发的 6MW 直驱机组也已在江苏大丰陆上试运行。

4. 运维市场增长速度快

海上风电场的运维内容主要包括风电机组、塔筒及基础、升压站、海缆等设备的预防性维护、故障维护和定检维护，是海上风电发展十分重要的产业链。近年来，欧洲成为全球风电运维服务市场的大蛋糕。相比于欧洲，我国海上风电起步晚，缺乏专业的配套装备，运维效率低、安全风险大，未来海上风电装机容量的增加，势必带动相关产业快速发展。

5. 建设成本呈小幅降低趋势

巨大的市场需求将带动海上风电机组迅猛发展，随着大量海上风电机组的批量生产、吊装、并网运行，机组和配套零部件等的价格会呈现明显下降趋势。随着海上风电机组成熟度不断提高，国内厂家竞争越来越激烈，机组价格有望在“十三五”末期下降。此外，海上升压站、高压海缆等的价格随着产业化程度的提高，进一步下降的趋势明显；随着施工技术不断成熟、建设规模扩大化、施工船机专业化，海上风电的施工成本也将大幅降低。目前我国海上风电开发成本因离岸距离、水深、地质条件等不同，而差异较大，单位投资一般在 15000~19000 元 /kW，初步估计，2020 年后海上风电场开发建设成本可小幅下降。

6. 配套产业发展日趋完善

我国海上风电设计更多受制于施工能力，大多是基于现有的运输船只、打桩设备、吊装设备等设计一个相对经济、可行的方案。我国海上风电建设尚处于起步阶段，缺乏专业的施工队伍，施工能力较弱，因而在设计过程中优化空间较小。随着海上风电项目的开工建设，将大大提高我国海上风电的施工能力，并逐渐形成一批专业的施工队伍。施工能力的提高反过来又为设计优化提供了更大的空间。

根据海上风电市场的需要，未来将出现一大批以运行、维护为主的专业团队，为投资企业提供全面、专业的服务。此外，海上风电装备标准、产品检测和认证体系等也将逐步完善。毫无疑问，在海上风电项目逐步发展的过程中，海上风电设计、施工等将累积丰富的经验，相关配套产业的发展也将日趋完善。

7. 军事应用越来越广泛

我国是世界上海岛最多的国家之一，拥有近 300 万 km^2 的海洋国土。由于历史和现实的复杂原因，有大约 120 万 km^2 的海洋国土处于争议中。近年来，随着各国对海洋资源的开发加剧，我国南海，东海诸多海域资源处于各国虎视眈眈之下，更有甚者，公然挑战我国海洋主权，置联合国公约于不顾，非法开采我国海洋资源。因而需要加强我国的海事防御力量，海上风电发展必不可少。我国需打造集设计、研发、制造、服务于一体的高端装备制造业产业链。突破关键共性技术，建成全国智能装备产业高地。开发模块化、组合化、集成化新技术，发展关键基础件。着力在节能环保装备、轨道交通装备、现代农业智能装备、高端船舶和海工装备、航空航天装备等领域，在国内建成一批重要的装备制造基地。所以，突破风电技术、发展核心装备、打造风电装备研制高地是我国发展风电的重要任务之一。

五 海上风电开发面临的问题

以江苏某海上风电为例，从项目前期工作、项目实施阶段以及运行维护阶段浅谈中国海上风电开发面临的挑战。

1. 项目前期工作

（1）海上风电开发涉及的资料收集困难，投入大。前期需要开展风力资源测量、海洋水文观测、海底地形图测绘、海洋地质勘测等多项技术勘测工作，而各项专题资料收集困难，投入巨大，如在海上竖测风塔，不仅需要办理海域使用手续，且竖塔造价很高，在近海竖一基测风塔一般需要 600 万元以上。

（2）前期涉及部门广、专题多、周期长。与陆地风电相比，海上风电前期工作复杂，资金投入大，开发流程复杂、涉及部门多，工作周期长，项目开发权归属存在较大不确定性。前期工作需要开展工程用海预审、海洋环境影响评价、工程安全预评价、地震安全评价、海缆路由调查、接入系统设计、通航安全评估等多个专题报告，涉及海洋、海事、渔业、环保、港口、电网、安监、军事等多个部门，需要协调的事项很多。

（3）批准的海域面积小，尾流影响很严重，海上的大气湍流度低，风机转动产生的扰动恢复慢，尾流效应更明显，需要更大的行列距离，但批准的海域使用面积（风电场外轮廓面积）较小，为 15/100MW，欧洲海上风电一般为 19.5/100MW，且国外海上风电一般是Ⅰ类风电场，而国内很多为Ⅲ类风电场，采用单位千瓦更大的Ⅲ类风机，转轮更大，因而尾流影响很大，初步估计一个大型风电场尾流影响超过 12%，甚至达 20%。

2. 项目实施阶段

（1）设备选型困难

目前国内风机主设备制造业尚未能及时消化国外先进的海上风电技术，国外风机设备水土不服，导致故障率偏高。海上升压站主变等电气设备问题更多。

（2）设计施工存在困难

①海上风电建设经验缺乏，缺少专用施工装备，我国海上风电安装船舶短缺，施工经验不足，离岸变电站和海底电缆输电水平也较低。

②受天气影响大，安全风险大。施工受天气影响严重，安全风险大，有效工作天数少，投资大，工效低。国内海上风电施工除受台风影响，还存在较多的江淮气旋大风团雾、雷雨天气，安全风险大。

③国内海缆制造、海上升压站设计及施工缺少经验。离岸型近海风电宜使用 220kV 海缆，而国内几家实力较强的电缆厂商对 220kV 海缆的研制明显不足。220kV 海上升压站从布置、设计到施工，在国外先例极少（建成的海上升压站电压等级低于 220kV），在国内更是空白，有待进一步研究。

④海上风电钢结构基础方案质量控制问题亟待解决。在海上风电场建设中，钢构风机基础质量控制要求高，处于海洋腐蚀环境，疲劳荷载作用下的风机钢结构基础极易因应力腐蚀、腐蚀疲劳而缩短寿命，而国内可参考的防腐标准、规范缺少。

3. 运行维护阶段

我国海上风电运行维护经验缺乏，专业运行维护装备缺乏，运维作业受潮汐影响明显，既有台风等恶劣工况，又有大面积浅滩，运维通达更为困难。

第五节

陆上风力发电

我国陆地风电主要位于我国西北部，而当地消纳能力有限，对外输送有赖于特高压输电线路建设。海、陆风电的结合会加快我国绿色发电的步伐。

一 全球陆上风电现状

2019 年，英国陆上风电的新增装机量已降至 629MW，低于 2018 年的 651MW。2019 年英国新增的 629MW 陆上风电装机量包括 23 个正在运营的项目，其中 4 个在英格兰，4 个在威尔士，6 个在北爱尔兰，9 个在苏格兰。

2019 年美国新增陆上风电装机 9.1GW，仅次于 2012 年（12GW）和 2009 年（10GW），为历史装机第三高年份。截至 2019 年底，美国风电总装机量已超过 105GW，排全球第二。

2019 年，全球陆上风电新增装机量 53.2GW，较 2018 年的 46.8GW 提升 13.68%；累计装机量达到 621.3GW。预计 2020 年全球新增装机量有望突破 60GW，累计装机量达到 680GW 以上。2020 年中国陆上风电抢装，将成为全球新增装机量的重要贡献者。详见图 3-34。

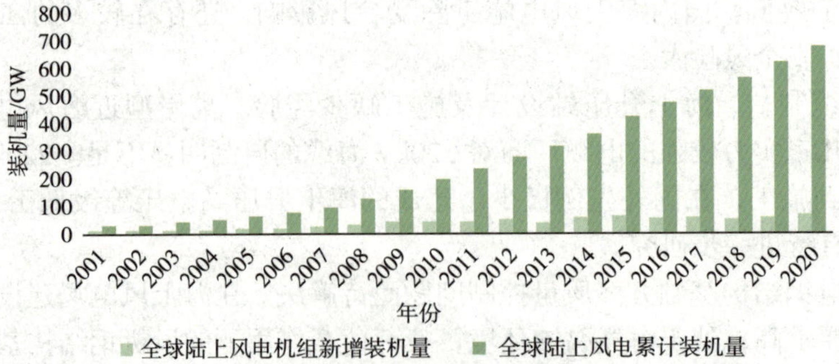

图 3-34　2001~2020 年全球陆上风电装机量情况

二 未来全球陆上风电主要市场

至2050年，亚洲将始终主导全球陆上风力发电设施，其次是北美和欧洲。中国和美国是贡献装机量的核心力量。预期全球每年的新增装机量预期将保持在60GW以上。到2023年全球风电累计装机量有望达到900GW。

三 我国陆上风力发电实例

1. 新疆达坂城风力发电场

达坂城风力发电站位于乌鲁木齐去吐鲁番的途中，沿路南行，在通往丝路重镇达坂城的道路两旁，上百台风力发电机擎天而立、迎风飞旋，与蓝天、白云相衬，在博格达峰清奇俊秀的背景下，在广袤的旷野之上，形成了一个蔚为壮观的风车大世界。这里就是我国最大的风能基地——新疆达坂城风力发电厂，见图3–35。

图3–35 达坂城风力发电场

2. 内蒙古辉腾锡勒风电场

辉腾锡勒风电场是亚洲最大的风力发电场，地处内蒙古高原，海拔高，又是风口，风力资源非常丰富，具有稳定性强、持续性好、风能品质高等特点，是建设风电场最理想的场所。自1996年建场以来，已装机94台，装机容量已达14万亿kW·h，近期计划装机容量166.5MW，将成为亚洲最大的风力发电场，同时也将成为辉腾锡勒旅游区一道亮丽的风景线（图3–36）。

图3–36 辉腾锡勒风电场

3. 浙江临海括苍山风电场

浙江临海括苍山风电场位于临海市与仙居县交界处，距东海岸直线距离约70km，距临海市城关公路约50km，上山公路约29km，3个风场分布高程为1250~1360m。总装机35台，其中1号风场12台，2号风场7台，3号风场16台，总容量19.8MW（图3–37）。

图3–37 临海括苍山风电场

图 3-38 千万千瓦级风力电场

4. 甘肃酒泉千万千瓦级风力电场

甘肃酒泉风电基地是我国第一个千万千瓦级风电基地的启动项目。该项目场址位于甘肃省酒泉市玉门镇西南戈壁滩上，地势平坦开阔，地质条件良好，交通运输和用水、用电条件良好，适宜建设大型风电场。项目所处场地风能资源良好，项目建设还可增加当地税收，促进就业，对改善当地的经济起到重要作用，具有良好的社会效益（图 3-38）。

第六节

风能建筑应用实例

在风能大力发展的趋势下，越来越多的风能建筑鳞次栉比，使得近地风环境变得更加复杂。如何使环境与经济协调发展，是决定城市可持续化的关键。抛开现有的风力发电机一般用于偏远、人烟荒芜的区域的观念，将风机大力引进城市，结合各方面的优势加以利用，是顺应健康可持续发展的要求。

1. 巴林世贸中心

巴林世贸中心是世界上首座将风力发动机组与大楼融为一体的摩天大楼（图 3-39）。设计师在双塔之间 16 层（61m）、25 层（97m）和 35 层（133m）处分别设置了一座重达 75t 的跨越桥梁和三个直径达 29m 的水平轴风力发电涡轮机。令人瞩目的是，在大楼的 50 层、高 240m 的办公塔楼之间安装了 3 台水平轴发电风车，使世贸中心成为世界上第一个为自身持续提供可再生能源的摩天大楼。这 3 台发电风车每年约能提供 1200MW · h（120 万度）的电力，大约相当于 300 个家庭的用电量。发电风车满负荷时的转子速度为 38r/min，通过安置在引擎舱的一系列变速箱，让发电机以 1500r/min 的转速运行发电。设计的最佳发电状态在风速 15~20m/s 时，约为 225kW。风机转子的

图 3-39 巴林世贸中心

直径为 29m，是用 50 层玻璃纤维制成的。在风力强劲，或需要转入停顿状态时，翼片的顶端会向外推出，增加了转子的总力矩，达到减速目的。风机能承受的最大风速是 80m/s，能经受 4 级飓风（风速 69m/s 以上）。

2. 太阳能风力发电大桥

行走于大桥上，我们通常会感到一股强大的风力。那是因为大桥上的空气流动速度很大，我们甚至会觉得桥梁本身也在随着风力而晃动。意大利建筑设计师就利用桥梁的“吸风”能力，设计出了太阳能风力发电大桥（图 3–40）。这款桥梁设计的独特之处在于利用了两种不同的绿色能源——太阳能和风能。另外，整个风力发电大桥将参与意大利高速公路的竞标。这个方案有可能会参与其中的 20km，而这 20km 道路上太阳能和风力发电所获得的电力，将供 15000 户居民日常用电。

图 3–40 太阳能风力发电大桥

3. 风力发电大厦

与传统竖立在地面上的风能发电机不同的是，大楼的发电机能够将不同方向的风能收集过来，提高风在通过涡轮时的速度（图 3–41）。该发电机预计每年产生 50MW 电力。除了安装在楼顶上风力发电机之外，设计者还采取其他措施减少大楼的碳足迹，从而满足政府的建筑法规。例如，大楼使用了自然通风系统，减少了空调的数量。最初设计者计划将大楼外表面全部安装上玻璃，但考虑到增加隔热和减少噪声的问题，最终否决了该计划。

2010 年 4 月这些风力涡轮就可以运转，它们共有 15 个叶片，旋转器的直径达 9m。它们每年能够发电 50MW · h，满足 33 套两间卧室的公寓或 20 套三间卧室半独立式房屋的需求。

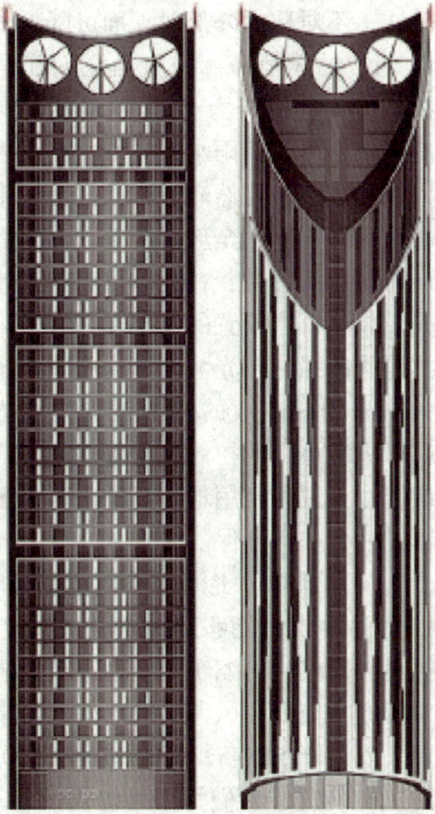

图 3–41 风力发电大厦

4. 能源屋顶

“能源屋顶”利用太阳能和风能自己产生能量。屋顶的西翼安装了有利于能量产生的透明太阳能电池，而东翼则是利用风能，通过 5 个风力涡轮机产生能量（图 3–42）。

图 3-42 能源屋顶

这个设计极富创意，它不仅仅为佩鲁贾市提供了一种外观看似疯狂的建筑，而且为其他城市提供了一个模板，即把可再生能源生产技术运用到建筑和城市雕塑上面。

“能源屋顶”将为城市发电，屋顶的西翼是为了获取光照，东翼则是为了捕捉风力。

“能源屋顶”为佩鲁贾市带来独特具有高识别性的标志，也是可持续性的建筑与古老的 Via Mazzini 建筑结合的典范。

5. 上海中心大厦

上海中心大厦以 632m 的高度成为世界第二高楼（图 3-43）。除了它“高大英俊”的外表，最受瞩目的还有它自身应用的多项可持续发展技术，技术领域涉及照明、采暖、制冷、发电以及可再生能源。据预测，这些节能技术每年将为大厦减少碳排放 25kt。

塔冠部分将安装螺旋形的雨水收集系统，从图 3-44 可以看到，大楼外部的造型呈旋转式，不对称的外部对立面可降低大厦 24% 的风荷载（空气流动对工程结构所产生的压力）。呈漏斗状的螺旋顶端还可收集雨水，导入水箱，供大楼使用。在自然光源方面，上海中心大厦同样采用全玻璃幕墙，外幕墙还有特制的彩釉，在夏季可以起到遮光效果，每层设置的横挡也可有效阻挡夏季的强烈阳光。大厦的照明系统大量采用最高效的 LED 光源、全方位中央绿色照明控制系统等绿色节能装置。大厦还利用地热资源进行采暖和制冷，非常环保。

图 3-43 上海中心大厦

图 3-44 上海中心大厦塔冠

从顶部看，上海中心大厦的外形好似一个吉他拨片，随着高度的增加，每层扭曲近 1°。这种设计能够延缓风流。通常风环绕建筑时会形成涡旋脱落效应，导致摩天楼剧烈摇晃。对按比例缩小的模型进行风洞测试后发现，这种外形设计能够将侧力减少 24%，这对于经常经受台风考验的上海建筑来说至关重要。

安装于 565~578m 的 270 台 500W 风力发电机，总装机功率为 135kW，还有大厦顶层的风电装置，它们每年可提供约 119 万 kW · h 的可再生能源！这些能源将用于建筑的外部照明及部分停车库的用电需求。

第七节

风电在军事领域的应用

在我国现阶段，风力发电技术成熟实用，适用于风能资源丰富的大型训练基地和固定营房哨位、离岸海岛、供电基地等，目前已有部分示范应用。根据军事应用需求特点，风力发电不足之处在于机组存在折叠性、机动性差，国产小型风力发电机可靠性不高、风力强度和环境适应性差的问题，尚不能满足军用野战供电要求，因此易组装、高可靠性、适应风力范围宽的便携式风力发电机组就成为军用风力发电技术的重要研究方向。

一 风电在军事领域的可行性

风能具有环保、洁净和可再生的优点，但存在能量密度小、转换效率低、噪声大、产生能量不稳定以及需要优质风资源的弊端。因此，风能不适合机动式装备使用，只能用于固定场合。与其他新能源比较，风力发电技术更加成熟，民用市场已进入规模型应用阶段，为军队运用奠定了坚实的技术基础。

我国东南沿海及其附近岛屿、黑龙江、吉林东部、河北北部与辽东半岛、酒泉、新疆北部、内蒙古、青藏高原地区风能资源丰富，这些地域的军事基地和驻地、边防哨所、岛礁，可以大力运用风能发电。

早在2007年，国防科工委下发《国防科技工业风力发电装备产业发展指南（2007~2020）》，鼓励军工企业积极推进风力发电装备产业发展。

图3-45为风力发电机组——独立发电系统。可应用于边防哨所、海岛部队独立发电系统（小型装备和生活用电等），野战部队（军营生活及其他偏远地区或野外地形）的军事风能独立发电系统当中。

图3-45 军工风力发电机

二、风力发电机及其在军事中的应用

直驱型风力发电机由于机组的可靠性和高效率，适用于军事基地和营地，安全且运维成本低。

双馈型风力发电系统可以在发电机转速低于同步转速 40% 和高于同步转速 15% 内正常运行，所以可应对各种环境，适用于军事基地、营地、海岛。

半直驱型风力发电机结合了直驱型风力发电机组和双馈型风力发电机的优点，可靠性强，且相对直驱型发电机而言，能够兼顾对应的发电机设计，改善大功率直驱型风力发电机设计与制造条件，故适用于军事基地、营地、海岛。

5kW 水平轴小型风力发电机，可用于风光互补路灯系统、边防哨所照明用电（图 3–46）；220kW 水平轴小型风力发电机，可用于分布式、风光储微电网、社区供电、（驻军）海岛供电，海水淡化、小型工业 / 商业供电、边防哨所供电（图 3–47）等。

垂直轴风力发电机适用于风光互补路灯、小型户用发电、通信基站、新能源充电、公交车站等（图 3–48）。

图 3–46　5kW 水平轴小型风力发电机军事应用

图 3–47　220kW 水平轴小型风力发电机军事应用

图 3-48　2kW 垂直轴风力发电机在军事中应用

以上是风力发电机在军事中的部分应用实例，但实际上可应用于军事的风力发电远远不止这些，如图 3-49 所示，一个名为 Altaerosenergies 的风力发电机被装在一个巨大的充氦飞艇里，在 1000ft 的高度待 18 个月。利用高空的高速风流，可以让发电量比地面风力发电装置高一倍。设备将电能通过电线输送到地面，足够十几户人家日常使用。即使它的成本也很高，这项技术仍可以商业化。因为如果这项技术在偏远地区比如海岛、农田、军事基地使用，相比起价格高昂的柴油发电机组和现有的风力发电机组，还是有较高的性价比。

图 3-49　Altaeros energies 风力发电机

三　大型军事风力发电示范工程

2019 年 1 月，首个军事可再生能源局域网国家示范项目成功发电，从此，边防官兵用上了安全、可靠、稳定的长明电，为战备工作生活提供了充足的电力保障，为解决边远地区部队用电难题蹚出了一条新路。

图 3-50　新疆荣和电站

新疆荣和电站是全国首个军事可再生能源局域网项目，也是目前国内技术最复杂、运行环境最恶劣、装机规模最大的可再生能源局域网系统（图 3-50）。

三峡新能源朱日和风电场位于内蒙古锡林郭勒盟苏尼特右旗朱日和镇，分为一期、二期 2 个工程建设，规划装机 99MW，目前总装机容量为 52.5MW，其中一期工程总装机 49.5MW，共安装 1.5MW 风力发电机组 33 台。二期工程总装机 49.5MW，安装 1.5MW 风力发电机组 33 台，目前并网 2 台机组（图 3-51）。

朱日和风电场是内蒙古第一个并网发电的大型风电场，于 1989 年 6 月 25 日破土动工，12 月 31 日正式并网发电。风电场位于内蒙古中北部的苏尼特右旗东南 45km，朱日和镇西南 6.5km，坐落于海拔 1230m 的浩尼山上（图 3-52）。目前，风电场总装机容量 1.765 万 kW，风机一共 33 台。朱日和风电场是全军首个“复杂电磁环境应用系统”和唯一“联合作战实验场”。基地通过创设逼真的战场环境，依托先进的导调评估和信息支撑系统，可以承担陆空联合训练、合同战术训练，以及首长机关指挥训练等任务。风电场将当地丰富的风能资源转化为基地训练所需的电能。

图 3-51　三峡新能源朱日和风电场

图 3-52　朱日和风电场夕阳美景

四　风力发电在军事中的发展

随着技术进步和风力发电应用日益广泛，我国风力发电在军事领域的应用也得到了快速发展。早在 2009 年 1 月，“海上风电三峡”工程项目就已经开始进行选址工作，计划在东部沿海打造几座“海上风电三峡”，为国家能源安全提供坚实的保障。2010 年 5 月，中国首批海上风电招标项目启动，海上风电的发展进入了快车道。2009 年至今，中国已成为仅次于英国和德国的世界第三大海上风电国家。

相比传统火力发电，风电具有良好的社会效益和环保示范效果，这在军事中具有很大的意义。军事目的是保家卫国，不仅保障人民的安全，还要保护我们的环境发展。我国幅员辽阔，海上风电资源丰富，潜力巨大，且靠近东部负荷中心，就地消纳方便，发展海上风电前景广阔。建设海上风力发电，可解决包括海岛在内的军事能源需求，为我国军事能源结构的转型提供重要战略支撑。

未来海上风电项目中，可在每一台风机上装载摄像头。如果有渔民、船只进入安置风机的海域，可以通过摄像头预警，促进边防安全。风电场可用新型电子围栏代替传统实体航标灯，在电子海图上即可对指定类型或指定船舶的碰撞风险进行分析，从而通过后台系统对船舶航行进行预警。未来应用 VR 技术、智能检测和数据挖掘等技术，构造风电场三维虚拟立体模型，将实际工作环境和设备结构进行虚拟重现，将海上风电场的天气环境、海情海况、地理地貌、设备运行以及紧急事件发生时的情景等更加有“智慧”的全新交互功能应用于军事能源领域。

第四章

核能及其在军事领域应用

人类每次突破性的发展都来自能量利用方法的革新。人力、畜力、风能和化石燃料能量使用的密度一直在增大，能量利用率的增长带来的就是生产力的进步。核能是人类最具希望的未来能源之一，少量的核子燃料即可产生大量的能量，应用于民生的核能发电可以极大地缓解能源短缺压力，在未来逐渐替代化石燃料。此外，在军事中直接使用核能所形成的威慑力可以维护国家主权和领土安全，也可以通过核能转化为电能来提供军事活动的能量保障。核能的发现与利用是人类文明突破能源危机发展瓶颈，实现可持续发展的重要条件。

第一节 概述

世界上核资源较为丰富，核燃料有铀、钍、氘、锂、硼等，地壳中铀的平均含量约为 $2.5 \times 10^{-4}\%$，比钨、汞、金、银等元素的含量还高。地球上可供开发的核燃料资源，可提供的能量是矿石燃料的十多万倍。核能燃料不但体积小而且能量大，核能比化学能高几百万倍，1000g 铀释放的能量相当于 2700t 标准煤释放的能量。在矿物燃料短缺、石油价格攀升、火电环境污染严重的情况下，发展核能势在必行。

一 核能的发展历史及特点

1895 年，德国物理学家伦琴发现了 X 射线；1896 年，法国物理学家贝克勒尔发现了物质的放射性；1898 年，居里夫人及其丈夫发现了放射性元素钋；1902 年，居里夫人经过三年九个月的艰苦努力又发现了放射性元素镭，从此原子能的世界被人类发现，核能产生的巨大能量开启了人类的新纪元。

1905 年，爱因斯坦提出了质能转化公式；1914 年，英国物理学家卢瑟福通过 α 粒子散射实验，确定了氢原子核是一个正电荷单元，称为质子；1935 年，英国物理学家查得威克发现了中子；1938 年，德国科学家奥托·哈恩用中子轰击铀原子核，发现了核裂变现象；1942 年 12 月 2 日，美国芝加哥大学成功启动了世界上第一座核反应堆。当时正处于第二次世界大战前期，核能主要为军事服务，配合原子弹的研制。美国、苏联、英国和法国先后建成了一批钚生产堆。在第二次世界大战末期，美国就用铀 235 和钚制造了三颗原子弹并使用了其中的两颗，于 1945 年 8 月 6 日和 9 日轰炸了日本的广岛、长崎，使这两座城市化为灰烬，显示了原子反应的巨大威力。原子弹爆炸是使用中子轰击铀 235 的原子核，使其产生裂变。原子核裂变放出的能量很大，1kg 铀 235 全部裂变释放的能量相当于 2 万 t TNT 炸药爆炸时放出的能量。

核武器带给人类的是沉重的阴影，以至于很多人谈核色变，有良知的科学家们都在极力反对核武器的发展和扩散。但是核能发电给人类带来的却是绿色和光明。

20 世纪 50 年代开始，核能从军用向民用发展。1954 年，苏联在莫斯科近郊的奥布灵斯克建成了世界上第一座核电站，功率为 5000kW。

在 1945 年之前，人类在能源领域只利用物理变化和化学变化。“二战”结束前，诞生了原子弹，人类开始将核能运用于军事、能源、工业、航天、科学研究等领域。美国、俄罗斯、英国、法国、中国、日本、以色列等国家相继展开核能的军事及和平利用的研究。

二 核能的原理

原子核中蕴藏着巨大的能量，原子核的变化（从一种原子核变化为另外一种原子核）往往伴随着能量的释放。核能的产生有两种方式，核裂变和核聚变。核裂变，是指由重的原子核（主要是指铀核或钚核）分裂成两个或多个质量较小的原子。原子弹或核能发电厂的能量来源就是核裂变。其中铀裂变在核电厂最常见，当铀 235 的原子核受到外来中子轰击时，一个原子核会吸收一个中子，分裂成两个质量较小的原子核，同时放出 2 到 3 个中子，裂变产生的中子又去轰击另外的铀 235 原子核，引起新裂变，由此持续进行的就是裂变的链式反应，如图 4–1 所示。

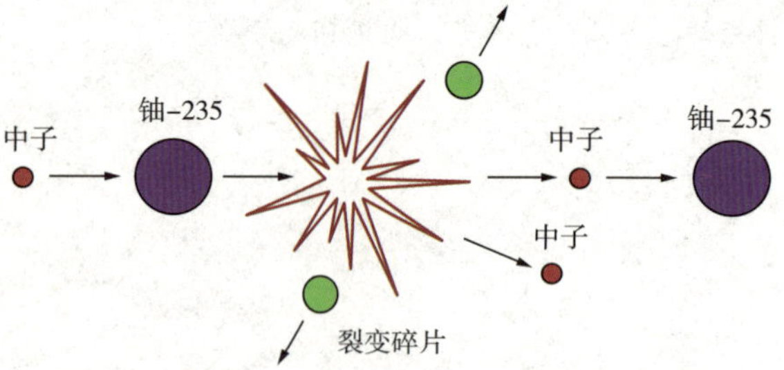

图 4–1 核裂变过程示意图

核聚变又称核融合，是与核裂变相反的核反应形式。核是指质量小的原子，主要是指氘，在超高温和高压的条件下，核外电子摆脱原子核的束缚，让两个原子核互相吸引从而碰撞到一起，发生原子核互相聚合作用，生成新的质量更重的原子核（如氦），中子虽然质量较大，但是不带电，因此也能够在这个碰撞过程中逃离原子核的束缚而释放出来，大量电子和中子的释放所表现出来的就是巨大的能量释放（图 4–2）。

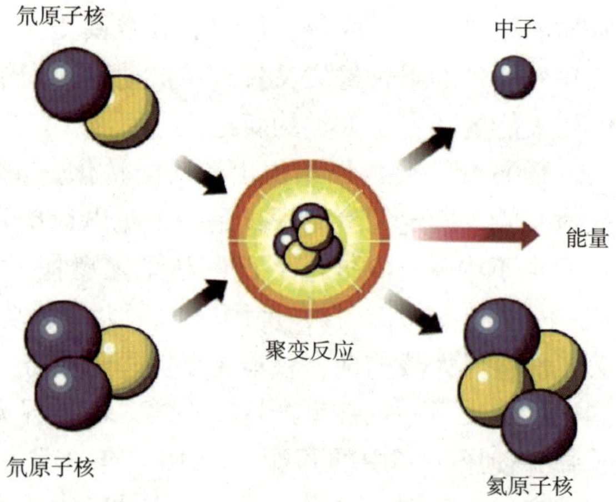

图 4–2 核聚变过程示意图

相同质量的原料聚变反应所释放的能量是裂变反应的 4 倍。核聚变更大的优势在于其原料氢的同位素氘和氚大量储藏于海水中，1L 海水蕴含的氘和氚聚变产生的能量相当于 300L 汽油，地球上的海水可供人类用上百亿年。

人类已经可以实现不受控制的核聚变，如氢弹的爆炸。科学家正在努力研究可控核聚变。2018 年，中科院等离子体研究所宣布我国的托卡马克装置“东方超环”的研究取得了突破性进展，其加热功率已经可以达到 10MW 的级别，等离子体储能增加到 300kJ。

目前“东方超环”的多项实验参数已经接近核聚变稳定运转所需要的物理参数，这将是未来中国实现核聚变反应稳定运行的关键一步（图 4–3）。

图 4–3　中国全超导托卡马克核聚变实验装置

三　核能的发展与前景

20 世纪 50 年代以来，全球核电发展历程大体上可以分为四个阶段（图 4–4）：

第一阶段是试验示范阶段。从 50 年代初开始，美、苏、英、法等国把核能部分地转向民用，利用已有的军用核技术，开发建造以发电为目的的反应堆。美国先后建成了希平港压水堆核电站和德累斯顿沸水堆核电站，为轻水堆核电的发展开辟了道路。苏联于同一时期建成了奥布宁斯克石墨水冷堆核电站；英国和法国随后建成了天然铀石墨气冷堆核电站，加拿大建成了重水堆核电站。这些核电站的建设成功，为核电技术的后续发展和全球推广提供了良好的示范。

第二阶段是高速推广阶段。20 世纪 60 年代末 70 年代初，西方国家经济快速增长，对能源和电力需求急速上升，70 年代出现的两次石油危机引发了石油价格上涨和各国对化石燃料供应的担忧，全球核电进入高速发展期。其中，仅美国本土签约的核电合同就达到 1.7 亿 kW。法国、日本、韩国等国家通过引进美国技术建立了本国的核电工业体系。1966~1980 年，全球核电装机容量的年增长率达 26%，1980 年全球核电总装机容量达到 1.33 亿 kW。

第三阶段为滞缓发展阶段。20 世纪 80 年代以后，西方主要国家经济发展进入平稳期，对电力的需求明显下降。1979 年，美国在三里岛核电站事故后，提高了对核电项目的审管要求，核电建设项目的工期普遍拉长、造价提高。与此同时，发电成本相对低廉的天然气电站开始兴起。出于经济原因，投资大、建设周期长的核电项目大幅减少。1979~2009 年的 30 年时间里，美国本土没有一个核电新项目开工。但从全球范围看，核电发展并没有停止。法国、韩国、日本以及俄罗斯等国家根据自己的国情继续推进本国核电建设，在引进技术、消化吸收的同时，通过批量建设核电机组的实践和自主创新，形成了本国的核电品牌，成长为世界核电大国和核电强国。中国的核电建设也在 20 世纪 80 年代随着经济的发展而起步。

第四阶段为复苏发展阶段。进入 21 世纪以来，由于经济回暖，对电力供应的需求增加，特别是对温室气体排放等环境问题的高度关注，包括核电在内的低碳清洁能源的发展受到世界许多国家的青睐。21 世纪头 10 年，全球一批新的核电项目开工，包括几种不同类型的三代核电机组。2010 年，当年新开工的核电机组数量达到 16 台，全球核电发展出现了复苏的迹象。

2011年3月11日，在九级大地震和14m高强海啸的双重打击下，日本福岛第一核电站发生了严重核事故。福岛核事故给刚刚复苏的世界核电造成巨大冲击。德国等少数国家在舆论的影响下，做出“弃核”的政治决定。与事故前的2010年相比，2011年全球核电发电量下降了5%，2012年又进一步下降了6%以上。

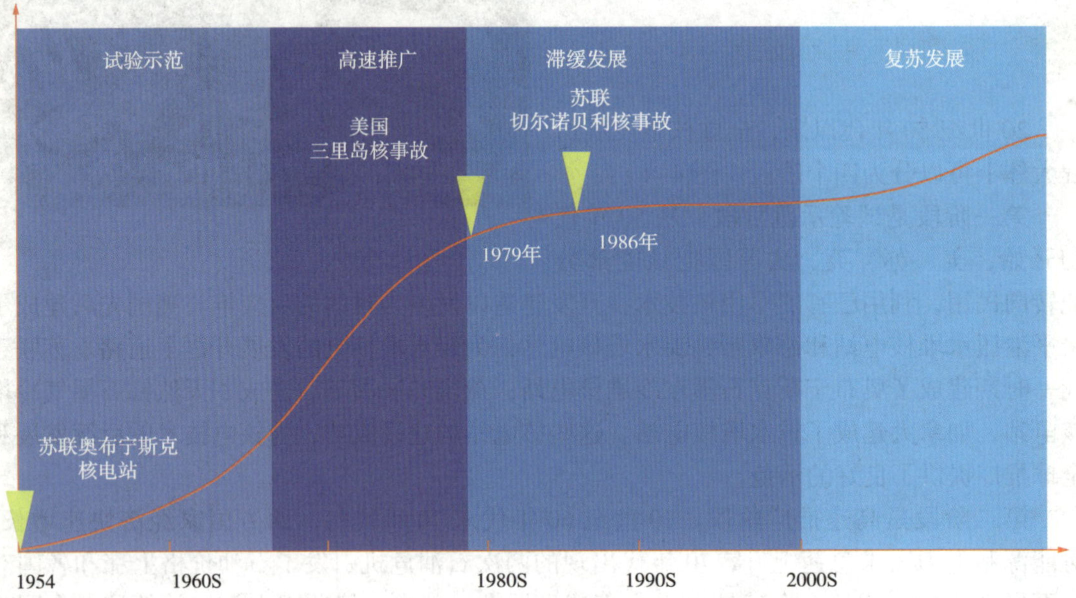

图4-4 世界核能发展史

尽管出于对核污染的担忧，世界核电发展进入短暂低谷期，但出于对环保、生态和世界能源供应等的考虑，核电作为一种安全、清洁、低碳、可靠的能源，仍是许多国家能源发展的最优选项。如今，60多个国家正在考虑采用核能发电。到2030年前，估计将有10~25个国家加入核电俱乐部，将新建核电机组。据国际原子能机构预测，到2030年全球的核电装机容量将增加至少40%（图4-5）。

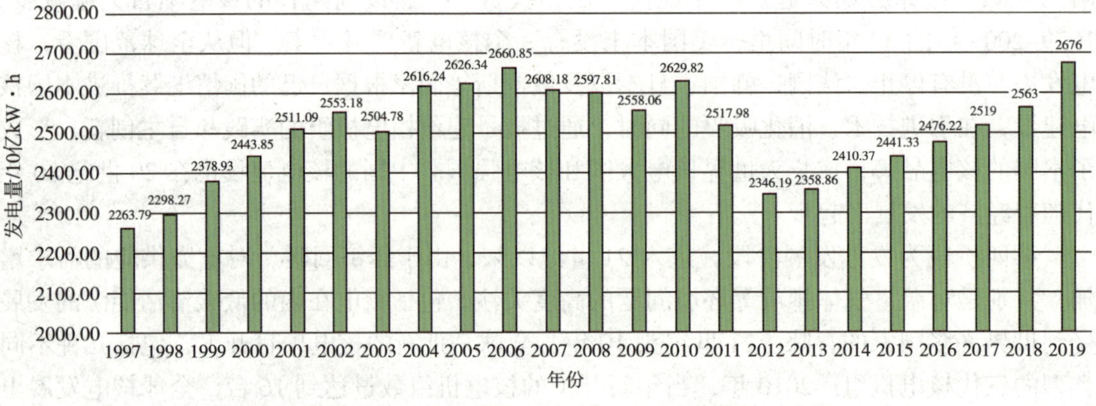

图4-5 1997~2019年世界核电发电量情况

第二节
核能发电

核电系统是一个非常复杂的工业系统，代表着我们国家综合工业实力，是大国竞争的阵地。正如习近平总书记在我国核工业创建60周年之际所说的：“核工业是高科技的战略产业，是国家安全重要基石。”继美国、法国、俄罗斯之后，我国成为又一个拥有自主三代核电技术和全产业链的国家，三代核电发展的比较优势基本形成。就在建规模和发展前景而言，我国已成为全球三代核电发展的中心，具备了从“核电大国”向“核电强国”迈进的条件。

一　核电站工作原理

核电站的种类有许多，通常用反应堆中降低中子运动速度的慢化剂的名称为反应堆命名。用轻水作慢化剂的反应堆叫轻水堆；用重水作慢化剂的叫重水堆；用石墨作慢化剂的叫石墨堆。此外，轻水堆又可以按照反应堆内水的状态分为沸水堆和压水堆，沸水堆中水的状态是沸腾，而压水堆则是对水加以高压而使高温水保持液态。除了以上几种，还有不对中子进行慢化的核反应堆——快中子反应堆，简称快堆。这些不同种类的核电站除了中子的速度不一样，对核燃料的利用效率和核燃料的要求也不同。

压水堆核电厂主要由压水反应堆、反应堆冷却剂系统（简称一回路）、蒸汽和动力转换系统（又称二回路）、循环水系统、发电机和输配电系统及其辅助系统组成，其流程原理如图 4-6 所示。通常将一回路及核岛辅助系统、专设安全设施和厂房称为核岛。二回路及其辅助系统和厂房与常规火电厂系统和设备相似，称为常规岛。电厂的其他部分，统称为配套设施。

从生产的角度讲，核岛利用核能生产蒸汽，常规岛用蒸汽生产电能。现代商用压水堆核电厂反应堆冷却剂系统一般有 2~4 条并联在反应堆压力容器上的封闭环路，见图 4-7。每一条环路由一台蒸汽发生器、一台或两台反应堆冷却剂泵及相应的管通组成。反应堆运行时，主泵将高压冷却剂由压力容器顶部附近送入反应堆，冷却剂从外壳与堆芯围板之间自上而下流到堆底部，然后自下而上流过堆芯，带走核裂变反应放出的热量。冷却剂流出反应堆，进入蒸汽发生器，通过其中的 3000 多根传热管，把热量传给管外的二回路水，使之沸腾产生蒸汽，推动汽轮机发电。经过热交换后一回路的冷却剂再由主泵送回反应堆，如此反复循环，不断地将反应堆中的热量转换成蒸汽，用于发电。整个一回路系统设有一台稳压器，一回路系统的压力靠稳压器调节，保持稳定。为了保证反应堆和反应堆冷却剂系统的安全运行，核电厂还设置了专设安全设施和一系列辅助系统。

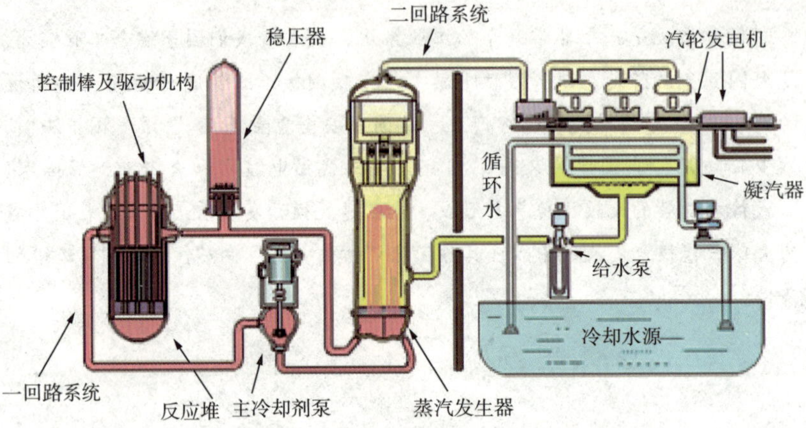

图 4-6　压水堆核电站原理图

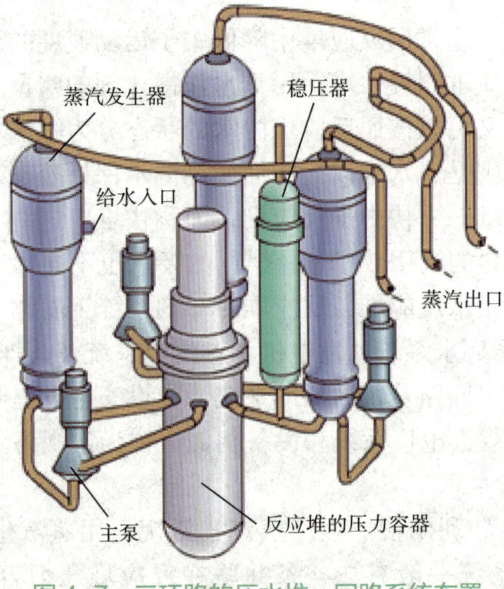

图 4-7　三环路的压水堆一回路系统布置

相比压水堆，沸水堆没有二回路系统，而是直接使反应堆堆芯内的水沸腾，并送往汽轮机发电。它的核蒸汽供应系统主要部件是反应堆容器及主泵管道等，没有蒸汽发生器和稳压器，如图 4–8 所示。

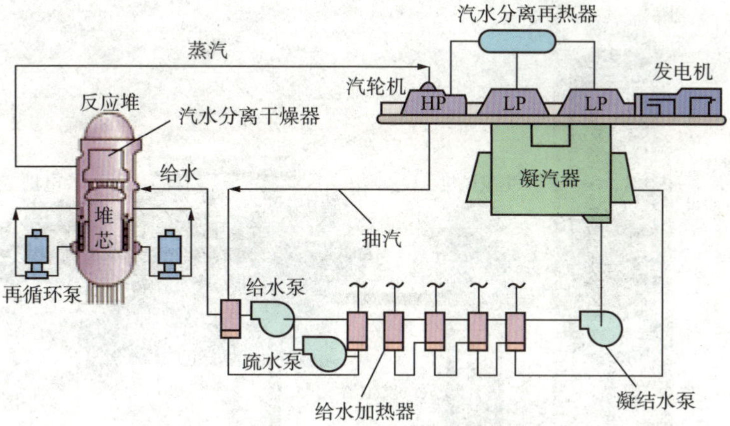

图 4-8 沸水堆核电站原理流程图

重水堆是以重水（氘和氧组成的化合物）作慢化剂的反应堆，重水的中子吸收截面小，慢化系数大，是非常优异的慢化剂。重水堆的核燃料是将天然二氧化铀芯块装入锆合金包壳内，两端密封，呈棒状。每个燃料组件由 19~37 根燃料棒组成，装入锆铌合金压力管内，每根压力管内装 12~13 个燃料组件（图 4-9）。

与压水堆核电站相比，重水堆核电站可以实现不停堆换料，而压水堆每年进行一次停堆换料，一般需要 60 天。重水堆的缺点是重水的生产成本昂贵，对重水的同位素纯度要求高，纯度需大于 99.7%，对密封及重水的回收要求高，基建及运行费用也较高。

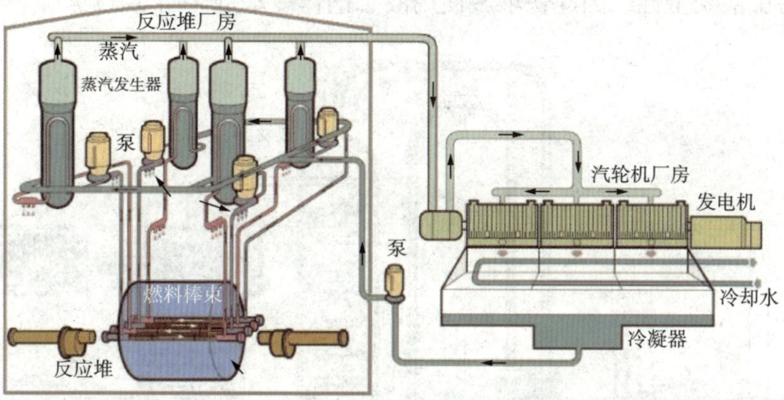

图 4-9 重水堆核电站原理流程图

高温气冷堆是一种技术先进、安全性好、用途广泛同时具有发展前景的核反应堆。高温气冷堆用氦气作冷却剂，石墨作慢化材料。采用全陶瓷包覆颗粒燃料元件，全陶瓷堆芯结构设计，能提供 700~950℃的高温氦气。反应堆具有自我调节功能。铀燃料被分成许多小的燃料颗粒，每个颗粒外包覆了一层低密度热介碳、两层高密度热介碳和一层碳化硅。包覆层将包覆颗粒中产生的裂变产物完全阻留在包覆颗粒内。全陶瓷包覆颗粒燃料元件可在 1600℃高温下仍保持良好的性能，即使丧失任何冷却，堆芯也不会出现超温，燃料也不会烧毁，可以说是一种无堆芯熔化可能性的反应堆（图 4-10）。

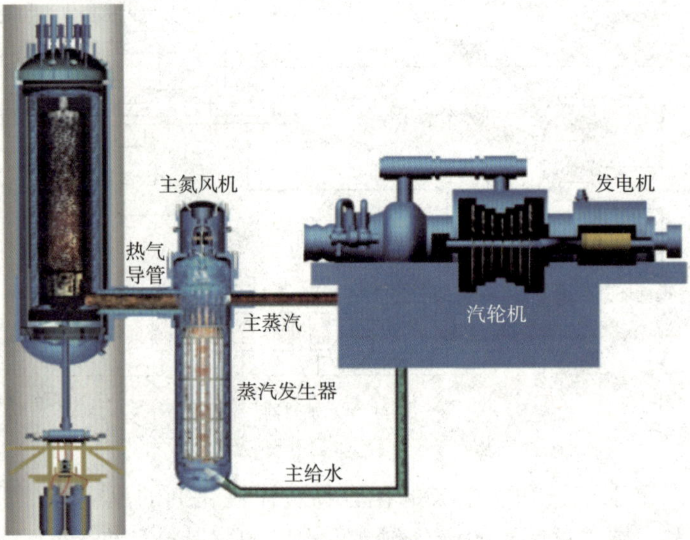

图 4-10　高温气冷堆示意图

中子反应堆又称快堆，快中子的能量平均在 2MeV 左右。快中子堆中无慢化剂，冷却剂和结构材料也很少，对传热要求很高。燃料用二氧化钚和天然铀氧化物的混合物粉末做成烧结陶瓷芯块，装入不锈钢包壳管制成细燃料棒。因为金属钠具有中子吸收截面小和散射慢化能力不强等适用于快堆的性能，还有多个固有安全特性，有助于实现非能动事故余热排放，提高快堆安全性，因此快堆多使用液态钠作冷却剂（图 4-11）。

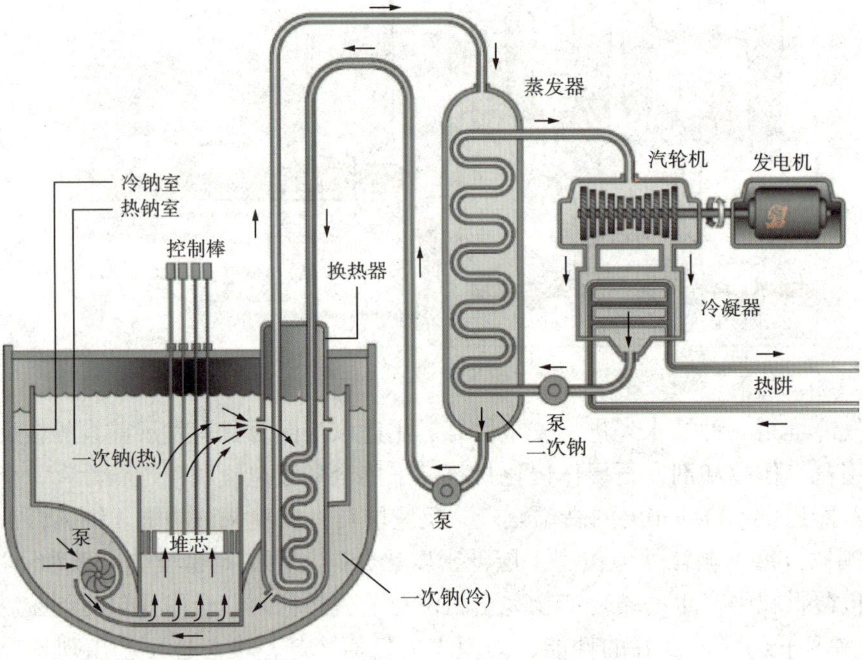

图 4-11　钠冷快堆结构

二　中国的核电应用

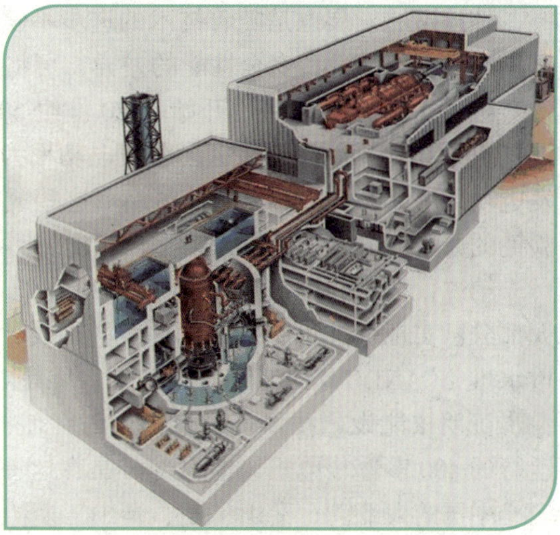

图 4–12　核电站内部结构剖面图

1985 年开工建设，1991 年首次并网发电，1994 年开始投入商业运行的浙江省秦山核电站一期工程的建成、投产结束了中国大陆无核电的历史。1987 年开工的大亚湾核电站引进法国的核岛技术装备，作为改革开放后中外合作的典范工程，成功实现了中国大型商用核电站的起步，实现了中国核电跨越式发展、后发追赶国际先进水平的目标（图 4–12）。

截至 2019 年 12 月 31 日，我国运行核电机组共 47 台，额定装机容量为 48751.16MWe，2019 年，全国共有 2 台核电机组完成首次装料和并网运行。2019 年 1~12 月全国累计发电量为 71422.10 亿 kW · h，运行核电机组累计发电量为 3481.31 亿 kW · h，约占全国累计发电量的 4.88%（图 4–13）。与燃煤发电相比，核能发电相当于减少燃烧标准煤 10687.62 万 t，减少排放二氧化碳 28001.57 万 t，减少排放二氧化硫 90.84 万 t，减少排放氮氧化物 79.09 万 t。

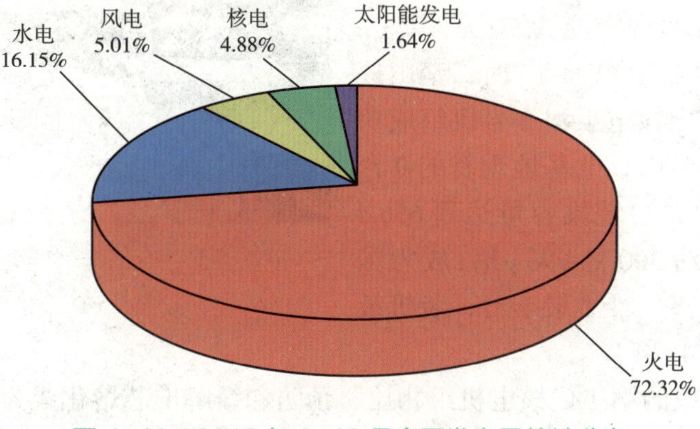

图 4–13　2019 年 1~12 月全国发电量统计分布

2019 年 1~12 月，47 台运行核电机组累计发电量为 3481.31 亿 kW · h，比 2018 年同期上升了 18.09%；累计上网电量为 3263.24 亿 kW · h，比 2018 年同期上升了 18.15%（见表 4–1）。

表 4–1　2019 年 1~12 月核电电力生产指标统计表

统计名称	指标数据		2019 年 1~12 月
	2018 年 1~12 月	2019 年 1~12 月	同比
发电量 /（亿 kW · h）	2947.99	3481.31	↑ 18.09%
上网电量 /（亿 kW · h）	2761.85	3263.24	↑ 18.15%

核电站的发展也是随着技术的进步不停摸索前进的过程。自20世纪50年代开始，根据核电站工作原理和安全性能的差异，可将其分为四代：

核电站的开发和建设开始于20世纪50年代。1951年，美国建成世界上第一座实验性核电站；1954年，苏联也建成发电功率为5000kW的实验性核电站；1957年，美国建成发电功率为9万kW的原型核电站。这些成就证明了利用核能发电的技术可行性。上述实验性的原型核电机组被称为第一代核电站。

第二代核电技术被广泛应用于20世纪70年代，至今仍在运行的大部分商业核电站，大部分已实现标准化、系列化和批量建设，主要种类有压水堆（PWR）、沸水堆（BWR）、重水堆（CANDU）和苏联设计的压水堆（VVER）和石墨水冷堆（RBMK）等。它们在进一步证明核能发电技术可行性的同时，使核电的经济性也得到证明。如今，世界上商业运行的400多座核电机组绝大部分是在这一时期建成的，习惯上将称其为第二代核电站。

中国的大亚湾、秦山二期、秦山三期（重水堆）等核电站都属于第二代技术。地处浙江省嘉兴市海盐县的秦山核电站是中国自行设计、建造和运营管理的第一座30万kW压水堆核电站。秦山核电站采用世界上技术成熟的压水堆，核岛内采用燃料包壳、压力壳和安全壳3道屏障，能承受极限事故引起的内压、高温和各种自然灾害，年发电量为17亿kW·h。2003年建成的三期工程由中国和加拿大政府合作，采用加拿大提供的重水型反应堆技术，建设两台产能为70万kW·h发电机组。2015年1月12日17时，秦山核电厂扩建项目方家山核电工程2号机组成功并网发电，至此，秦山核电基地现有的9台机组全部投产发电，总装机容量达到656.4万kW，年发电量约500亿kW·h，成为国内核电机组数量最多、堆型最丰富、装机最大的核电基地（图4–14）。

图4–14　2015年1月12日秦山核电基地第9台机组首次并网

和正在运行发电的第二代核电机组相比，预防和缓解堆芯熔化成为第三代核电站设计上的必然要求，而这一点也正是作为第二代核电站的福岛核电站事故中暴露出来的弱点。中国第三代核电站将装备有蓄水池，这样的“大水箱”在紧急情况下能释放出大量的水，从而达到降温等应急需求。美国、欧洲和国际原子能机构都出台了新规定，把预防和缓解严重事故作为设计上的必然要求，满足以上要求的核电站称为第三代核电站。

世界上技术比较成熟、可以据以建造第三代核电机组的设计，主要有美国的AP1000（压水堆）和ABWR（沸水堆），以及欧洲的EPR（压水堆）等型号，它们发生严重事故的概率是第二代核电机组的1%。

华龙一号是我国具有完整自主知识产权的第三代核能发电技术。华龙一号是中广核集团ACPR1000+和中核集团ACP1000核电技术的融合。采用单堆布置，单台机组115万kW，年发电量达到 80 亿 kW·h，与同等规模的燃煤发电厂相比，减少二氧化碳排放 600 万 t，减排效应相当于造林 3 万公顷。华龙一号严格遵循“纵深防御，多道屏障”原则来保障核安全。控制核反应是保障核安全的首要目标，华龙一号配置了 68 组控制棒组件，在发生事故时，控制棒能通过自身的重力作用下落，实现停堆。华龙一号还设置了三列应急硼化系统，通过化学手段增加负反应性，将反应堆控制在可控状态（图 4–15）。

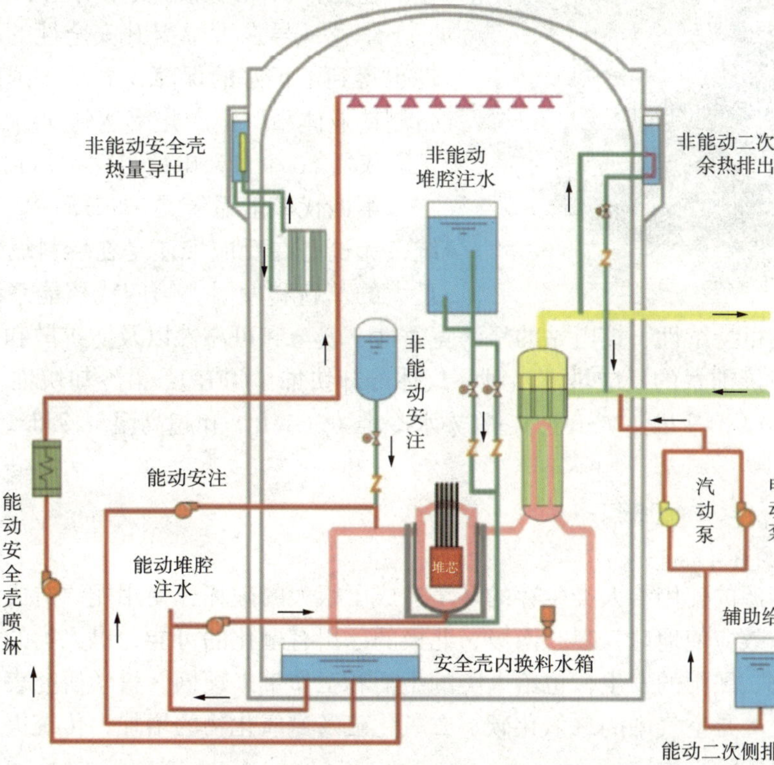

图 4–15 华龙一号能动与非能动安全系统原理图

反应堆停堆后，核物质继续衰变，仍然能够产生一定的热量，这些热量能否及时排出是衡量核安全的重要标准。华龙一号设置了三列安全注入系统，每一列都具备百分之百的注入能力和余热排出能力，能够防止堆芯裸露和熔毁；设置了三列应急给水系统，能够及时给蒸汽发生器补水，通过二回路将一回路的热量排出；设置了三列非能动二次侧余热排出系统，能够在全厂断电的情况下，依靠非能动手段，通过热交换将一回路热量排出；三列实体隔离的安全系列在发生单体故障和系统维修时，仍能确保反应堆安全功能不丧失。

此外，华龙一号配备了完善的严重事故处理措施，设置了堆芯熔融物滞留系统，能够在堆芯熔毁的情况下，通过非能动方式向堆坑注水，冷却反应堆压力容器，防止压力容器熔穿，避免放射性物质泄漏。设置了多样化的水源，通过安全壳棚顶和激励冷却塔等系统及时将安全壳内的热量导出，防止安全壳超压破损，避免放射性物质释放到环境中。设置了非能动氢气复合器，能够及时消除安全壳内积聚的氢气，防止氢气爆炸。

华龙一号采用了能动与非能动相结合的设计理念，避免了采用单一技术的缺陷，具备了抵御类似福岛地震和海啸袭击的能力（图 4–16）。按照 0.3g 的抗震等级设计，在地震时确保安全功能不丧失，并采用双层安全壳，能够抵御大型商用飞机的撞击。配置了三台应急柴油发电机，两台全厂断电柴油发电机及大容量蓄电池，确保海啸后安全功能不丧失。

图 4–16 华龙一号穹顶吊装

华龙一号在大幅提升安全性的同时，经济性也得到了很好的保障，立足于国内成熟的装备制造业体系，国产化率达到 90% 以上。建造工期仅需 50 个月，电厂可用率达到 90% 以上。

第四代核能系统是未来新一代先进核能系统，无论是在反应堆还是在燃料循环方面都有重大的革新和发展。第四代核能系统的发展目标是增强能源的可持续性、核电站的经济竞争性、安全和可靠性以及防扩散和外部侵犯能力。目前最具发展前景的反应堆有六种：气体冷却快堆（GFR）、铅冷却快堆（LFR）、钠冷却快堆（SFR）、熔盐堆（MSR）、超临界水冷堆（SCWR）和超高温气冷堆（VHTR）。

三 核电的优势与风险

目前常规能源的使用给人类生存的环境造成了很大的破坏，使用能源造成的环境压力越来越大。温室效应使地球变暖，南极、北极的冰川有融化的可能，对人类的生存构成威胁。另外，酸雨、黑雨的发生，也给人类的生活和工作带来烦恼。科学研究表明，造成这些现象的原因之一是空气中的二氧化碳、二氧化硫及氮氧化物的增加，传统火力发电不可避免地会产生这些污染物质。

核能是一种清洁能源，核能利用是减少我国能源环境污染的有效途径。核电站在设计施工时，都注意了废水、废气、废物的排放问题，核电站的放射性污染主要来自核燃料，但是通过三道坚固的屏障可以完全防止核燃料的放射性泄漏。此外，核燃料的装卸也是在完全密封的状态下进行的，人在核电站周围住上一年，其所受到的辐射量，还不如做一次 X 光透视的几十到几百分之一。

另外，化石能源是不可再生能源。在可预见的将来，石油、天然气、煤这些能源都会消耗殆尽。人类文明的发展将受制于能源而停滞不前乃至衰退。风能、太阳能、生物能等新能源，以现有的技术水平还不足以替代化石能源，不能满足工业社会的庞大用电需求。

除此之外，核电之所以被越来越多的国家所使用，最大的原因还在于核电比火电的经济效益更高。铀 235 裂变时产生的热量是同等质量煤的 260 万倍，是石油的 160 万倍。一座 100 万 kW 的核电站，每年需补充 30t 核材料，但同功率的火电站，每年需消耗 300 万 t 煤或者 200 万 t 石油。核电站虽然一次性投资大，但是在成本中燃料费用所占比例较低，发电成本较其他发电方法更为稳定。

由于核能的威力巨大，核电站的安全一直是最受人关注的。2011 年，由于地震引发的大海啸，导致日本福岛核电站全厂内电源丧失而造成事故。尽管核电站的设计标准都已考虑到各种极端自然灾害以及人工操作的漏洞，但是天有不测风云，虽然发生事故的概率很低，但是一旦发生事故，那必然是无可挽回的滔天大祸。

对此，必须要有超前的意识，特别是要有危机意识，居安思危，谨慎地反思核安全、核开发战略和政策，杜绝盲目地乱建核电站及核能的无序竞争。

第三节

核能热利用

目前，我国在采暖方面使用的燃料仍以煤炭为主，据统计，每年煤炭消耗已超过 5 亿 t，由此造成了严重的空气污染，寻找替代燃煤的新型清洁能源已刻不容缓。

核能供热是绿色清洁能源，它非常干净，没有二氧化碳、二氧化硫的排放，对于供暖省份来讲，用清洁能源替代煤炭，意义较大。低温核供热是近年发展起来的一种利用核反应堆单纯供热的方式，这种方式安全性好，对环境污染小，供热效率高。核供热可以满足用户对室内供暖温度的要求，同时由于降低了低压参数，反应堆的安全性也大大提高了。正常运行时对周围环境的放射性辐照量比燃煤热电厂还低，且不排放烟尘、二氧化碳、二氧化硫等有害物质。由于它的能量密度高，可以占很少的地方集中产出大量的热能，对解决集中供热中燃煤和燃油带来的环境污染和运输问题、缓解煤炭紧张局面具有现实意义。

一 核能供热及案例

利用核能进行供热，在寒冷、供暖期长的部分欧洲国家比较流行，并已成功实施多年。国际上核能供热主要有两种方式，分别是热电联产和单一核能供热。

热电联产是指从大型核电站的汽轮机或管道中抽取部分热量，作为城市供热的热源。根据所在地需求，有的以发电为主、供热为辅，有的以供热为主、发电为辅。对比同等规模热电联产火电机组运行时所需要的煤炭价格及运输成本，核电站燃料成本较低。但是由于大型核电站的厂址往往离大城市较远，长输管网投资大，输热距离长，热损失也很大，仅限于为电站周边地区供热。目前，国际上大约有 57 座反应堆采用热电联产方式进行区域供热。

单一核能供热方式是指以纯供热为目的建造低温核供热反应堆（图 4–17），在供热期内以供热方式运行，在非供热期内停运，或考虑经济性也可用于其他工业。这种形式的反应堆由于不需要发电，可以采用较小功率和更低参数的设计，因此提高了安全性，降低了建设投资，可以靠近大城市居民区建造，缩短输热距离，减少热损失。

核能供热堆可分为壳式供热堆和池式供热堆两类，两种低温供热堆在国内都有较好的技术基础。壳式核供热堆具有可靠的停堆手段，堆芯始终被水淹没，保证堆芯得到良好的冷却，停堆后长期地、可靠地将余热排出。

池式核供热堆的主要优点是在常压低温下运行，具有固有安全性高、可靠性高、技术成熟、系统简单、运行稳定、占地面积小等优点，更适于靠近城市居民区，尤其是池式核供热堆省去了压力容器、安全壳等，建造成本较低，运行维护也很简便（图 4–18）。

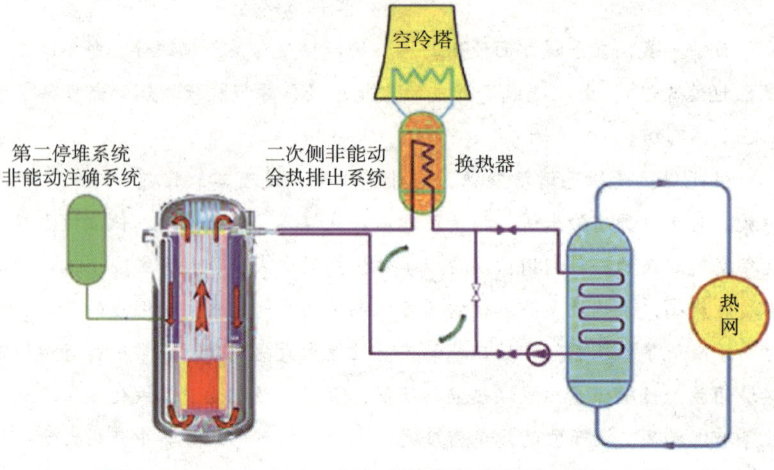

图 4–17　NHR200– Ⅱ壳式低温核供热堆系统示意图

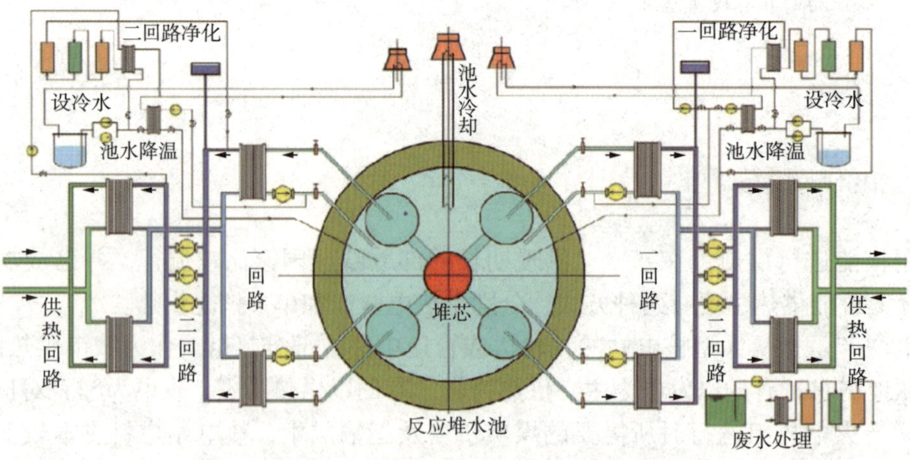

图 4–18　池式核供热堆供热系统布局图

2019 年 11 月 19 日，海阳核电的山东海阳核能供热项目一期工程第一阶段正式投用，面向包括山东核电有限公司员工倒班宿舍、海阳部分居民小区在内的面积为 70 万 m^2 的地区正式供热。与此同时，海阳核电一期工程 1 号、2 号机组持续保持安全稳定运行，2019 年全年发电量达到 206 亿 kW · h，可供山东省超过 1/3 居民用电一年。海阳核电热电联产的方式，以“零碳”排放的优势，使居民在拥有绿色电力、清洁供热的同时，还能尽情享受白云蓝天。

目前实施的 70 万 m^2 核能供热，据测算每年可节约 2.32 万 t 标煤，减排 222t 烟尘、382t 二氧化硫、362t 氮氧化物以及 6 万 t 二氧化碳，相当于减少约 5 台 10t 的燃煤锅炉，对节能减排、改善环境作用显著。

在国家电投清洁能源战略的引领下，结合第一阶段的成功经验，山东核电正在加快推进以核电热电联产方式进行的核能供热，逐步实现更大区域的供热能力。1 号、2 号机组稍加改造后，即可具备 3000 万 m^2 供热能力。随着后续机组建成投运，预计最终可提供超过 2 亿 m^2 供热能力，供热半径达 100km，每年可节约标煤约 662 万 t。

二　核供热堆的其他用途

1. 核能制氢

核能制氢就是将核反应堆产生的热作为一次能源，从含氢元素的物质水或化石燃料中制备氢气。利用核能制氢主要有两种方式：一种是在压水堆发电能力过剩的场景中，利用电解制氢实现储能或者供给氢气；另一种是直接利用反应堆中的核裂变过程中所产生的高温进行热化学制氢。

核热辅助的烃类重整利用高温气冷堆的工艺热代替常规技术中的热源，可部分减少化石燃料的使用，也相应减少了部分二氧化碳排放。利用核能发电再经常规电解制氢，是已成熟技术的结合，但从一次能源转化为氢能的效率较低。要实现核能到氢能的高效转化，必须部分或全部利用反应堆提供的工艺热，减少热 – 电转换过程中的效率损失。目前研发的主流核能制氢技术包括高温热化学循环分解水和高温蒸汽电解（图 4–19）。

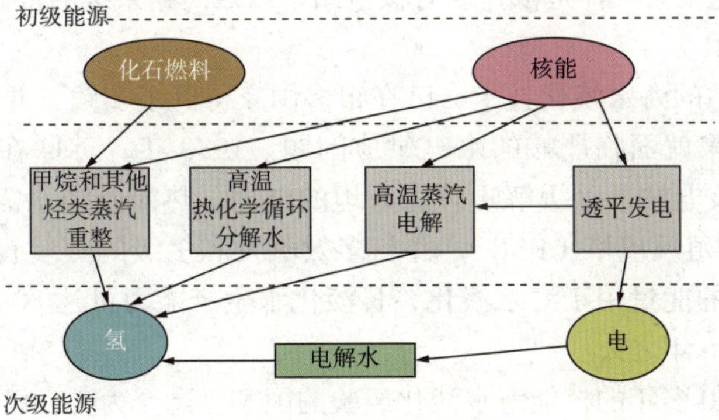

图 4–19　核能制氢技术路线

2. 核能高温工艺热利用

合成氨、煤气化和甲烷蒸气重整等化工过程都需要700℃以上的高温热，这些传统化工行业的能耗巨大，而对于合成氨、煤液化以及石油裂解产物（如乙烯）的需求正在逐渐增长。面对越来越严苛的碳排放要求以及传统能源资源的日益匮乏，探索新的工业能源供给和耦合十分重要。直接利用反应堆产生的高温热，可以实现节能30%左右，在降低能源消耗总量的同时，提高了核能的经济性。以熔盐堆为代表的第四代核反应堆，其出口温度可以达到700℃以上。未来反应堆产生的热可直接为工业生产服务（图4–20）。

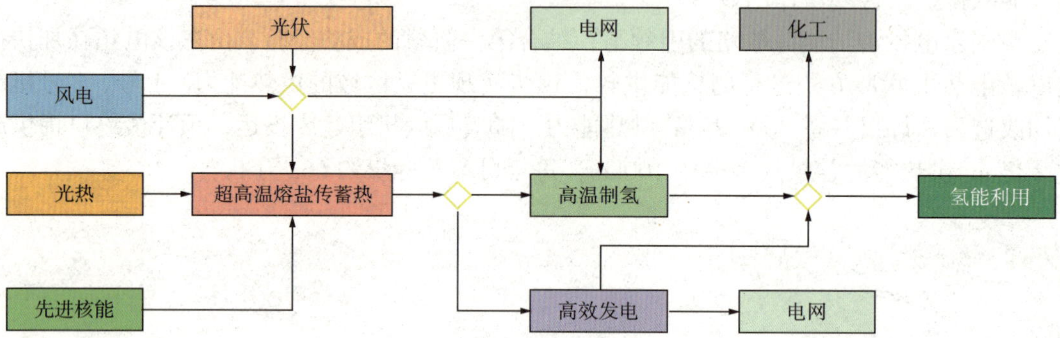

图4–20 核能－可再生能源复合能源系统

3. 核能海水淡化

海水淡化技术作为主要的淡水制取手段，自20世纪应运而生以来，已逐渐被全世界认可并广泛应用。迄今为止，全球范围内已有约1.3万座海水淡化处理厂投入运行，日淡化水量可达35Mt，并以10%~20%的速度逐年增长。但是，高能耗依旧是制约海水淡化技术全面应用的主要问题。将高产能的核电站与高能耗的海水淡化技术结合起来，不仅能够解决核电站的用水问题，也能大大提高核能的利用效率。

目前，可行的并得到实践验证的核能海水淡化技术，主要有2种形式：一种是针对城镇热力、水源需求，建设低温供热核反应堆，在向城镇周边供热的同时，提高能源的利用效率，实现海水淡化；另一种是依托现有核电站，以二回路系统的低温蒸汽作为海水淡化的能量来源（图4–21）。

依托现有核电站的海水淡化技术，已在很多国家得到了实践，并取得了良好的成绩。哈萨克斯坦很久以来就面临严峻的水电供应问题。1973年，苏联在舍甫琴科市建造了1座大型多用途的核电站，以缓解哈萨克斯坦的电力、热能及淡水需求。该核电站采用BN–350型快中子增殖反应堆（FBR），并与多效蒸发和多级闪蒸装置相结合用于海水淡化。该核电站60%的能量用于海水淡化，日淡化水生产能力可达80~140kt，自投运至退役共成功商运长达26年之久。

日本作为具有80多年的核能海水淡化经验的国家，迄今为止，已有近10个核能海水淡化耦合装置，其海水淡化装置主要集中在多效蒸发、多级闪蒸和反渗透方面。

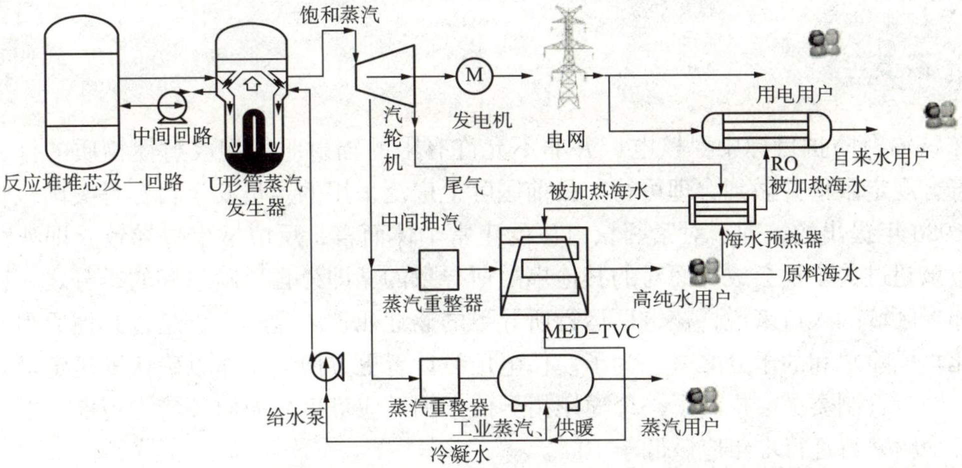

图 4–21　多用途低温核供热堆系统结构

日本的核能海水淡化装置具有规模小、产量低的特点，产水量基本保持在1000~3000t/d。其生产水仅仅作为锅炉的补充水或附近区域的饮用水源，并非与市政管网相连，实现市政管网的大面积供水。

1989 年，清华大学成功研发的 5MW 低温核供热试验堆实现首次临界，开创了我国低温核供热技术领域的先河。目前，我国已建和在建的海水淡化系统累计海水淡化能力约为 600000t/d，成本大约为 4~5 元 /t。海水淡化技术正在逐渐走向成熟，随着成本的不断降低，其经济性也在不断提升。国内核电站大多建于沿海地区，为推动基于核能海水淡化建设提供了更多便利。其中，红沿河核电站、宁德核电站、三门核电站、海阳核电站、徐大堡核电站、田湾核电站以及未来的山东荣成示范核电站均采用海水淡化技术为厂区提供可用淡水。在海水淡化的主流技术中，反渗透法具有显著的节能性，在我国被广泛推广和使用。

第四节

核安全与核废料处理

核能是一把双刃剑，在提供取之不尽、用之不竭的能量时，也给人类带来核污染的隐患。核电站是人类设计的最复杂的能源系统，不论如何设计如何测试，再复杂的系统都不能保证永不出错。不像常规能源的泄漏那样规模可控，肉眼可见，放射性污染是看不见的，而且更加致命。在核电迅速发展的今天，公众对核电安全的关注度愈来愈高。

一 核安全

在核辐射防护目标中，核电厂并非不允许有限的辐射照射和放射性物质的排放，但必须符合规定限值并做到合理可行。目前国际上广泛采用的定量安全目标是美国核管制委员会1986年提出的，即：对紧邻核电厂的正常个体而言，反应堆事故导致立即死亡的风险不应该超过美国社会成员面对的其他事故所导致的立即死亡风险总和的千分之一；对核电厂邻近区域的人口来说，核电厂运行所导致的癌症死亡风险不应该超过其他原因所导致癌症死亡风险总和的千分之一。为了使核电厂设计者更方便地操作以确认满足定量安全目标，美国核管制委员会推荐了一个通用指导值，因反应堆事故而向环境大规模放射性释放的总平均频率每运行堆年应该低于10^{-6}。

国际原子能机构（IAEA）将发生的核事件分为0~7共八个等级（见表4–2）。

表4–2 国际核事件分级表

分类	分级	影响	描述	著名事件
事故	7	特大	大型核装置（如动力堆堆芯）的大部分放射性物质外泄在广大地区，造成广泛的、长期的健康和环境影响	切尔诺贝利核电站事故（1986年4月26日发生于苏联乌克兰） 福岛第一核电站事故（2011年3月11日发生于日本福岛县）
	6	重大	放射性物质向外释放，需实施全面应急计划	克什特姆核废料爆炸事故（1957年发生于苏联俄罗斯）
	5	具有场外风险	放射性物质向外释放，需实施部分应急计划	戈亚尼亚医疗辐射事故（1987年发生于巴西） 三里岛核泄漏事故（1979年发生于美国）
	4	场外无显著风险	有放射性物质外泄，工作人员受到照射造成严重健康影响	东海村JCO临界事故（1999年发生于日本）
事件	3	严重	少量放射性物质外泄，工作人员受到辐射，产生急性健康效应	福岛第二核电站：第一、第二、第四号机组（2011年发生于日本）
	2	注意	不影响动力厂安全，但有潜在安全影响	卡达哈希核电站事件
	1	异常	可能由于设备故障、人为差错或规程问题发生超出许可运行范围的异常事件，无风险，但安全措施功能异常	葛雷夫兰核电站事件（2009年发生于法国） 大亚湾核电站事件（2010年发生于中国广东）
偏差现象	0	无安全顾虑	安全上无重要意义	科斯克核电站事件（2008年发生于斯洛文尼亚）

在过去的50多年中，核电站发生过许多事故，其中影响最大的是1979年美国三里岛核电站事故、1986年苏联切尔诺贝利核电站事故和2011年日本福岛核电站事故。

1979年3月28日凌晨4时，美国宾夕法尼亚州的三里岛核电站第2组反应堆的操作室里，红灯闪亮，汽笛报警，涡轮机停转，堆芯压力和温度骤然升高，造成 2/3 堆芯熔化或严重损坏，2h 后大量放射性物质逸出，但由于安全壳的良好屏障作用，把放射性物质全部封在安全壳内，对公众并未造成任何辐射伤害，对环境的影响也微不足道。事故发生后，整个美国为此震惊，核电站附近的居民惊恐不安，约 20 万人撤出这一地区。附近建有核电站及在建核电站的城市，民众纷纷集会示威，要求停建或关闭核电站，首都华盛顿到处是反核标语。6 天后出事反应堆堆芯温度才开始下降，蒸汽泡消失——引起氢爆炸的威胁消除。100t 铀燃料虽然没有被熔化，但有 60% 的铀棒受到损坏，反应堆最终陷于瘫痪。此事故为核事故的 5 级。三里岛事件之后，美国宣布不会再建设核电站。进入 21 世纪，美国付出了停止建设核电站的代价，加利福尼亚州、纽约等地供电出现巨大缺口。2017 年，政府发布了重新建设核电站的计划。

切尔诺贝利核电站事故于 1986 年 4 月 26 日发生在乌克兰境内，核电站第 4 发电机组爆炸，核反应堆全部炸毁，大量放射性物质泄漏，成为核电的重大事故（图 4–22）。事故发生后，马上有 203 人立即被送往医院治疗，导致 31 人死亡，其中 28 人死于过量的辐射。死亡的人员大部分是消防队员和救护人员，因为他们并不知道意外事故中含有辐射的危险。为了控制核电辐射尘的扩散，当局立刻派人将 135000 人撤离家园，其中约有 50000 人是居住在切尔诺贝利附近的居民。到 2006 年，官方的统计结果是，从事发到 2006 年共有 4000 多人死亡。绿色和平组织基于白俄罗斯国家科学院的数据研究发现，在过去 20 年间，切尔诺贝利核事故受害者总计达 9 万多人，是官方统计数字的 20 倍。

图 4–22 切尔诺贝利核电站事故图片

日本福岛核电站是世界最大的核电站。福岛第一核电站属于“沸水型”核反应堆，又称轻水堆，它好比一个“大锅炉”，将核能转变为热能，再转变成电能。在福岛第一核电站的“锅炉”内安置有铀燃料元件棒，位于堆芯区。“锅炉”内的水烧开后温度达到 300℃、压强达到 7.1MPa。“锅炉”内上部水变成水蒸气，利用蒸汽推动涡轮发电机发电。废气进入管道凝结成水后，再进入“锅炉”。这些水进入系统的同时还具有核反应阻化剂的作用。2011 年 3 月 11 日，日本东部海域发生里氏 9.0 级特大地震，并引发海啸。3 月 12 日，地震造成福岛第一、第二核电站一系列设备损毁、堆芯熔毁，放射性物质泄漏，这是继 1986 年切尔诺贝利核电站核泄漏事故以来最为严重的核泄漏事故，事故情形如图 4–23 所示。日本政府紧急决定疏散周围 20km 内的居民。

图 4–23 已关闭的日本福岛核电站

据统计，这次福岛核泄漏量相当于三里岛核事故的 14 万倍，虽比切尔诺贝利核电站事故要少，但福岛第一核电站大范围泄漏了对人体健康和环境产生影响的放射性物质，因此该核泄漏事故等级被定为最严重的 7 级。

核电厂的安全措施是多层设防的，无论是各项活动的组织还是与之有关的设备都是多层重叠设置，以使个别的失效或差错可得到补救或改正，使工作人员或公众不受到伤害。核电厂的防御保护措施也设置了 4 道防线：第一道，保守的设计、质量保证、监督活动以及工作人员安全素养的综合，使限制放射性释放的一系列屏障都得到加强；第二道，对运行工况的全面监测措施；第三道，设置反应堆保护系统和专设安全设施；第四道，事故处置的各项措施及厂外应急设施和措施。万一发生事故，当所有预防措施全部失效时，要尽量维持可能已经严重损坏的堆芯冷却系统、安全壳喷淋系统、安全壳隔离系统、应急加水系统等，用以减少堆芯和安全壳的压力并降低高温。

核电厂执行安全功能的设备必须是安全级设备。安全级设备按所执行的安全功能的重要性确定其安全等级，并按照安全定级确定它的设计和制造规范等级、质量保证等级、抗震分类和环境鉴定等级。核电厂安全运行必需的一些设备，在电厂寿命期限内禁得起可能发生的地震、洪水、潮汐、海啸、龙卷风等自然灾害的影响。

二 核废料处理

核废料，泛指在核燃料生产、加工和核反应堆中用过的不再需要的并具有放射性的废料。在核工业生产、核电站运行和核科学研究过程中，会产生一些具有不同程度放射性的固态、液态和气态的废物，简称为“三废”。

核废料具有放射性，射线通过物质时，产生电离核激发作用，对生物体造成辐射损伤，而且不能采用一般的物理、化学及生物学的方法将其消灭或破坏，只有通过放射性核素自身的衰变而减少。核废料中放射性核素通过衰变放出能量，当放射性核素含量较高时，释放的热能会导致核废料的温度不断上升，甚至使溶液自行沸腾、固体自行熔融。

核废料可分为低放射性与高放射性两种。低放射性核废料是指医院、工厂、研究机构以及核电厂等产生的包含放射性物质的废弃物。高放射性核废料则主要来自使用过的核燃料。低放射性核废料处理起来较为简单，主要是在焚化压缩固化后，装进大型金属罐，以便在浅地层中掩埋。

目前，国际上处理高放射性核废料的方式主要有再处理和直接处理两种方法。再处理主要是从核废料中回收可进行再利用的核原料，包括提取可制造核武器的钚。直接处理则是指将高放射性废料进行“地下埋藏”，一般经过冷却、固化储存、最终处置三个阶段。如在美国内华达州北部的丝兰山脉，已有 1.1 万个 30~80t 的处理罐被埋在地下几百米深处的隧道里。为了更安全、更长久地掩埋核废料，世界其他国家都在开发新技术，以减少核废料对环境的危害。

第五节

核能在军事领域的应用

核能最常见也是威力最大的应用当属核武器。中国在1964年第一颗原子弹爆炸成功，1967年第一颗氢弹爆炸成功，从此具备了核威慑能力。但是，核武器的巨大威力并不适用于局部冲突和战争。由此，如何将能量巨大的核能以非直接释放的形式应用到常规武器装备、军队后勤保障中，成为各国军事工业研究的重点。

1. 核动力航母

核动力航空母舰，简称核航母，是以核反应堆为动力装置的航空母舰。它是一种以舰载机为主要作战武器的大型水面舰艇。依靠核动力航空母舰，一个国家可以在远离其国土的地方，在不依靠当地机场情况下对别国施加军事压力和进行作战。世界上只有美国海军掌握成熟的核动力航母技术。除美国外，只有法国拥有一艘核动力航空母舰。

核动力这一巨大的动力资源使航母具有更强的机动性。核动力航母可以高速驶往世界任何海域。在最高航速上，核动力航母和常规动力航母难分伯仲，但在连续高速航行能力上，核动力航母独占鳌头。因而在地区性危机和冲突中，核动力航母可以迅速奔赴现场，起到不可替代的威慑和实战的双重效能。

核动力使航母节省出大量空间和载重吨位。一方面可以装载更多的航空燃油，满足舰载机作战的需要；另一方面大大改善了舰员的居住和工作条件。

核动力使航母减少了对基地和后勤支援的依赖。核动力航母更换一次燃料可以连续航行50万海里，核反应堆加一次燃料可以工作13~15年。而常规动力航母执行同样的任务，却需要事先在世界各地建立燃料补给网。

中国海军目前已有辽宁舰和山东舰两艘常规动力航母。目前仍处于航母建造的探索期，核动力航母的技术仍不成熟。

2. 核动力潜艇

核潜艇是潜艇的一种类型，指以核反应堆为动力来源设计的潜艇。1955年，世界上第一艘核动力潜艇“鹦鹉螺”号在美国首次试航，可连续航行3万km不需要加任何燃料。2013年，美国稳步推进“俄亥俄”级、“弗吉尼亚”级核潜艇的建造，“洛杉矶”级核潜艇的维修和升级工作，其世界上最先进的“福特”级核潜艇预计最快会在2015年时开始服役，并规划在2058年之前建造10艘同级舰并成为美国海军舰队的新骨干。俄罗斯

图 4-24 中国 094 型战略核潜艇

全面推进“北风”级和“亚森”级战略核潜艇的建造工作。法国确认将建造 6 艘“梭鱼”级攻击型核潜艇。印度首艘国产核潜艇启堆，随后进行海试。我国的 091~094 潜艇均使用小型压水堆，其中 094 型核潜艇自持能力为 70 天，打击距离为 12000km，在中国近海可以打击包括北美在内的任何目标（图 4-24）。

3. 核动力飞机

“冷战”期间，美、苏开始研制核动力飞机，美军研制的 NB-36H 样机（图 4-25）和俄军研制的图 -119 核动力飞机分别于 1956 年和 1962 年试飞成功，但由于洲际导弹的存在并且很难解决防护和重量问题，核动力飞机没有实现大规模生产。2003 年，美空军研究了一种采用核能 / 普通涡扇发动机组合动力的高空长航无人机，可在高空持续飞行 1 个月。英国在 2008 年启动了 OMECGA 项目，开始进行核动力飞行器的研究。

图 4-25 美国 NB-36H 核动力轰炸机

4. 激光武器

激光武器，因其拥有反应快速、无须装填、抗电磁干扰能力强等优越性能，具备反导、反卫星的硬核实力，主要军事强国争相研发，纷纷抢占这一制高点。由于激光武器对能源需求很高，目前它采用的电源“个头”太大、效率不高，导致其功率受限、发射间隔过长，影响了实战能力的提升。

对能源供给要求极高的激光武器，破解其研发的技术难题实属不易，目前取得突破的国家也并不多。俄罗斯研发了一款“佩雷斯维特”激光武器系统，属于新物理原理的武器，包括激光、射频、射线和动能武器等，由两台大型拖车上的一体化激光发射装置和多个指挥 / 支援车组成。俄方表示，该激光武器系统一次可以拦截 20 枚弹道导弹，从俄方公开的照片和视频来看，和别国激光武器系统一样，它采用了集成式光电传感器，因此功能应仅限于拦截目视距离内的目标，如无人机和空地导弹。目前，俄罗斯军队已经在“佩雷斯维特”车载激光武器的基础上，建立了专门的激光反导营，从而拥有了世界上首个成建制的激光反导部队。

据有关专家猜测，“佩雷斯维特”的电源配置已打破常规，使用了小型核装置，即用核电供能。俄罗斯在小型核装置的研究方面已有了一定积累，比如其早期的核动力卫星，近期推出的“海燕”核动力巡航导弹以及“波塞冬”核动力鱼雷，都与小型核装置有关。

能量源越强越持久，激光武器的射程和威力才能越强大，以保证在未来的反导、反卫星和大规模“无人蜂群”作战中发挥其出色的打击能力。

5. 核电池

核电池，又叫同位素电池，也被叫作“放射性同位素温差发电器”，它是一种将原子核放射能直接转变为电能的装置，是由一些性能优异的半导体材料，如碲化铋、碲化铅、锗硅合金和硒族化合物等串联起来组成，再加上一个合适的热源和换能器，在热源和换能器之间形成温差进行发电。

核电池的热源是放射性同位素。它们在蜕变过程中会不断以具有热能的射线的形式，向外放出比一般物质大得多的能量。这个过程有两个特点：一是蜕变时放出的能量大小、速度不受外界环境中的温度、化学反应、压力、电磁场的影响，因此，核电池抗干扰性强，工作准确可靠；二是蜕变时间很长，这决定了核电池可长期使用。

核电池的核心是换能器。它利用热电偶的原理在不同的金属中产生电位差，从而发电。它的优点是可以做得很小。在外形上，核电池虽有多种形状，但最外面部分大都由合金制成，起保护电池和散热的作用；次外层是辐射屏蔽层，防止辐射线泄漏出来；第三层是换能器，在这里热能被转换成电能；最后是电池的心脏部分，放射性同位素原子在这里不断地发生蜕变并放出热量。

核电池取得实质性进展始于 20 世纪 50 年代，1959 年美国制造出第一个同位素电池，美、俄两国已经在深海、太空和极端环境条件下使用了几千个同位素电源系统。美国宇航局的“好奇号”火星车就是以核电池作为动力（图 4–26）。“好奇号”火星车的动力是由一台多任务放射性同位素热电发生器供给。这台发电机本质上是一块核电池，可以将热能转化为电能。它主要包括两个组成部分：一个装填钚 238 二氧化物的热源以及一组可以将钚 238 产生的热能转化为电力的固体热电偶。2008 年我国研制成功了第一个“百毫瓦级钚 –238 同位素电池”，今后重点是研制更大功率的同位素电池。

核燃料电池没有核裂变或聚变反应发生，体积极小，环境适应性很好，安全可靠，寿命可达百年，但功率最大几百瓦，价格昂贵。核燃料电池作为深海电源，使用在海底潜艇导航信标上，能保证航标几十年内不换电池，也可以作为水下监听器的电源，用来监听敌方潜水艇的活动，还可以用作海底电缆的中继站电源，能够耐受 5000~6000m 深海的高压，安全可靠地工作。美国陆军正在开发以同位素氚为动力的同位素电池，寿命可达几十年。我军也在这方面加大了研究投入，核电池可用作无人值守地面传感器，提高战场感知能力，尤其是在极端恶劣环境下的感知能力。

图 4–26 “好奇号”火星车上的核电池

6. 固定式小型核电

固定式小型铅基堆核电源是指核电源的安装位置固定，不能移动。一般在使用场合固定不变、要求功率较大、运维和操作方便的场景使用这类核电源。固定式小型铅基堆核电源一次装料可为小型城镇、大型基地和大型防护工程提供 10~30 年稳定的电力供应，全系统模块化制造，固定地点可快速组装投入运行（图 4–27，图 4–28）。

图 4–27 "玲珑一号"多功能模块式小型反应堆结构示意图

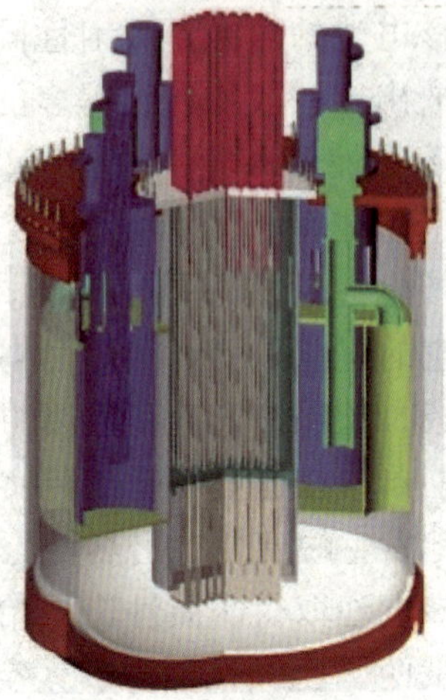

图 4–28 CLFR–100 小型模块化铅基快堆

7. 移动式小型核电——核电宝

核电宝是一种以特种液态金属（铅、铋、锂等）作为冷却工质的超小型移动式先进核能系统，具有超安全、超小型、超长效的特性。核电宝的核心是特种液态金属冷却反应堆，其典型代表为铅基反应堆。铅基反应堆可运行在常压下，并有足够的自然循环能力，无剧烈化学反应的风险，从源头上消除福岛、切尔诺贝利等事故隐患。

铅基材料的传热性能好，可以实现反应堆的小型化，并且具有良好的射线屏蔽能力，可以减少堆外围屏蔽材料。千瓦级型号核电宝体积与排球大小相当，兆瓦级型号可置于标准集装箱内。凭借较低的中子慢化能力及较小的俘获截面，铅基堆核燃料利用率高达 60%~90%，一次装料可使用 10~30 年，并实现核废料最小化。

我军很多一线边防及偏远地区的基层连队驻扎在深山、海岛、高原和偏远的边境地区，用电难问题一直是制约部队的建设和发展的不利因素。长期以来，边防部队靠柴油机发电，很多时候每天只能在晚上供几个小时电，遇到柴油机出现故障，官兵摸黑换哨、点蜡烛照明是常有的事。

2017 年 5 月，合肥某能源公司的"核电宝"类型产品交付边海防部队使用，很好地解决了偏远边防部队的用电难问题。未来几年，这款黑科技产品将会走进我军更多部队，甚至进入海军舰艇中，为提升我军战斗力提供源源不绝的"动力"（图 4–29）。

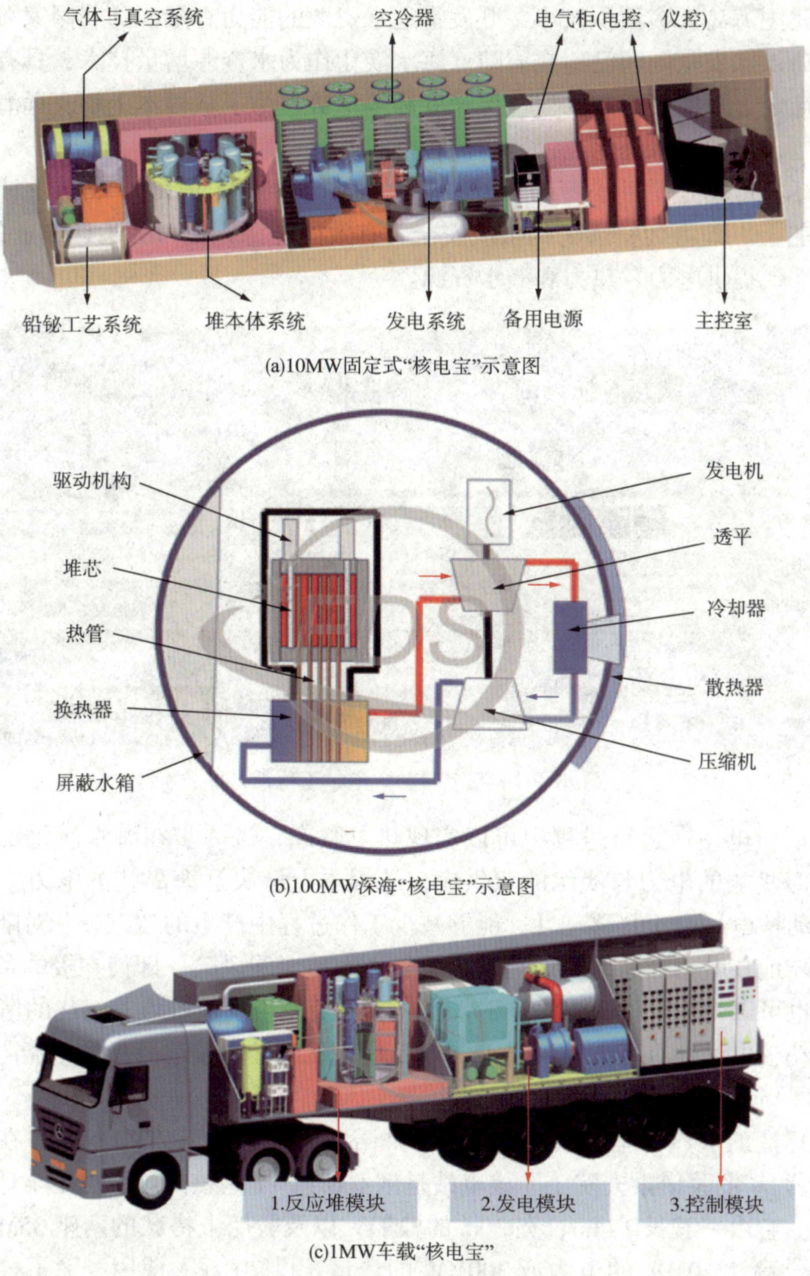

图 4-29 核电宝的应用

8. 海上浮动核电站

我国有海岛上万个，面积在 500m² 以上的岛屿就有 7000 多个，其中有人居住的海岛近 500 个。大部分海岛目前最大的问题是长期存在缺水、缺电的情况，存在资源性缺水问题的海岛约占全国海岛总数的 91%，这些海岛大多远离大陆、分散偏僻，无法引水。而船舰补给容易受到外界条件的制约，如海洋上恶劣的天气。

此外，我国海岛大多面积较小，开发本地水资源的能力有限。随着国家海防建设的需要，确保海岛供水安全问题已迫在眉睫。海水淡化作为水资源增量技术，具有占地少、水质好、供给稳定、规模灵活和水安全保障度高等优势，为了从根本上解决远海岛屿淡水资源短缺的问题，启动海水淡化工程是非常必要的。

海上浮动核电站是一种小型的、可移动式的核电站（图 4–30）。将陆上核电站的缩小版安装在船舶上，既可为偏远岛屿供应安全、有效的能源，也可为远洋作业的海上石油、天然气开采平台提供电力、热力和淡水资源。

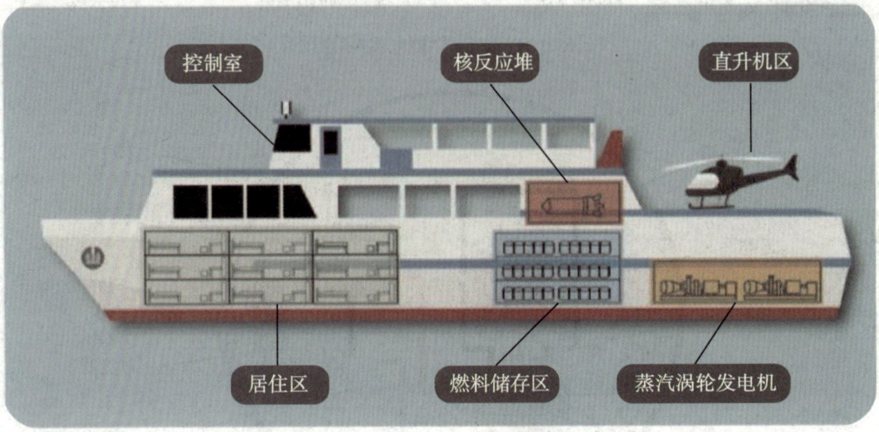

图 4–30　海上浮动核电站工程示意图

海上浮动核电站在运行过程中可以实现热电联产，进一步在海水淡化工艺中利用热量，实现远海岛屿的电力与淡水的双供应，从根本上解决远海岛屿的电力供应与淡水需求。海上浮动核电站由于其移动性，能够减少工作过程中产生的“三废”对陆地居民的影响，也没有陆地核电站因为地震而导致的放射性物质泄漏风险。即使在极端条件下，海上浮动核电站也可以就地取材，将海水引入船体，避免发生反应堆堆芯熔化的情况。

海上浮动核电站拥有巨大发展潜力，依靠小型反应堆为偏远海岛供给能源将是海洋强国未来的发展新趋势。

俄罗斯建造的世界首座浮动核电站“罗蒙诺索夫院士”于 2020 年 5 月在俄远东地区投入商业运营。“罗蒙诺索夫院士”核电站是俄罗斯第 11 座核电站，也是全球首个民用海上核能平台。它由一艘长 144m、宽 30m 的驳船，以及驳船上搭载的两座 35MW 核反应堆组成，可提供高达 70MW 的电力或 300MW 的热量，供 20 万人使用。除了核电设施，这个巨型浮式核电站上的海水淡化设备还可每天提供 24 万 m^3 的淡水。安全性上，该船的安全标准不亚于陆地上的核电站，有多重措施防止核泄漏，能在海啸等自然灾害情况下，保证反应堆的安全，寿命可达 35~40 年。

ACPR50S 是中广核开发的海上浮动核电站，是以成熟的大型陆上商用压水堆核电站为参考，基于成熟的核电装备技术，结合成熟的海洋设施技术，而开发的满足最高核安全要求和海洋用户需求的分布式海洋综合能源系统（图 4–31）。

图 4-31　中国海上浮动式核电站模型

ACPR50S 海上浮动小型压水堆采用紧凑型压水堆技术，按一堆两机配置，反应堆功率为 200MW，发电功率约 2×25MWe，能够向用户长期稳定提供电力或对应的热、电、淡水等综合能源。设计上考虑海岛等小型孤网运行可能产生的负荷阶跃变化、跟踪能力，目前已预留单点系泊接口，并针对我国岛礁情况，完成单点系泊系统方案设计，技术上能够实现针对岛礁的稳定能源供给。同时设置锚泊系统和 DP1 级动力定位系统，技术上能够实现对临时耗能设施的电力提供。

由于海上浮动小型堆换料检修周期长，可长期运行、持续不断地进行电能、热能、海水淡化等综合能源供给，用于海上资源开发时比利用柴油发电机实惠得多。后者不仅功率小，且燃料补给困难，使用维护成本高。在海上核电站投入使用后，海军南沙守礁官兵的能源供给、日常生活质量都将大幅改善。

9. 核能其他相关产品

目前，针对具体核反应设施的运维和修复，我国也研制了相应的智能设备。

（1）核应急信息系统

当核设施因失误或事故进入核事故应急状态时，可提供用于应急响应动作的能力。通过向应急响应人员提供各机组实时参数、各类决策评价系统计算结果以及各类应急决策和应急响应的支持功能，辅助各级应急指挥中心的人员做出应急判断和决策（图 4-32）。

图 4-32　核应急信息系统

（2）核盾

核盾即自主可控实物保护集成安保管理平台，适用于核设施、部队基地、各类高安保等级设施。

完整的实物保护系统包括技防、人防和物防三大部分，这三个部分组成完整的探测、响应和延迟过程，为核安全相关的要害设备和放射性材料提供保护。实物保护系统既要满足核设施、设施运行时的人员、车辆出入的正常要求，又必须具备入侵探测、出入控制、视频监控等能力。同时，由于核安保的特殊要求，系统还具有生物特征识别、全区域防反传、防重入、陪访、区域人员数量统计、高效多级联动等一些特殊功能。除了实现上述功能，核盾还能确保核安保人员真实、全面地了解核设施与设施当前的安保情况，并且根据当前的报警信息准确且便捷地执行预先制定的处理措施（图 4–33）。

图 4–33　核盾集成平台模块划分

（3）核设施疲劳监测和寿命评估系统

疲劳监测系统执行特殊的诊断，具有长期监测功能，对核设施工艺系统重要设备及管道的疲劳失效敏感位置的疲劳损伤现象进行监测。疲劳监测系统的作用是通过对重要设备及管道的重要参数进行采集、整合、处理和计算，推算出设备及管道由运行瞬态温度压力等波动导致的疲劳累积使用因子，进行疲劳评估和寿命预测，同时为设备及管道的维护、维修和更换提供技术支持（图 4–34）。

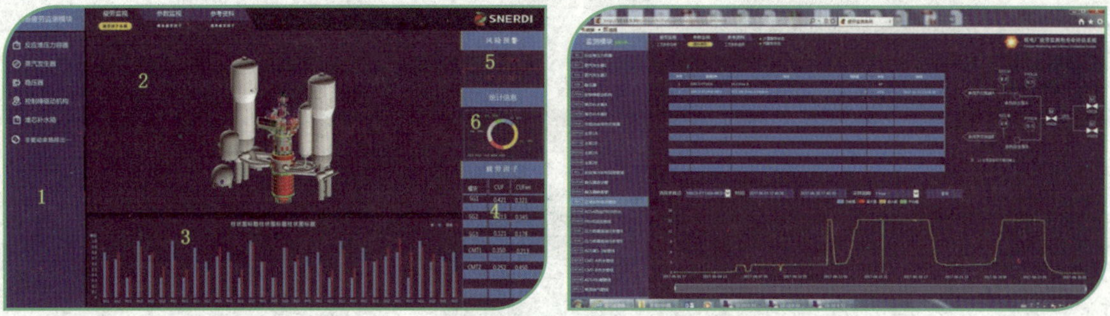

图 4-34　疲劳监测总貌和疲劳监测数据曲线图

（4）核设施整体风险监测器

根据核设施配置，实时计算核设施风险水平，定性显示系统可用状态，定量显示核设施整体风险，并且针对各状态给出系统恢复重要度排序，提高风险管理水平，提高系统可靠性和安全性（图 4-35，图 4-36）。

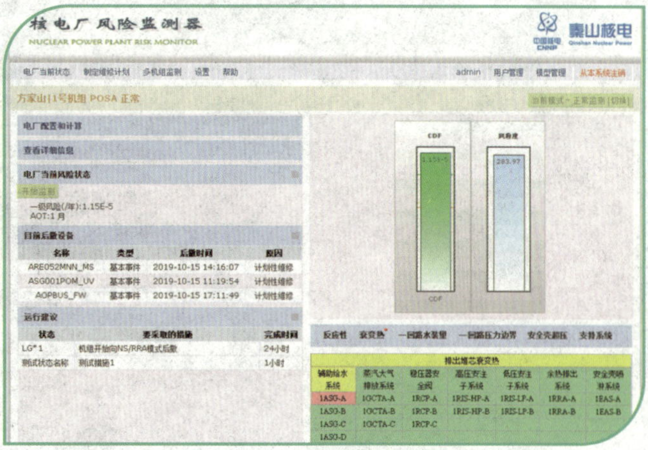

图 4-35　核设施风险监测器

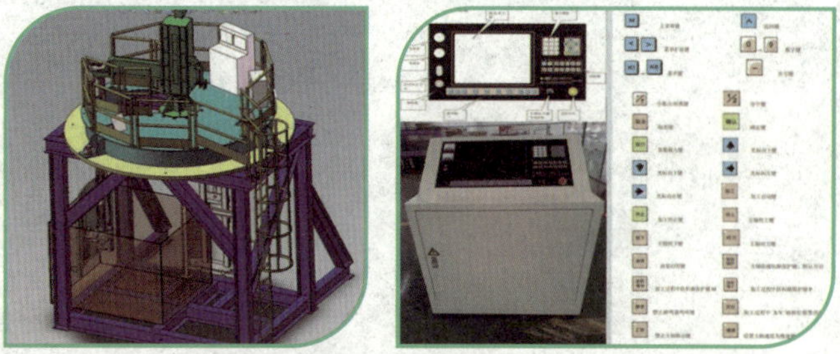

图 4-36　系统总装图及电气控制系统

（5）辐照监督样品专用切割装置

在核设施运行过程中，需要对反应堆压力容器等的机能进行监控，通常在压力容器和吊篮筒体的内壁或外壁配置辐照监督样品，通过对辐照样品的取样分析，来验证压力容器的状态。

（6）管道焊缝检查机器人

该装置主要由机械装置本体、综合控制系统、应用检测模块三部分构成。机械装置主要包括导轨机构、周向运动机构、轴向旋转机构、扫查机构以及供水部分等。综合控制部分主要包括控制工作站、运动控制箱、水路控制部分、视频监控单元、控制软件及控制界面。检测部分主要包括超声检测探头、试块、超声仪器、采集分析软件（图 4-37）。

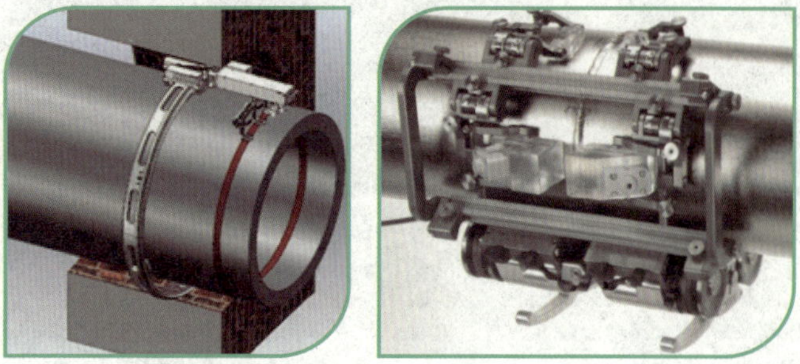

图 4-37　管道焊缝检查机器人

第五章

生物质能及其在军事领域应用

生物质是指通过光合作用而形成的各种有机体，即一切有生命的、可以生长的有机物质通称为生物质。它包括植物、动物和微生物。生物质中蕴含的能量称为生物质能。

第一节

概 述

生物质能，是太阳能以化学能形式储存在生物质中的能量形式，即以生物质为载体的能量。它直接或间接地来源于绿色植物的光合作用，可转化为常规的固态、液态和气态燃料，取之不尽、用之不竭，是一种可再生能源，同时也是唯一一种可再生的碳源。生物质能蕴藏在植物、动物和微生物等可以生长的有机物中，它是由太阳能转化而来的。有机物中除矿物燃料以外的所有来源于动植物的能源物质均属于生物质能，通常包括木材及森林废弃物、农业废弃物、水生植物、油料植物、城市和工业有机废弃物、动物粪便等。地球每年经光合作用产生的物质有1730亿t，其中蕴含的能量相当于全世界能源消耗总量的10~20倍，然而利用率却不到3%。

一 生物质能的特点与分类

生物质能属可再生资源，由于通过植物的光合作用可以再生，与风能、太阳能等同属可再生能源，资源丰富，可保证能源的永续利用（图5-1）；生物质的硫含量、氮含量低，燃烧过程中生成的硫、氮氧化物较少；生物质作为燃料时，由于它在生长时需要的二氧化碳相当于它排放的二氧化碳的量，所以对大气的二氧化碳净排放量近似于零，可有效地减轻温室效应；缺乏煤炭的地域，可充分利用生物质能；生物质能是世界第四大能源，仅次于煤炭、石油和天然气。生物学家估算，地球陆地每年生产1000亿~1250亿t生物质；海洋每年生产500亿t生物质。生物质能源的年生产量远远超过全世界总能源需求量，相当于世界总能耗的10倍。随着农林业的发展，特别是炭薪林的推广，生物质资源将越来越多。生物质能源可以以沼气、压缩成型固体燃料、气化生产燃气、气化发电、生产燃料酒精、热裂解生产生物柴油等形式存在，应用在国民经济的各个领域。

图5-1 常见的生物质

按照是否能大规模代替常规化石能源，可将其分为传统生物质能和现代生物质能。传统生物质能主要包括农村生活用能，如薪柴、秸秆、稻草、稻壳及其他农业生产的废弃物和畜禽粪便等；现代生物质能是一种可以大规模应用的生物质能，包括现代林业生产的废弃物、甘蔗渣和城市固体废物等。

按照来源的不同，将能够利用的生物质分为林业资源、农业资源、生活污水和工业有机废水、城市固体废物及畜禽粪便等五大类。

（1）林业资源

林业生物质资源是指森林生长和林业生产过程中提供的生物质能源，包括薪炭林、森林抚育和间伐作业中的零散木材、残留的树枝、树叶和木屑等；木材采运和加工过程中的枝丫、锯末、木屑、梢头、板皮和截头等；林业副产品的废弃物，如果壳和果核等。

（2）农业资源

农业生物质能资源是指农业作物（包括能源植物）；农业生产过程中的废弃物，如农作物收获时残留在农田内的秸秆（玉米秸、高粱秸、麦秸、稻草、豆秸和棉秆等）；农业加工业的废弃物，如农业生产过程中剩余的稻壳等。能源植物，泛指各种用以提供能源的植物，通常包括草本能源作物、油料作物、制取碳氢化合物植物和水生植物等几类。

（3）生活污水和工业有机废水

生活污水主要是城镇居民生活、商业和服务业的各种排水，如冷却水、洗浴排水、盥洗排水、洗衣排水、厨房排水、粪便污水等。工业有机废水主要是酒精、酿酒、制糖、食品、制药、造纸及屠宰等生产过程中排出的废水等，其中都富含有机物。

（4）城市固体废物

城市固体废物主要是城镇居民生活垃圾，商业、服务业垃圾和少量建筑业垃圾等固体废物。其成分比较复杂，受当地居民的平均生活水平、能源消费结构、城镇建设、自然条件、传统习惯以及季节变化等因素影响。

（5）畜禽粪便

畜禽粪便是畜禽排泄物的总称，是其他形态生物质（主要是粮食、农作物秸秆和牧草等）的转化形式，包括畜禽排出的粪便、尿及其与垫草的混合物。我国主要的畜禽包括鸡、猪和牛等，其资源量与畜牧业生产有关。

二 生物质能的应用及其前景

生物质包括植物通过光合作用生成的有机物（如植物、动物及其排泄物）、垃圾及有机废水等几大类。生物质能一直是人类赖以生存的重要能源，它是仅次于煤炭、石油和天然气而居于世界能源消费总量第四位的能源，在整个能源系统中占有重要地位。

人类对生物质能的利用，包括直接用作燃料的有农作物的秸秆、薪柴等；间接作为燃料的有农林废弃物、动物粪便、垃圾及藻类等，它们通过微生物作用生成沼气，或采用热解法制造液体和气体燃料，也可制造生物炭。生物质能是世界上最为广泛的可再生能源。据估计，每年地球上仅通过光合作用生成的生物质总量就达 1440~1800 亿 t（干重），其能量约相当于 20 世纪 90 年代初全世界总能耗的 3~8 倍。但是尚未被人们合理利用，多半直接当薪柴使用，效率低，影响生态环境。现代生物质能的利用是通过生物质的厌氧发酵制取甲烷，用热解法生成燃料气、生物油和生物炭，用生物质制造乙醇和甲醇燃料，以及利用生物工程技术培育能源植物，发展能源农场。

生物质能的利用主要有直接燃烧、热化学转换和生物化学转换等 3 种途径。生物质的直接燃烧在今后相当长的时间内仍将是我国生物质能利用的主要方式。生物质的生物化学转换包括有生物质—沼气转换和生物质—乙醇转换等。沼气转化是有机物质在厌氧环境中，通过微生物发酵产生一种以甲烷为主要成分的可燃性混合气体，即沼气。乙醇转换是利用糖质、淀粉和纤维素等原料发酵制成乙醇。

2014 年，生物质发电累计装机容量为 1423 万 kW，并网约为 950 万 kW，主要是农林生物质直燃发电和城市生活垃圾焚烧发电，其中农林生物质直燃发电核准容量约为 840 万 kW，并网容量约为 500 万 kW，核准容量占比约为 59%，原料是各种农作物秸秆和林业废弃物，主要集中在华中和华东等原料比较丰富的地区。

2018 年，我国生物质液体燃料主要有燃料乙醇和生物柴油两种，发展速度相对缓慢，产量较小，分别为 28 亿 L 和 11 亿 L。从生物质发电技术类型看，农林生物质直接燃烧发电总并网容量为 4195.3MW；垃圾焚烧发电总并网容量为 3400.29MW；沼气发电并网容量为 194.42MW。

2019 年，我国生物质发电累计装机达到 2254 万 kW；累计装机排名前五位的省份是山东、广东、浙江、江苏和安徽，分别为 324 万 kW、239 万 kW、203 万 kW、199 万 kW 和 195 万 kW。

目前，我国生物质资源可转换为能源的潜力约为 4.6 亿 t 标准煤，已利用量约为 2200 万 t 标准煤，还有约 4.4 亿 t 可作为能源利用。生物质能行业数据统计显示，今后随着造林面积的扩大和经济社会的发展，生物质资源转换为能源的潜力可达 10 亿 t 标准煤，我国利用生物质能的潜力巨大（图 5-2）。

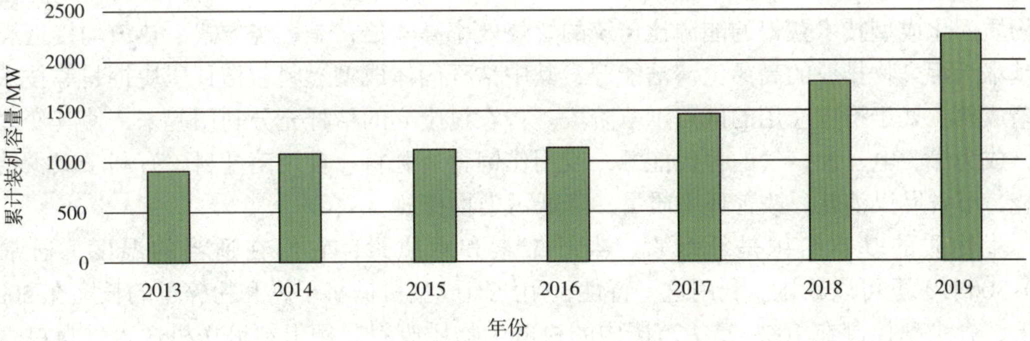

图 5-2　2013~2019 年我国生物质发电装机量统计

根据国家能源局网站公布的《生物质能发展“十三五”规划》，2020 年，我国生物质能基本实现商业化和规模化利用。专家认为，从能源结构和发展环境来看，我国生物质能中长期发展前景广阔，该规划的出台将加快推动我国生物质能产业发展。未来中国生物质能产业发展的重点是沼气及沼气发电、液体燃料、生物质固体成型燃料以及生物质发电。促进生物质能产业发展的政策将得到进一步完善，技术水平进一步提高，将有更多的大型企业参与，生物质能产业必将成为中国国民经济新的增长点。

第二节 生物质的转化利用技术

各种生物质能源在利用时均需转化，由于不同生物质资源在物理化学方面的差异，转化途径各不相同，除人畜粪便的厌氧处理以及油料与含糖作物的直接提取外，多数生物质能要经过转化过程。生物质能源转换技术的研究开发工作主要包括物理、化学和生物等三大类，将可再生的生物质能源转化为洁净的高品位气体或者液体燃料，作为化石燃料的替代能源用于电力、交通运输、城市煤气等方面。生物质能源转换的方式，涉及固化、直接燃烧、气化、液化和热解等技术。其中，直接燃烧是生物质能源最早应用的一种方式。生物质的热解气化是热化学转化中最主要的一种方式。

一 生物质固化成型技术

生物质固化成型技术，简称 CZSN 技术，是指把秸秆、杂草、灌木枝条乃至果壳果皮等农林废弃物在常温下压缩成热值达 2850~4500cal 的高密度燃料棒或颗粒的技术。使用生物质固化成型技术获得的能源比传统的燃烧效率高 4 倍，是燃烧方式、热值均接近煤炭且基本无污染物排放的高品位清洁能源，其中秸秆固体成型燃料、秸秆压块饲料等技术正日渐成熟，处于推广应用的试点示范阶段。将农村废弃的秸秆充分利用起来，使其变废为宝，成为煤、电、油、气的替代能源，或用作饲料、肥料、食用菌基料，有利于减少秸秆焚烧，节省燃煤消耗，改善环境质量，降低污染物排放。

生物质的基本组织是纤维素、半纤维素和木质素，它们在适当的温度（通常为 200~300℃）下可以软化。利用这一特性，用压缩成型机械将干燥和粉碎过的长度在 50mm 以下、含水率控制在 10%~25% 范围内的松散生物质废料，用上料输送机送入进料口。通过主轴转动，带动压辊转动，在超高压（0.5~1.0t/cm^2）的条件下，经过压辊的自转，靠机械与生物质废料之间及生物质废料相互之间摩擦产生的热量或外部加热，使纤维素、木质素软化。物料被强制从模型孔中成块状挤出，得到截面尺寸为 33~40mm、长度大于 15cm 的棒状固体颗粒生物燃料，并从出料口落下，回凉后（含水率不能超过 14%），装袋包装。压块成型后的颗粒密度大、体积小，便于储存和运输，是高挥发的优质固体燃料，可以直接燃烧，其热值可达 3500~4500cal，具有易燃、灰分少、成本低等特点，可替代木柴、原煤、燃气等燃料。固化成型基本生产工艺流程包括收集、粉碎、干燥、混料、成型、冷却、包装等程序。固化成型后的燃料，可代替木柴、原煤、燃油、液化气等，广泛用于生物质锅炉、生活炉灶、生物质发电等。

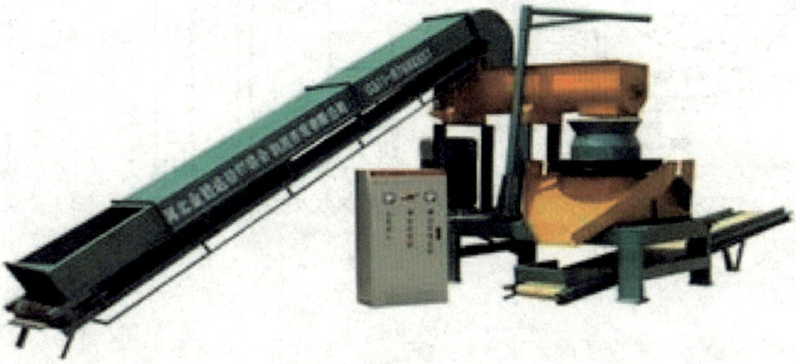

图 5-3　秸秆压块机械

图 5-4 生物质成型机

二、生物质直接燃烧技术

生物质直接燃烧是将生物质直接作为燃料燃烧，主要分为炉灶燃烧和锅炉燃烧。直接燃烧是最简单也是最早被采用的生物质能利用方式，但在过去的传统燃烧方式中，生物质燃烧效率极低，能源和资源的浪费很大。因此，若能开发一种方便和高效的生物质直接燃烧技术，必将具有很好的经济和社会效益。

1. 炉灶燃烧技术

炉灶在中国农村已沿用了几千年，且占有相当大的比例。旧式柴灶不但热效率低（只有 10% 左右）、浪费燃料，而且严重污染环境。自 20 世纪 80 年代开始，我国政府在农村大力推广节柴灶，至 1996 年底推广节柴灶 1.7 亿户，每年减少数千万吨标准煤的能源消耗。节柴灶具有以下特点：一是热能在灶内停留时间长，可以得到充分利用，热效率高（可达 20%~25%）；二是没有熏烟，污染少；三是质量小，可拆装；四是多功能。节柴灶的灶桥可以调整，调整后可烧柴、烧锯灰和烧煤。

目前，节柴灶的推广仍然是一些农村地区特别是偏远山区生物质能利用的一个重要方面。采用先进技术，提高全国数亿台小型炉具的燃烧和热利用效率，降低污染物的排放，开发燃用农作物的生物质炉具，实现农村炉具的商品化和规模化，达到更广泛的应用，对于改变我国农村生物质利用状况具有重大意义。

2. 锅炉燃烧

锅炉燃烧是采用先进的燃烧技术，把生物质作为锅炉的燃料，以提高生物质的利用效率，适用于相对集中、大规模利用生物质资源。生物质燃料的种类很多，按照锅炉燃烧方式的不同，又可分为流化床锅炉和层燃炉等。

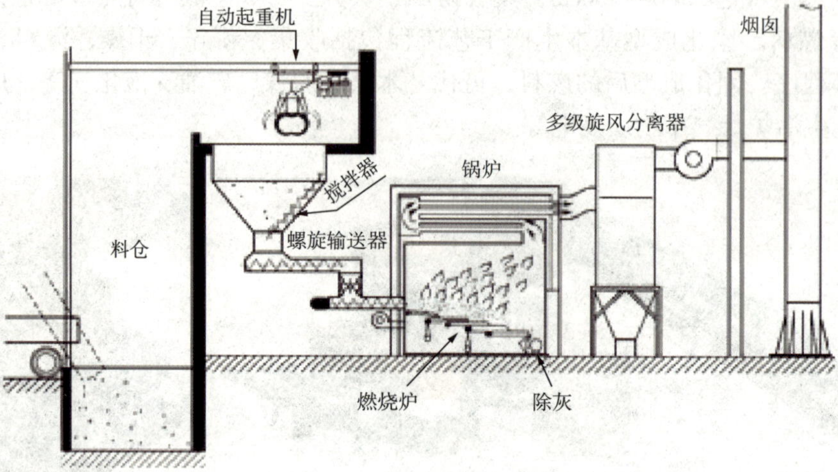

图 5-5 生物质现代化燃烧系统

生物质的种类繁杂，应根据不同种类的生物质燃料的燃烧特性开发不同的燃烧技术，并研制相应的燃烧设备，这有利于提高生物质燃料的燃烧效率。其中生物质燃料与矿物质燃料混合燃烧，既可减少运行成本，提高燃烧效率，又可降低氮、硫氧化物等有害气体的排放浓度。采用生物质燃烧设备可以快速实现生物质资源的大规模减量化、无害化和资源化利用，而且成本较低，具有良好的经济性和开发潜力。

我国在长期大量使用化石燃料的过程中，对于化石燃料燃烧技术的研究及其应用已取得了丰硕的成果，在此基础上发展生物质废弃物直接燃烧技术，将生物质废弃物作为燃料进行开发利用，能够同时取得能源和环境两方面的效益，是比较适合我国国情的、大规模高效利用生物质废弃物的、最有前途的技术之一。

3. 生物质与煤混合燃烧

图 5-6 生物质热电厂

由于大部分生物质燃料的含水量较高且成分复杂，很难使燃用生物质的锅炉以较低的成本达到常规锅炉的效率。采用生物质与矿物燃料的混合燃烧技术，既可以达到经济上的合理性，又可以降低锅炉排放物的浓度。生物质的含氮量比煤少，且生物质燃料中的水分使燃烧过程冷却，减少了氮氧化物的热形成。混合燃烧会对燃烧稳定性、给料及制粉系统产生影响，可通过调整燃烧器和组料系统满足要求。

生物质型煤是指破碎成一定粒度和干燥到一定程度

的煤及可燃生物质按一定比例掺混，加入少量固硫剂，利用生物质中的木质素、纤维素、半纤维素等与煤粘接性的差异压制而成。生物质在其中既起粘接作用又起助燃作用。生物质型煤虽然具有优良的燃烧性能和环保节能效果，但在国内尚处于实验室研究与工业试生产阶段，尚未形成规模产业。

4. 生物质的气化燃烧

生物质气化是指生物质原料（薪柴、锯末、麦秸、稻草等）压制成型或经简单的破碎加工处理后，在欠氧条件下，送入气化炉中进行气化裂解，得到可燃气体并进行净化处理从而获得产品气的过程。其原理是在一定的热力学条件下，借助于部分空气（或氧气）、水蒸气，使生物质的高聚物发生热解、氧化、还原、重整反应，热解伴生的焦油进一步热裂化或催化裂化为小分子碳氢化合物，获得含 CO、H_2 和 CH_4 的气体。由于生物质由纤维素、半纤维素、木质素、惰性灰等组成，含氧量和挥发分高，焦炭的活化性强，生物质与煤相比，具有更高的活性，更适合气化。生物质气化主要包括气化反应、合成气催化变换和气体分离净化过程。气化转化的重点为气体组分与产率的调整与控制。生物质气化与热解不同，气化过程需要气化介质（常为空气），气体热值较低，一般为 4~6MJ/m^3；热解过程通常不需要气化剂，其产物是液、气、炭 3 种产品，气体热值较高，一般为 10~15MJ/m^3。气化过程伴随热解过程，热解是气化的第一步。生物质气化的目的是得到洁净的产品气，因此要采用催化剂来抑制或消除热解反应中产生的焦油。

典型的气化工艺有以下 3 种：干馏工艺、快速热解工艺、气化工艺。其中前两种生物质气化工艺适用于木材或木屑的热解；后一种适用于农作物（如玉米、棉花等）秸秆的气化。

生物质气化技术的一般工艺主要有四大部分，分别为进料系统、气化反应器（气化炉）、气化气体净化系统和气化气体处理系统（如发电系统）。进料系统包括生物质进料、空气进料、水蒸气进料及其控制。气化气体净化系统主要是除去产出气体中的固体颗粒、可冷凝物及焦油，常用设备有旋风分离器、水浴清洗器及生物质过滤器。气化气体处理系统主要是气化气进一步转化利用的装置，诸如发电、制取液体燃料等装置。

5. 生物质热解技术

生物质热解是指在隔绝空气或供给少量空气的条件下，通过热化学转换，将生物质转变成木炭、液体和气体等低分子物质的过程。热解的产物包括燃料油、木焦油、木煤气、木炭等，升温速率达到 1000℃ /s 以上时，热解油的产率可以达到 60% 以上。控制热解中相应的条件参数（主要是反应温度、升温速率、停留时间），可以得到不同的热解产品。生物质热解技术能够以较低的成本、连续化生产工艺，将常规方法难以处理的低能量密度的生物质转化为高能量密度的气、液、固产物，减小了生物质的体积，便于储存和运输。同时还能从生物油中提取高附加值的化学品（图 5–7）。

图 5–7　生物质水热解聚系统

生物质热裂解根据热解条件分为以下三种类型：

（1）慢速热解（烧炭法）。主要用于木炭的烧制，生物质在极低升温速率、温度低于400℃下长时间（几小时至几天）热解，可得到的最大焦炭产率为35%（质量分数），这个过程也称为生物质的炭化。

（2）常规热解。将生物质原料放入常规热解装置中，在低于500℃、较低加热速率（10~100K/min）、热解产物停留时间0.5~5s下热解，可制成相同比例的气体、液体和固体产品（可得到原料重量20%~25%的生物炭、10%~20%生物油）。

（3）快速热解。快速热解是将磨细的生物质原料放入快速热解装置中，生物质在常压、超高加热速率（1000~10000K/s）、超短产物停留时间（0.5~2s）、适中热解温度（500~650℃）下瞬间气化，然后快速凝结成液体，可获得最大的液体产率，其产物中的生物油一般可以达到原料重量的40%~60%，快速热解过程需要的热量以热解产生的部分气体为热源（图5-8）。

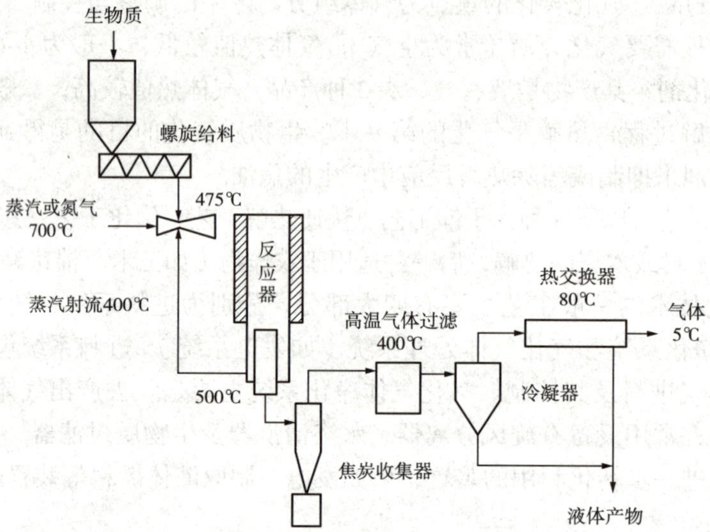

图5-8 生物质热解流程

生物质热裂解产物主要有生物油、不可冷凝气体及木炭。生物油主要用于燃烧供热、电力生产、燃料油及化学品的生产。尽管生物油的热值仅为化石燃料油的一半左右，而且大量的水分含量使其应用难度增加，但液体产品应用在燃烧方面的优点是易于处理、运输和储存，也有利于现有燃油装置的利用。生物油应用于燃烧的主要问题是生物质油的黏度大，易变质。生产液体产品的优点是这种液体产品的生产可以与电力生产分开，因此用热解装置建立调峰电站是可行的，或将液体产品直接送到中心电站发电。生物油中含有许多化工原料和产品，热解的液体产品中已经确认的物质有数百种，因此人们对回收其中的化合物或同系化合物的兴趣大增，某些特定的化合物即使回收量很少，其潜在的价值也比回收油高很多。总之，生物油作为燃料在锅炉、汽轮机、柴油机上的应用实验比较成功，但其精炼提纯、提取化学物质的研究尚不成熟，不具有经济可行性。

第三节 生物质的生物化学转化利用

生物转化技术是利用微生物发酵的方法将生物质能转变成燃料物质的技术。有机物质经过厌氧微生物的发酵被分解成气体燃料和二氧化碳，通常气体燃料为沼气。

一 沼气技术

1. 沼气的产生

沼气是有机物质在厌氧条件下，经过微生物的发酵作用生成的一种混合气体。沼气，顾名思义就是沼泽里的气体。人们经常看到，在沼泽地、污水沟或粪池里有气泡冒出来，如果我们划着火柴，可把它点燃，这就是自然界天然产生的沼气。这种气体最先是在沼泽中发现的，所以称为沼气。人畜粪便、秸秆、污水等各种有机物在密闭的沼气池内，在厌氧（没有氧气）条件下发酵，被种类繁多的沼气发酵微生物分解转化，就会产生沼气。

沼气是多种气体的混合物，其特性与天然气相似。沼气除直接燃烧用于炊事、烘干农副产品、供暖、照明和气焊等外，还可作内燃机的燃料以及生产甲醇、福尔马林、四氯化碳等的化工原料。经沼气装置发酵后排出的料液和沉渣，含有较丰富的营养物质，可用作肥料和饲料。

沼气的主要成分甲烷是一种理想的气体燃料，它无色无味，与适量空气混合后会燃烧。纯甲烷的发热量为 34000kJ/m^2，沼气的发热量约为 20800~23600kJ/m^2，即 1m^3 沼气完全燃烧后，能产生相当于 0.7kg 无烟煤提供的热量。与其他燃气相比，其抗爆性能较好，是一种很好的清洁燃料。

2. 沼气的应用

沼气作为能源利用已有很长的历史。我国最初的沼气应用主要为农村户用沼气池，20 世纪 70 年代初，为解决秸秆焚烧和燃料供应不足的问题，我国政府开始在农村推广使用沼气，沼气池产生的沼气从用于农村家庭的炊事逐渐发展到照明和取暖。目前，户用沼气在我国农村仍在广泛使用。我国的大中型沼气工程始于 1936 年，此后，大中型废水、养殖业污水、村镇生物质废弃物、城市垃圾沼气的建立拓宽了沼气的生产和使用范围。随着我国经济发展和人民生活水平的提高及工业、农业、养殖业的发展，大型废弃物发酵沼气工程仍将是我国可再生能源利用和环保的切实有效的方法。

20 世纪 80 年代以来，建立的沼气发酵综合利用技术以沼气为纽带，表明物质多层次利用、能量合理流动的高效农产模式已逐渐成为我国农村地区利用沼气技术促进可持续发展的有效方法。通过沼气发酵综合利用技术，沼气用于农户生活用能和农副产品生产、加工，沼液用于饲料、生物农药、培养料液的生产，沼渣用于肥料的生产。我国北方推广的塑料大棚、沼气池、禽畜舍和厕所相结合的“四位一体”沼气生态农业模式、中部地区的以沼气为纽带的生态果园模式、南方建立的“猪—果”模式以及其他地区因地制宜建立的“养殖—沼气—种植”“猪—沼—鱼”和“草—牛—沼”等模式都是以农业为龙头，以沼气为纽带，对沼气、沼液、沼渣多层次利用的生态农业模式。沼气发酵综合利用生态农业模式的建立，使农村沼气和农业生态紧密结合起来，是改善农村环境卫生的有效措施，是发展绿色种植业、养殖业的有效途径，已成为农村经济新的增长点（图 5-9）。

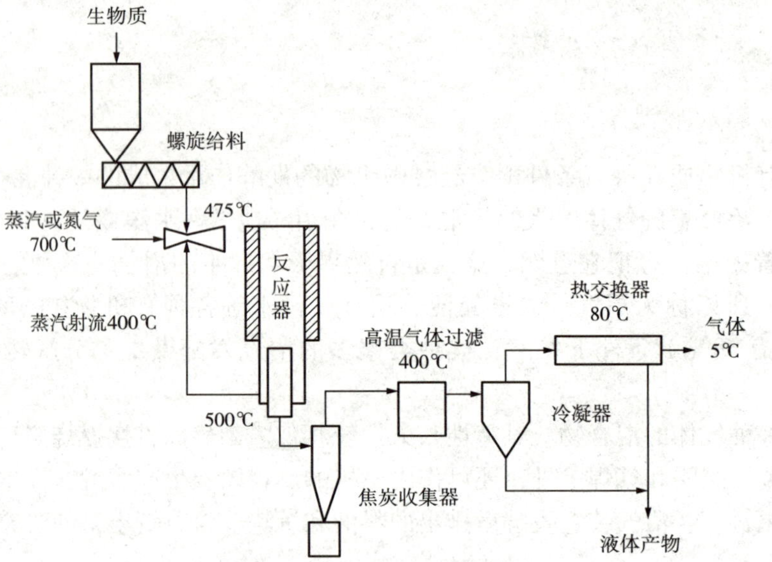

图 5-9 生物天然气制备工程

沼气燃烧发电是随着大型沼气池建设和沼气综合利用的不断发展而出现的一项沼气利用技术，它将厌氧发酵处理产生的沼气用在发动机上，利用综合发电装置，产生电能和热能。沼气发电具有创效、节能、安全和环保等特点，是一种分布广泛且价廉的分布式能源。

沼气发电在发达国家已受到广泛重视和积极推广。生物质能发电并网量在西欧一些国家占能源总量的 10% 左右。

我国沼气发电有 30 多年的历史，但国内沼气发电研究和应用市场都还处于不完善阶段，特别是适用于我国广大农村地区的小型沼气发电技术更少，我国农村偏远地区还有许多地方严重缺电，如牧区、海岛、偏僻山区等高压输电较为困难，而这些地区却有着丰富的生物质原料。如能因地制宜地发展小沼气电站，则可取长补短就地供电。

沼气燃料电池是一种将储存在燃料和氧化剂中的化学能直接转化为电能的装置。当源源不断地供给燃料和氧化剂时，燃料电池可以连续发电。依据电解质的不同，燃料电池分为碱性燃料电池（AFC）、磷酸型燃料电池等。燃料电池不受卡诺循环限制，能量转换效率高，洁净、无污染、噪声低，模块结构、积木性强、比功率高，既可以集中供电，也可以分散供电。燃料电池将是21世纪最有竞争力的高效、清洁的发电方式，它在洁净煤燃料电站、电动汽车、移动电源、不间断电源、潜艇及空间电源等方面，有着广阔的应用前景和巨大的市场。

沼气燃料电池是最新出现的一种清洁、高效、低噪声的电池，与沼气发电机发电相比，不仅出电效率和能量利用率高，而且振动和噪声小，排出的氮氧化物和硫化物浓度低，因此是很有发展前途的沼气利用方式，将沼气用于燃料电池发电，是有效利用沼气资源的一条重要途径。我国的燃料电池研究始于1958年，由于多年来在燃料电池研究方面投入资金较少，就燃料电池技术的总体水平来看，与发达国家尚有较大差距。燃料电池的出现与发展，将会给便携式电子设备带来一场深刻的革命，并且还会波及汽车业、住宅以及社会各方面的集中供电系统。

对于中国这样的农业大国，沼气技术在农业领域正发挥着很大的作用。目前，国家制定的法律法规中有许多关于发展农村沼气的规定，并在全国各地大力推动大中型沼气工程建设，进一步提高设计、工艺和自动控制技术水平，从而解决全国集约化养殖场的污染治理问题，使粪便得到资源化利用（图5–10）。

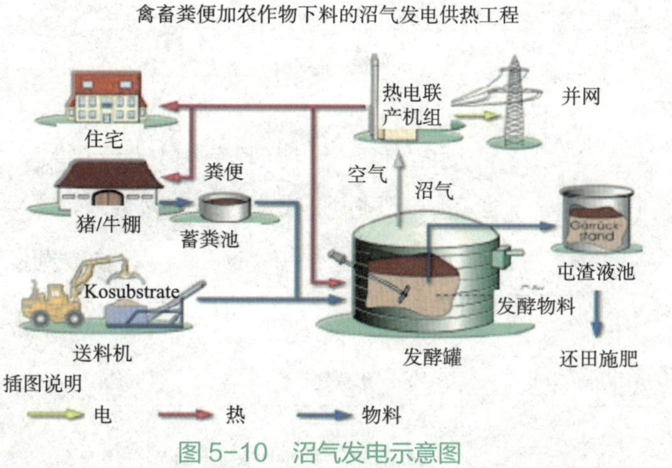

图5–10 沼气发电示意图

二 燃料乙醇技术

1. 燃料乙醇

燃料乙醇是指通过微生物的发酵将各种生物质转化为燃料酒精。一般是指体积浓度达到99.5%以上的无水乙醇。燃料乙醇是一种清洁的高辛烷值燃料，为可再生能源，是优良的燃料和燃油品改善剂。

燃料乙醇生产技术主要有第一代和第二代两种。第一代燃料乙醇技术是以糖质和淀粉质作物为原料生产乙醇。其工艺流程一般分为五个阶段，即液化、糖化、发酵、蒸馏、脱水。第二代燃料乙醇技术是以木质纤维素质为原料生产乙醇。与第一代技术相比，第二代燃料乙醇技术要进行预处理，即脱去木质素，增加原料的疏松性以增加各种酶与纤维素的接触，提高酶效率。待原料分解为可发酵糖类后，再进入发酵、蒸馏和脱水流程。

汽油掺乙醇有两个作用：一是乙醇可以取代污染环境的含铅添加剂来改善汽油的防爆性能；二是乙醇含氧量高，可以提高燃烧效率，减少发动机内的炭沉淀等不完全燃烧污染物排放。同体积的生物乙醇汽油和汽油相比，燃烧热值低 30% 左右。但因为只掺入 10%，热值减少不显著，而且不需要改造发动机就可以使用。

2. 乙醇的制取

发酵法：以各种含糖（双糖）、淀粉（多糖）、纤维素（多缩己糖）的农产品、农林业副产物及野生植物为原料，经过水解（即糖化）、发酵使双糖、多糖转化为单糖并进一步转化为乙醇。淀粉质在微生物作用下，水解为葡萄糖，再进一步发酵生成乙醇。发酵法制备乙醇的过程包括原料预处理、蒸煮、糖化、发酵、蒸馏、废醪处理等。成熟的发酵醪内，乙醇质量浓度一般为 8%~10%。由于原料不同，水解产物中乙醇含量高低各异，如谷物发酵醪液中乙醇的质量分数不高于 12%，纤维素可用酶或酸水解，如亚硫酸法造纸浆水解液中仅含乙醇约 1.5%。除含乙醇和大量水外，还有固体物质和许多杂质，需通过蒸馏把发酵醪液中的乙醇蒸出，得到高浓度乙醇，同时副产杂醇油及大量酒糟（图 5–11）。

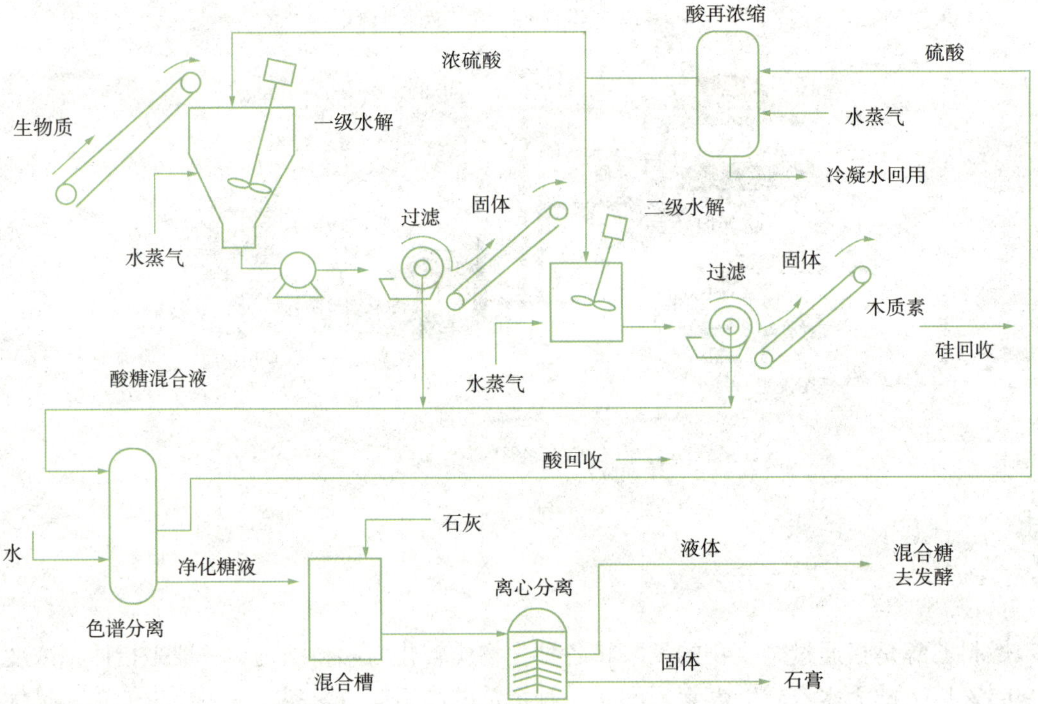

图 5–11 发酵法燃料乙醇的制备

脱水技术：是燃料乙醇生产关键技术之一。从普通蒸馏工段出来的乙醇，其最高质量浓度只能达到95%，要进一步浓缩，继续用普通蒸馏的方法是无法完成的，因为此时酒精和水形成了恒沸物（对应的恒沸温度为78.15℃），难以用普通蒸馏的方法分离开来。为了提高乙醇浓度，去除多余的水分，就需采用特殊的脱水方法。制备燃料乙醇的方法主要有化学反应脱水法、恒沸精馏、萃取精馏、吸附、膜分离、真空蒸馏法、离子交换树脂法等。

第四节
生物质能在军事领域的应用

近年来，美国一直高度重视生物质能源的发展与利用，由于地广人稀，玉米、大豆等农作物产能极大过剩，美国有条件大力发展燃料乙醇、生物柴油和生物质喷气燃料。美军使用的生物燃料已由以生物柴油、生物乙醇为代表的第一代，以纤维素生物燃料为代表的第二代发展到以藻类为原料的第三代，并成功用于战斗机、直升机、驱逐舰、登陆艇等主力机型和舰艇平台。

相比之下，我军在生物质能利用方面发展较为缓慢，我国在生物质能发电方面面临的主要问题是能量密度低、发电效率不高，特别是大规模收集处理生物质困难。但我国的生物质分布广泛，发展生物质发电技术有利于军事行动中就地取材发电，减少对后勤保障的依赖，大型基地也可结合污水处理、垃圾焚烧等，提高部队综合利用能效。

1. 可用于战场的生物转化技术

近年，美国的研究部门开发出了可用于战场的生物转化技术。生物转化技术，也称为“生物细加工”，模仿消化过程。为期3年、花费85万美元的一项研究项目证明，将有机废弃物如食物废弃物、塑料、纸张等与水、催化剂混合，可以通过生物化学反应生产乙醇，没有转化的废弃物经过干燥、燃烧生成碳氢化合物、氢气、二氧化碳的混合气体，乙醇、混合气体与常规柴油通过在内燃机燃烧转化为电能。

生物转化技术非常诱人，因为每个军人平均每天制造1.81~2.72kg的垃圾。目前，战场上是通过集中燃烧清除这些废物。一个可运输的生物转化系统只有半辆拖车那么大，可以每天处理500名军人产生的废物，发电60kW，供大型帐篷或者3个家庭使用。此外，多余的热能可以用来产生热水，供军营使用。

可再生能源为联合部队指挥官提供了一种塑造作战区域的强大工具，可以直接通过安全合作或者间接通过非政府组织、政府组织为当地民众提供能源。当冲突与灾难发生的时候，联合部队指挥官可以直接为受影响区域提供可再生能源系统、技术、专业，以满足当地民众基本的需求，在促进地区稳定、帮助当地进行救援与重建等方面发挥着重要作用。可再生能源可以成为东道国改善能源基础设施的基本方式，一方面提高了东道国的能源供应能力，另一方面满足民众的需求。

2. 特种生物航油制备技术

我国航空业发展迅猛，2017 年民用航空燃油的消耗量约为 2633 万 t，带来了巨大的石油资源消耗和二氧化碳排放。自 2008 年起，世界上主要国家相继开展了生物航油在军用和民用航空器上的试飞工作，我国也在 2011 年进行了植物油脂合成的生物航油试飞工作，但是植物油脂的来源有限，原料油脂的成本较高。特种生物航油制备技术是以农林废弃物为主要原料，将生物质原料解聚为平台化合物后再进行碳链构建、加氢脱氧等反应制得（图 5-12），所开发的技术获得 2016 年联合国颁发的蓝天奖。

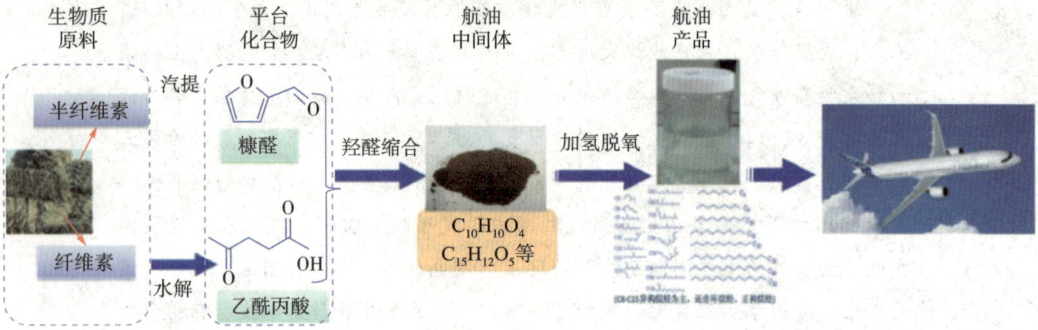

图 5-12　特种生物航油制备流程图

特种生物航油制备技术已成功转化为生物喷气燃料的原料有废弃动植物油脂（地沟油）、农林废弃物、油藻等，2013 年 4 月中国自主研发的生物航空燃料首次试飞成功，而此次试飞加注的航煤中部分是由地沟油转化，部分是由棕榈油转化。转化过程中，科研人员需要将原本浓稠、黏腻的油脂的黏度、沸点等降低，再生为生物燃油。相较传统喷气燃料，生物航煤可实现减排二氧化碳 55%~92%，不仅可以再生，具有可持续性，而且无须对发动机进行改装，具有很高的环保优势。

2014 年 2 月 12 日，中国民用航空局向中国石化颁发了 1 号生物航煤技术标准规定项目批准书，这标志着国产 1 号生物航煤正式获得适航批准，并可投入商业使用。中国由此成为世界上少数几个掌握生物航煤自主研发生产技术的国家之一。

目前，我国军队出于装备机动性能和安全等因素的考虑，生物柴油和生物乙醇的应用相对较少，但从能源安全和多元性的角度考虑，未来应注重将成熟的民用技术推广到军队，改变当前能源结构单一的状况。下一步可在理论论证和试验检验的基础上，首先在人员乘坐、物资采购车辆等后勤保障装备上推广，逐渐丰富军队燃油来源。

3. 废油脂连续生产生物柴油技术

高原、边防和海岛的自然条件恶劣和交通运输不便，能源保障凸显困难。高原和边防部队远离城市，地处偏僻且分散，常有大雪封山、塌方堵路的情况发生。以能源植物原料油、煎炸废油、地沟油、潲水油、皂脚及酸化油和动物脂肪等低品质、低价位的高酸价原料生产生物柴油，将大大降低运输成本。系统装置原料适应性强，易移动、运输和组装，充分利用了驻军餐后充足的餐饮废弃油脂，通过这项技术，实现了绿色、连续、低能耗的工艺过程（图 5–13、图 5–14）。与液体酸碱工艺相比，生产生物柴油的效率提高 50%，生产成本降低 20%，废水排放减少 90%。设备耐腐蚀要求低，工艺简单可靠。

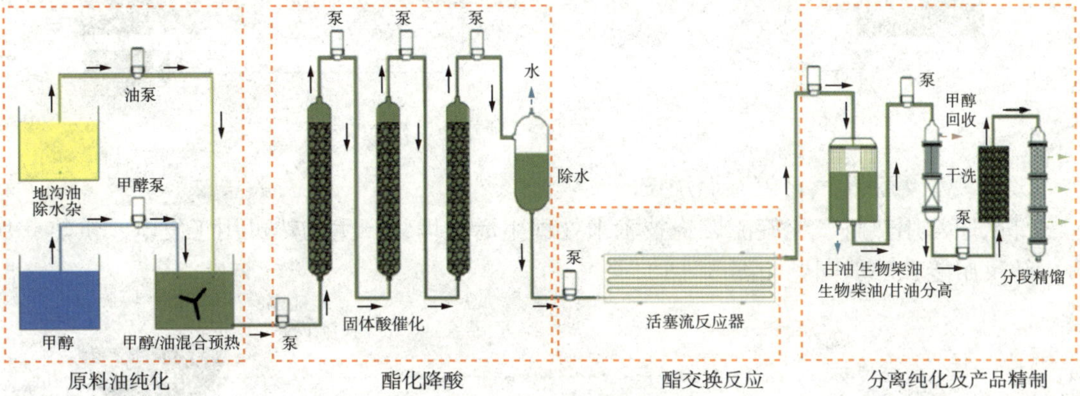

图 5–13 地沟油转化生产柴油的模块化生产线

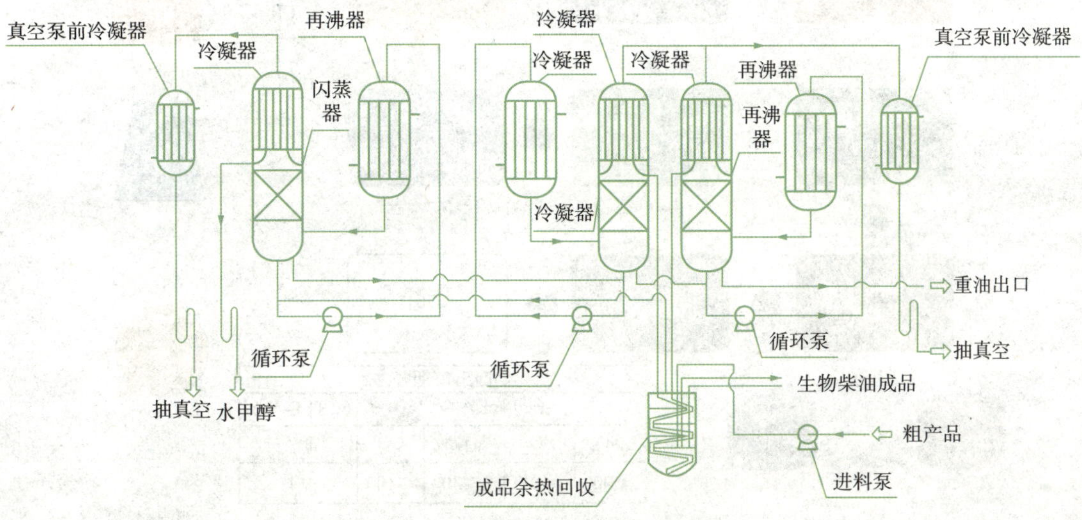

图 5–14 地沟油转化生产柴油流程图

4. 生物燃气制备利用技术

以农林废弃物、餐厨垃圾、畜禽粪便等有机物为原料制备生物燃气，燃气经加工处理后可用于发电、供热、炊事、车用等。在农林资源丰富的边防和高原地区，生物燃气制备利用技术应用前景广阔（图 5–15）。

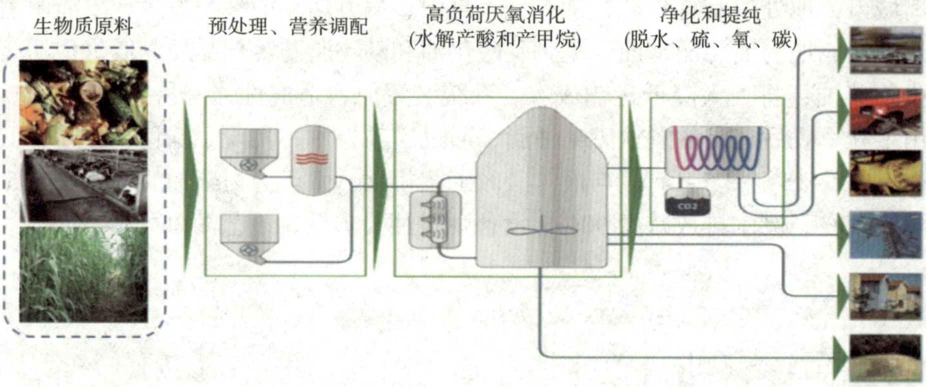

图 5-15 生物燃气制备利用技术

5. 生活垃圾热解气化旋流燃烧技术

部队通常用热解气化旋流燃烧技术来处理生活垃圾，产生的热可用于发电、供热、炊事，解决用能和环境问题（图 5-16）。

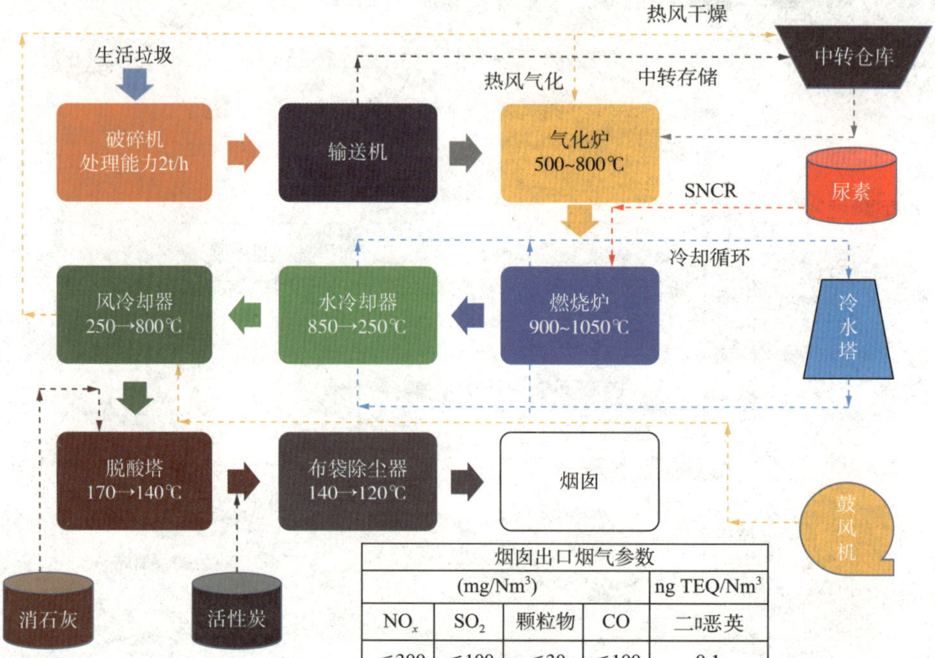

烟囱出口烟气参数

(mg/Nm³)				ng TEQ/Nm³
NO_x	SO_2	颗粒物	CO	二𫫇英
≤300	≤100	≤30	≤100	0.1

图 5-16 热解气化旋流燃烧技术处理垃圾流程图

6. 生物质成型燃料制备技术

生物质成型燃料制备技术被用来制备成型燃料供部队使用，成型燃料具有成本低、便于储运、密度较大、燃烧性能好、颗粒均匀等特点，可用于炊事、取暖、工业锅炉和电厂燃料等方面（图 5-17）。

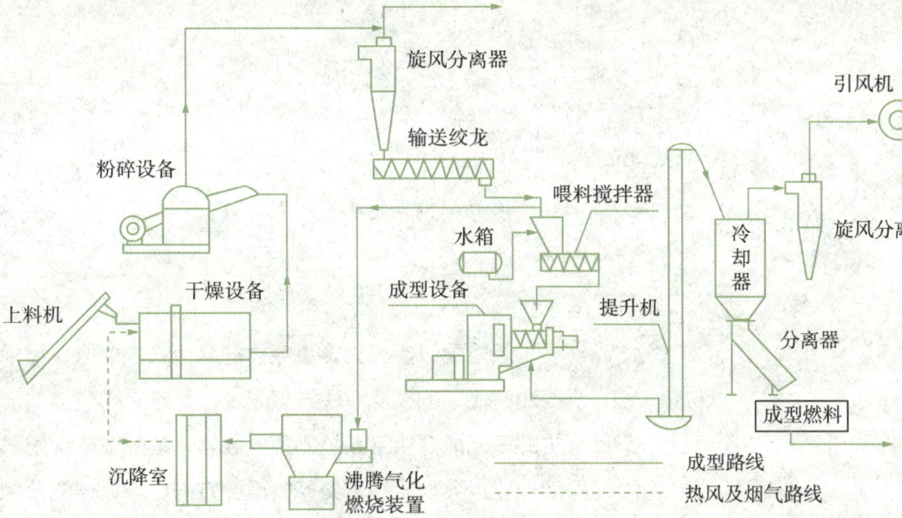

图 5-17　生物质成型燃料制备流程

7. 纤维素燃料乙醇制备技术

燃料乙醇汽油已在我国多个省份推广应用多年，反映良好。但是，还存在储存期短、吸水性强等缺点，不适用我军现行的油料订购、储存、逐级分发的保障模式，因此，我军不宜订购乙醇汽油，在执行临时任务过程中，可依托地方加油站应急补给。

我国第一代生物柴油生产能力达到 3Mt/a，由于原料来源有限且不稳定，2013 年生物柴油实际产量仅有十几万吨，且储存安定性和热安定性差，不宜在军事装备中使用。目前，正在开发以木质纤维素为原料的第二代生物燃料和以藻类为原料的第三代生物燃料技术，离商业化应用距离尚远。生物质喷气燃料原料缺乏、生产成本过高，离大规模推广应用仍有很长的一段路要走。

车用乙醇汽油是以木质纤维素类生物质为原料制备所得（图 5-18），与石化汽油在一定比例下掺混，用于汽油发动机燃料。

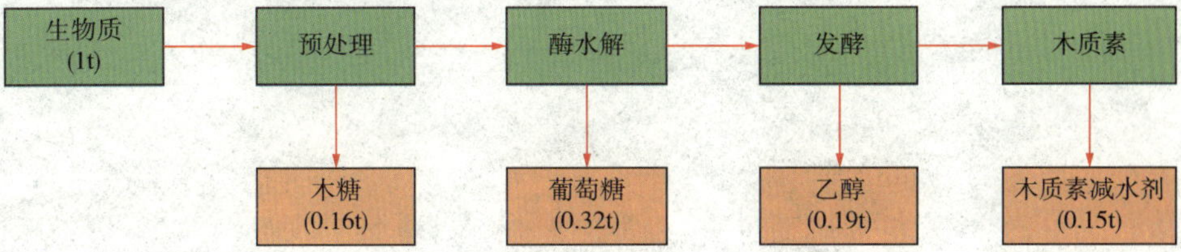

图 5-18　纤维素乙醇主体生产过程

第六章

氢能及其在军事领域应用

氢能是以氢气为能量载体的绿色二次能源，被视为“后石油时代”的能源解决方案之一，是未来构建以清洁能源为主的多元能源供给系统的重要载体，其开发与利用已经成为新一轮世界能源技术变革的重要方向。与其他能源相比，氢能可再生、零排放，功率密度是汽油、柴油的 3 倍，发电成本也低于光伏、风能、石油等方式。氢气来源广泛，既可以通过化石能源制备，又可由风能、太阳能、生物能及核能转化而来。发展氢能有利于保障能源安全，推进能源产业升级，氢能对加快推进我国能源生产和消费革命，加快新时代能源转型具有重大意义，另外，氢能的特点使其在军事领域占有得天独厚的条件。

第一节
概　述

氢是自然界中最丰富的元素，广泛存在于水、矿物燃料和各类碳水化合物之中。氢燃烧，水是它唯一的产物，因此，氢能是一种取之不尽、用之不竭的新能源。本节将对氢能的概念和特点、氢能的开发利用前景进行详细介绍。

一　氢能的概念与特点

氢能是指氢气所含有的能量，是一种二次能源，也可以说是一次能源的转换形式和储存形式。地球上的水中含有极其丰富的氢元素，取之不尽、用之不竭。地球之外，氢的储量更加丰富，在宇宙中，氢是含量最高的元素，太阳就是一个巨大氢球，依靠氢聚变成氦的热核反应发光发热。土星、木星、天王星和海王星也是超级大的氢球，哪怕仅仅汲取木星氢含量的亿万分之一，也足够人类使用千万年。

工业上生产氢的方式很多，常见的有水电解制氢、煤炭气化制氢、重油及天然气、水蒸气催化转化制氢等。制氢还有一个突出优势，就是可以充分利用“废电”，因为我国电力使用的峰谷错落问题，每年大量风电、水电和太阳能电被浪费。2019 年，全国主要流域弃水电量约为 300 亿 kW · h，弃风电量约为 169 亿 kW · h，弃光电量约为 46 亿 kW · h，这些巨大的能量浪费，通过制氢可以储存起来。

氢能燃烧热值高于所有化石燃料和生物质燃料，而且氢气本身无色、无味、无毒，清洁可靠。但是，氢气制取成本高、存储难，世界上 90% 的氢气制取原料是石油、天然气和煤，氢能的大规模利用离不开大量廉价氢气的获得和安全、高效的氢气储存与输送技术。

二　氢能的开发利用前景

氢能利用方式很多，有的已经实现，有的人们正在努力追求。氢的利用涉及人类生活的方方面面。氢能技术由制氢、储氢和利用三大技术组成。目前，氢主要来源于石化副产品，利用太阳能、风能和海洋能等可再生能源制氢是未来发展方向。

1. 氢动力汽车

以氢气代替汽油作为汽车发动机燃料的技术，已经在日本、美国、德国等国的许多汽车公司进行了试验。氢是一种高效燃料，1kg 氢燃烧所产生的能量为 33.6kW · h，几乎为汽油燃烧的 2.8 倍。氢气燃烧不仅热值高，而且火焰传播速度快，点火能量低，所以氢能汽车比汽油汽车总的燃料利用效率高 20%。车用氢气瓶是车载氢源，可与燃料电池配合用于作为车辆动力系统（图 6–1）。预计到 2030 年，全球燃料电池乘用车将达到 1000~1500 万辆。预计到 2050 年，氢能源需求将是目前的 10 倍。

图 6–1　车用氢气瓶

燃料电池汽车的发展促进了加氢站的建设，发达的加氢网络又保障了燃料电池汽车的自由出行。加氢站作为氢能源产业或者氢能源下游应用发展的重要基础设施，是全球氢能产业建设布局的重点（图 6–2）。截至 2019 年年底，全球加氢站数量达到 432 座，其中 330 座向公众开放。欧洲共有 177 座加氢站，亚洲 178 座，北美 74 座，马来西亚和沙特阿拉伯各 1 座。

图 6–2　加氢站

2019 年法兰克福车展期间，宝马正式发布了 i Hydrogen NEXT 车型，该车基于宝马 X5 打造，最大的特点为搭载了与丰田合作开发的氢燃料电池动力系统。宝马 i Hydrogen NEXT 氢燃料汽车，除了搭载氢燃料电池系统，还搭载了宝马第五代 eDrive 电驱动技术。当车辆超车或加速时，安装于电机上方的高功率电池会额外提供动力。虽然该车氢燃料电池的最大功率仅为 125kW，驱动系统综合最大功率却达到了 275kW。

2. 氢能发电

大型电站，无论是水电、火电或核电，都是把发出的电送往电网，由电网输送给用户。为了调节峰荷，电网中常需要启动快且比较灵活的发电站，氢能发电是一个合适的选择。利用氢气和氧气燃烧，组成氢氧发电机组，这种机组不需要复杂的蒸汽锅炉系统，结构简单、维修方便，启动迅速，要开即开，欲停即停。在电网低负荷时，还可吸收多余的电来进行电解水，生产氢和氧，以备高峰时发电用。这种调节作用对于电网运行是有利的。另外，氢和氧还可直接改变常规火力发电机组的运行状况，提高电站的发电能力。

氢燃料电池发电是直接利用氢和氧，经过电化学反应而产生电能。就是水电解槽产生氢和氧的逆反应。它利用氢气和氧气，进行电化学反应，将氢气的化学能转换为电能，具有发电效率高、无污染排放、运动部件少、噪声小等优点，特别是质子交换膜燃料电池工作温度低，红外辐射小，隐蔽伪装性能好，非常适合军事应用。近年来，燃料电池及发电技术研究进展迅速，特别是电动汽车的需求大大推动了燃料电池发电技术的进步。但总体上看，燃料电池发电技术尚处于研发和初步试用阶段，高效催化剂与膜电极、电堆与成组、发电系统集成技术，特别是高效制氢、储氢及氢气安全性技术等均是军用燃料电池发电技术研究的关键（图 6–3）。

图 6–3　氢燃料电池

20 世纪 70 年代以来，日、美等国加紧研究各种燃料电池，现已进入商业性开发阶段。德、英、法、荷、丹、意和奥地利等国也有多家公司进行了燃料电池的研究，这种新型的发电方式已引起世界的关注。

2020 年，高成绿能公司研发的氢燃料发电系统在中国铁塔厦门分公司 5G 基站持续供电保障测试成功，这是全球首次氢燃料发电系统在 5G 领域的应用测试。长期以来，基站备用电源主要使用铅酸电池 / 磷酸铁锂电池，普遍存在使用寿命较短、能量密度低、电力续航能力差、后期环境污染等痛点。

5G 基站密度要大于 4G 基站，同时终端负载也越来越大，通信电力保障及续航要求也越来越高。作为 5G 基站备用电源，要求蓄能效率和输出能力恒定，工作电流稳定。绿色环保、长效稳定的氢燃料电池成为理想的备用电源替代方案之一。

德国布雷梅沃尔德已经开始建设氢列车燃料补给站。该车站将为 14 个阿尔斯通 Coradia iLint 燃料电池多单元服务。氢列车加油点由林德（Linde）建造。林德是一家气体和工程公司，该车站 2021 年中期完工。每天拥有近 1600kg 的氢气容量，可为 14 个单位加氢，提供 1000km 的续航里程。这项创新技术有望为将来使用电解和再生电的氢气生产提供思路。

3. 其他方面用氢

随着制氢技术的发展和化石能源的缺乏，氢能利用将进入家庭，首先是发达的大城市，它可以像输送城市煤气一样，通过氢气管道送往千家万户。

氢能在工业领域（如切割、焊接）已有非常悠久的历史，特别是在首饰加工行业、有机玻璃制品火焰抛光、连铸坯切割、制药厂水针剂拉丝封口等领域的应用非常早。

布朗气技术（电解水制氢氧气）已应用于水针剂和安瓿瓶拉丝封口领域，其具有下列优势：显著降低成本，与液化气封口方式相比，节省成本 50% 以上；采用布朗气火焰封口，氢与氧完全燃烧；只会产生少量水汽，没有任何污染气体产生，并且水汽在空气中迅速向上逃逸，不会封装在药瓶中；提高药品封口合格率以及封口速度，布朗气火焰集中，热能利用效率是液化气的 1.5 倍，采用布朗气火焰封口，封口合格率达 99%，封口速度可提高 5% 左右。

氢能在航空航天方面也应用广泛，早在 1928 年，德国齐柏林公司利用氢的巨大浮力，制造了世界上第一艘“LZ–127 齐柏林”号飞艇（图 6–4），首次把人们从德国送到南美洲，实现了空中飞渡大西洋的梦想。

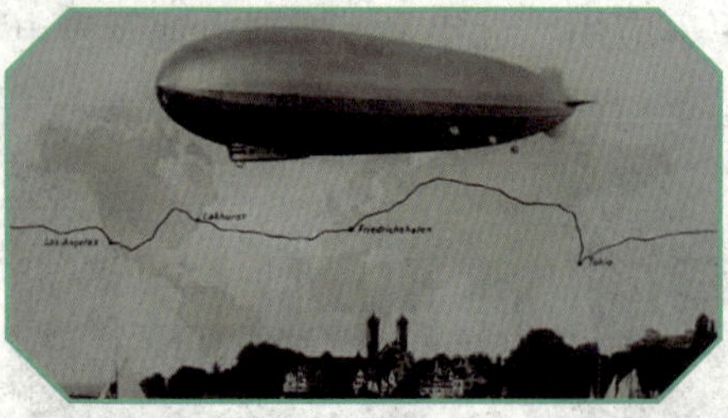

图 6-4 “LZ-127 齐柏林”号飞艇

氢气作为新能源，其安全性受到人们的普遍关注。从技术方面讲，氢的使用是绝对安全的。氢在空气中的扩散性很强，氢泄漏或燃烧时，可以很快地垂直升到空气中并消失得无影无踪，氢本身没有毒性及放射性，不会对人体产生伤害，也不会产生温室效应。

第二节 氢的制取技术

近年来，在环保及可持续发展理念驱动下，氢燃料电池等氢能产业快速兴起，社会对氢气的需求不断上升。在可以预见的将来，氢气将成为人类社会最重要的能源之一，而探索低成本、高效率、高纯度的大规模制氢技术是构建“氢社会”的基础。氢气制备技术可分为化石燃料制氢、水电解制氢、水光解制氢、生物制氢等。

一 化石燃料制氢

化石燃料制氢是比较传统的制氢方法，也是制氢的老工艺，它离不开对化石燃料，并且会排出二氧化碳等温室气体，导致燃料电池环保价值降低。从制氢成本角度上看，煤气化制氢成本最低，其次是天然气制氢。煤制氢涉及复杂的工艺过程。煤炭经过气化、一氧化碳耐硫变换、酸性气体脱除、氢气提纯等关键环节，可以得到不同纯度的氢气（图 6-5）。一般情况下，煤气化需要氧气，因此煤炭制氢还需要与之配套的空分系统。

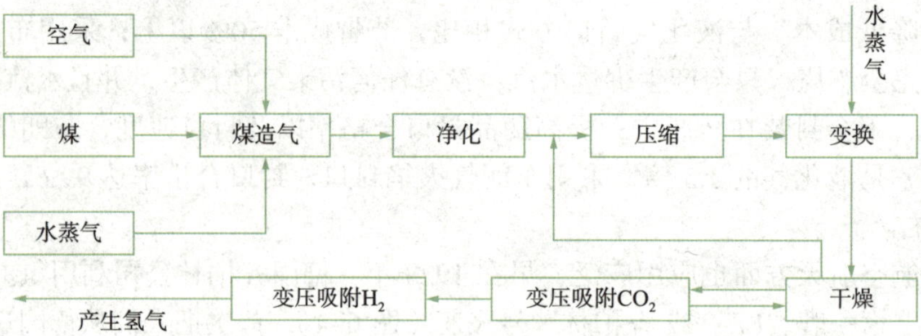

图 6-5 典型煤制氢工艺流程

一般用于制氢的化石燃料为天然气。在一定的压力和高温及催化剂作用下，天然气中的烷烃和水蒸气发生化学反应。转化气经过沸锅换热，进入变换炉使 CO 转换成 H_2 和 CO_2。再经过换热、冷凝、汽水分离，通过程序控制将气体依序通过装有 3 种特定吸附剂的吸附塔，由变压吸附（PSA）升压吸附氮气、一氧化碳、甲烷、二氧化碳，提取产品氢气。

二 水电解制氢

电解水制氢技术主要有三种：碱性水电解（AEC）、固体氧化物水电解（SOEC）、质子交换膜水电解（PEM）。

1. 碱性水电解技术

在电解质水溶液中通入直流电时，分解出的物质与原来的电解质完全没有关系，被分解的是作为溶剂的水，原来的电解质仍然留在水中。例如硫酸、氢氧化钠、氢氧化钾等均属于这类电解质。

在电解水时，由于纯水的电离度很小，导电能力低，属于典型的弱电解质，所以需要加入前述电解质，以增加溶液的导电能力，使水能够顺利地电解成为氢气和氧气。碱性水电解制氢技术的特点是采用第二代分立式循环工艺，低电耗，具有优异的密封材料，槽体大修周期为 10 年，具有优质的配件，系统可靠性高，但是装置运行压力高。韩国国立蔚山科学技术院 Kwang S. Kim 将石墨烯—纳米片支撑金属—有机骨架（MOF）作为高效耐用的阳极材料用于碱性水电解。中科大俞书宏教授研究团队成功研制出在碱性介质中具有类铂析氢性能的高效水还原电催化剂，为从碱性水中大规模制氢提供了廉价高效的催化电极材料（图 6-6）。

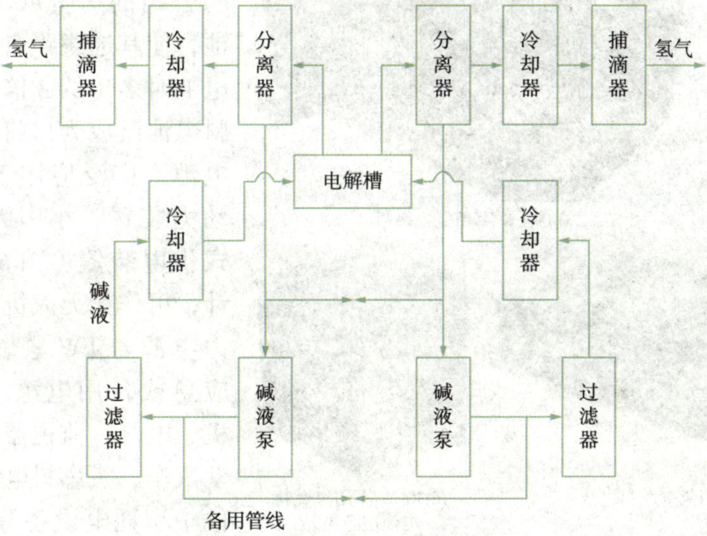

图 6-6 碱性水电解制氢器材结构

10/50/350/600/1000m^3/h 等规格的碱性水电解制氢系统可用于军事基地和部队驻地的固定式制氢站、移动制氢车等领域，为部队氢燃料电池等用氢设备提供可靠氢源。

2. 固体氧化物水电解技术

在国内外固体氧化物水电解技术都处于实验室研发阶段。固体氧化物水电解技术对材料要求比较苛刻，首先，在电解的高温、高湿条件下，常规材料的氧电极在电解模式下存在严重的阳极极化和易发生脱层，氧电极电压损失也远高于氢电极和电解质的损失，因此需要开发新材料和新氧电极以降低极化损失。其次，在电堆集成方面，需要解决固体氧化物水电解技术在高温、高湿条件下玻璃或玻璃－陶瓷密封材料的寿命显著降低的问题。若在这些问题上有重大突破，则固体氧化物水电解技术有望成为未来高效制氢的重要途径。

3. 质子交换膜水电解技术

该技术所产氢气纯度高达 99.999%，只需接电和普通自来水即可，即插即用，无须加碱液；电解槽采用纯水质子膜技术，解决了传统制氢设备漏碱的苦恼，延长了设备的使用寿命；从根本上解决了因不可降解的膜片和碱液带来的污染，使氢能源真正实现了零污染；反应快速，特别适合可再生能源的储能。500W 质子交换膜燃料电池动力电源是轻量化设计，可作为无人机等设备的高效动力电源。美国 Protonex 公司是该领域的技术先行者，它主要生产基于质子交换膜（PEM）技术的燃料电池，在固体氧化物燃料电池（SOFC）的开发方面也非常活跃。Protonex 公司正致力于将质子交换膜燃料电池技术应用于小型无人机和无人地面车。该公司一直与 Aero Vironment 公司合作，为其“美洲狮”及“大乌鸦”无人机提供电池。“美洲狮”无人机在试飞中持续飞行了 9.5h，而使用传统锂离子电池时只能持续飞行 2~2.5h。此外，Protonex 公司还为福斯特·米勒公司的“魔爪”机器人提供电池，使其巡逻距离比用普通锂离子电池时多出约 3 倍。质子交换膜燃料电池已成为目前使用最广的燃料电池，广泛应用于车辆和轮船的动力装置、小中大型电站、便携式供电装置（图 6–7）。轻量化设计，可作为无人机等设备的高效动力电源。5kW 氢燃料电池可用作应急或备用电源，为手机、计算机、电灯、监视器、通信设备、电动汽车、氢燃料电池乘用车以及其他中型耗电设备等提供电力供应。30kW 军用氢空燃料电池可用于大

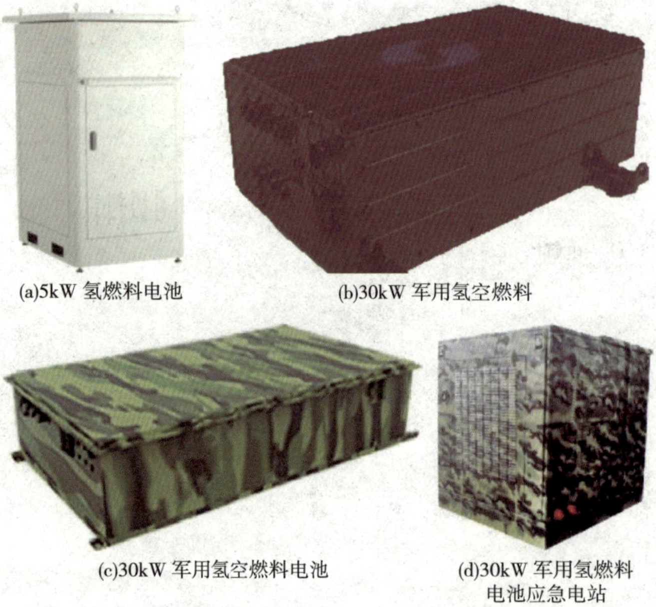

(a)5kW 氢燃料电池　(b)30kW 军用氢空燃料　(c)30kW 军用氢空燃料电池　(d)30kW 军用氢燃料电池应急电站

图 6–7　各种质子交换膜燃料电池

型车辆供电装置，如公交车、乘用车、物流车、大型输配车辆等。30kW 军用氢燃料电池应急电站可用于应急电站或备用电源，紧急或稳定提供电力输出。

三 生物及生物质制氢

采用生物学或光生物方法从水、有机废物或生物质等可再生资源中制取氢气的技术被称为生物制氢，对应的氢气被称为生物氢气（图 6-8）。微生物通过厌氧发酵或光合作用产生氢气。目前，厌氧发酵是优于光合作用的生物氢气制备过程，因为其无须阳光。

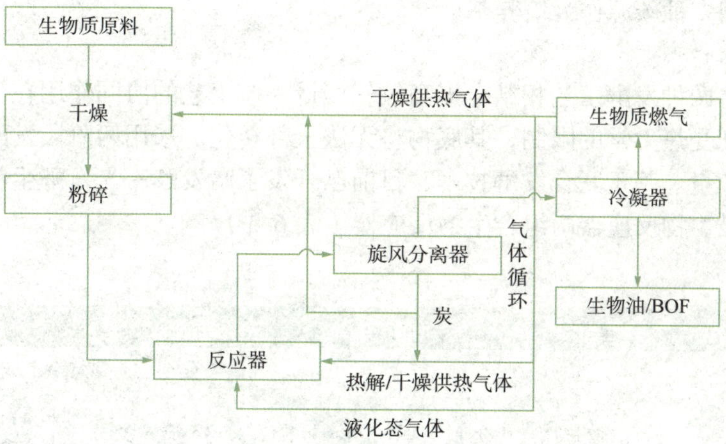

图 6-8 生物制氢技术

1. 直接生物光解技术

该过程可利用太阳能和微藻的光合作用系统将水分解成氢气。其直接生物光解所用的光合作用系统与植物及藻类相同，但是其产物不含碳，而是氢气。光合作用系统在阳光辅助下将水转换成氢气和氧气，直接光解，其产氢时间较短，但氢化酶的酶活性对同步产生的氧气较为敏感，这是采用该方法制氢的最大困难。此类问题可通过使用绿藻来解决，例如衣藻可以维持较低的氧气浓度，但其氢气产量也较低。

2. 间接生物光解技术

在间接光解过程中，通过分离氧气与氢气的生产，降低了氢气释放对氧的敏感性。该方法的一大技术优势为可从水中制取氢气。二氧化碳首先被固定于碳水化合物中，同时释放出氧气，然后碳水化合物通过厌氧暗发酵过程而转化生成氢气，蓝细菌可在光系统和固氮酶的帮助下，固定大气中的二氧化碳与氮气。同时由于固氮酶位于异形胞中，为氢气生产提供了一个不含氧的环境。

3. 光发酵技术

在光发酵过程中，氢气在缺氧条件下产生，需消耗较多能量和有机酸。这些反应由紫细菌完成，其含有固氮酶。该类光合细菌缺乏光系统，有利于消除氢气对高浓度氧的敏感性。该方法可利用较宽光谱范围内的能量，并且光细菌可利用来源广泛的廉价有机物质成功转换氢气，光发酵的缺点在于其转化效率较低，仅为3%~10%，原因可能有两方面：生物反应器中的光线分布不均和固氮酶活性较低，该现象可通过提高生物反应器的设计而加以改进。改进后的生物反应器，可提高微生物的光转化效率，并保持最大的固氮酶活性。

4. 暗发酵技术

暗发酵发生在厌氧条件下，底物的细菌通过氧化产生电子，然后被质子吸收，使其还原成氢分子。暗发酵具有较高的氢气释放速率，但其产量比其他化学和电化学过程更少。氢气产量较低的原因在于其最终产品中含有乙酸及丁酸；如果提高氢气产量，其反应在热力学领域将会变得不稳定。该方法的一大技术优势为无须借用光，因此可全天候制取氢气，同时可利用多种碳源作为培养基。

5. 混合发酵技术

该技术可将两种发酵工艺相结合提高氢气产量。该工艺的协同作用在于可最大限度地转化底物，否则受热力学的限制，其底物将无法全部转化。采用两阶段发酵过程，可有效提升氢气的总产量。基于联合发酵技术，目前已开发了暗发酵—光发酵生物反应器和生物电化学辅助的微生物反应器两组合生物反应器（表6–1）。

表6–1　几种生物制氢方法比较

生物制氢方法	产氢效率	转化底物类型	转化底物效率	环境友好程度
光解水制氢	慢	水	低	需要光，对环境无污染
光发酵制氢	较快	小分子有机酸、醇类物质	较高	可利用各种有机废水制氢，制氢过程需要光照
暗发酵制氢	快	葡萄糖、淀粉、纤维素等碳水化合物	高	可利用各种工农业废弃物制氢，发酵废液在排放前需处理
光发酵和暗发酵耦合制氢	最快	葡萄糖、淀粉、纤维素等碳水化合物	最高	可利用各种工农业废弃物制氢，在光发酵过程中需要氧气

四　太阳能光解水制氢

太阳能光解水制氢不仅可以获得清洁的氢能，同时可将间歇性的太阳能存储起来，具有广阔的应用前景。目前，太阳能光解水制氢主要有两种方式：光电化学制氢和光伏驱动制氢。其中，光伏驱动制氢效率较高、稳定性好，离实际应用较近。光伏驱动制氢需要高效廉价的光伏器件和催化剂材料（图6–9）。

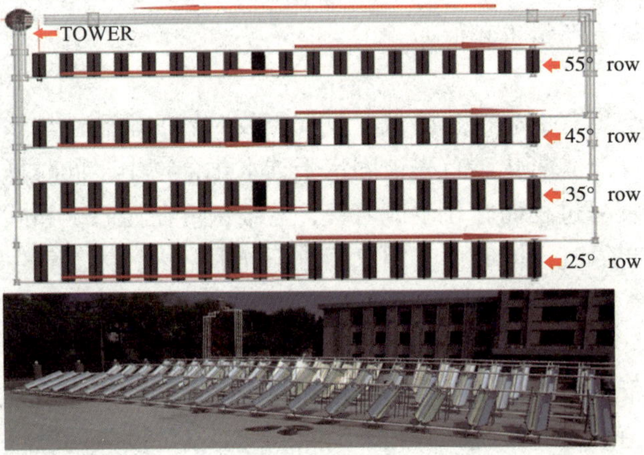

图6–9　光催化分解中试装置

高效产氢光催化剂的主要特征：具有宽广的太阳光响应范围，高效的光生电子和空穴分离效率，合适的表面反应活性位，能够有效抑制光解水反应的逆反应，同时具有较好的稳定性。

五 热化学分解水制氢

热化学分解水制氢（TWS）是由 Funk 等提出的一种利用热化学过程分解水的制氢方式，该技术利用循环材料经过两步或者两步以上反应，在一定的温度下完成分解水制氢过程。热化学循环制氢体系的循环材料可分为金属氧化物体系、含硫体系和金属卤化物体系，其中金属氧化物体系又称为氧交换材料（OEM）。金属氧化物作为氧交换材料主要通过氧化—还原（Redox）两步循环实现热化学分解水制氢。TWS 虽起源于太阳能利用与可再生资源制氢，但在以化石燃料为原料的制氢方面也表现出极大优势与发展前景。

热化学分解水制氢是一种极具应用前景的制氢途径，其以太阳能、核能等为热源，以水为原料制取纯氢气，将其转化为氢能。

第三节 氢的储存和运输

氢气的储存是一项至关重要的技术，已经成为氢能利用走向规模化的瓶颈。储氢问题涉及氢生产、运输、最终应用等所有环节，储氢问题不解决，氢能的应用则难以推广。氢在一般条件下是以气态形式存在的，它的输送和储存比固体煤、液体石油更困难，必须经过压缩或极低温度下液化等，提高能量密度后才能储存和运输。

一 氢能的储存

储氢技术按存储原理，分为物理储氢和化学储氢两大类。物理储氢主要有液化储存、高压储存、低温压缩储存等。化学储氢有金属氢化物储氢、活性炭吸附储存、碳纤维和碳纳米管储存、有机液氢化物储氢、无机物储氢等。还有一些需要探索开发的技术，比如玻璃微球储氢、无机物储氢、高压及液氢复合技术、储氢合金与高压复合技术以及地下岩洞储氢，等等。

上述储氢技术中有些只停留在实验室阶段，目前较为成熟及前景较好的储氢技术有高压气态储氢、低温液态储氢、固态合金储氢和有机液态储氢四种。

每一种储氢技术都有各自的特点，表 6–2 列出了四种储氢技术的优点、缺点以及主要应用情况。

表 6–2 四种储能技术区别

储氢方式	优点	缺点	应用
高压气态	技术成熟，设备结构简单，成本低	单位质量储氢密度低，运输成本高，有泄漏和爆炸的安全隐患	普通钢瓶、轻质高压储氢罐、多用于燃料电池
低温液态	储氢密度大，规范化后有成本优势	氢液化过程能耗大，储氢容器要求较高，存在热漏损问题，受法规影响暂时无法应用于民用	大量、远距离储运、目前主要用于火箭低温推进剂
固态合金	储氢体积比较大，能耗低，安全性好，氢气纯度高，可逆循环	技术不成熟，充放氢效率低，金属易粉化极易引起重金属中毒	目前还未能大量应用于氢燃料电池车领域
有机液态	储氢量大，运输安全方便，可循环使用，能耗低	装置费用高，技术难点多，技术操作苛刻，有一定的毒性危险	目前实际应用不足

1. 高压气态储氢

加压压缩是最常见的一种储氢技术，是比较传统而成熟的方法。具有储氢罐结构简单、压缩氢气制备的能耗较少、充装速度快等优点，但其储氢效率很低，加压到 15MPa 时储氢密度不超过 3%。

压力过高使得该技术存在较大的安全隐患，安全成本也很高。用于氢能汽车中的高压储罐，一般有 35MPa 和 70MPa 两种，采用碳纤维复合材料组成的新型轻质耐压储氢容器，是铝内胆外面缠绕碳纤维的材料（图 6–10）。

(a) (b) (c) (d)

图 6–10 高压储氢瓶Ⅰ型、Ⅱ型、Ⅲ型和Ⅳ型

高压气态储氢是一种最常见、最广泛应用的储氢方式，利用气瓶作为储存容器，通过高压压缩方式储存气态氢。虽然气态储氢技术比较成熟，应用普遍，但该技术体积比容量小，同时高压气态储氢存在泄漏、爆炸的安全隐患，安全性能有待提升。

2003 年，美国通用和日本昆腾科技公司合作开发了 700atm 储氢系统，在通用的燃料电池车上成功应用。加拿大 Dynetek 公司已开发出作为车载氢源系统使用的 70MPa 的加压容器。

2. 低温液态储氢

液态储氢是将纯氢冷却至 –253℃，使之液化储存。液态储氢具有较高的体积能量密度，常温、常压下液态氢的密度为气态氢的 845 倍，其体积能量密度比压缩储存要高好几倍。

70MPa 的高压氢气密度为 39.062kg/m^3，液氢的密度为 70kg/m^3，所以液化储氢的储氢密度较高。

低温液态储氢具有高密度、体积比容量大的特点。每液化 1kg 的氢气需要消耗 4~10kW · h 的电量。为了能够稳定地储存液态氢，需要耐超低温和保持超低温的特殊容器，该容器需要抗冻、抗压，且必须严格绝热（图 6–11）。因此液态储氢容器制造难度大，成本高昂，同时运行过程中存在易挥发等安全隐患。我国的液氢工厂仅为航天火箭发射服务，受法规所限，还无法应用于民用领域。由于技术受限，国内的应用成本较高。

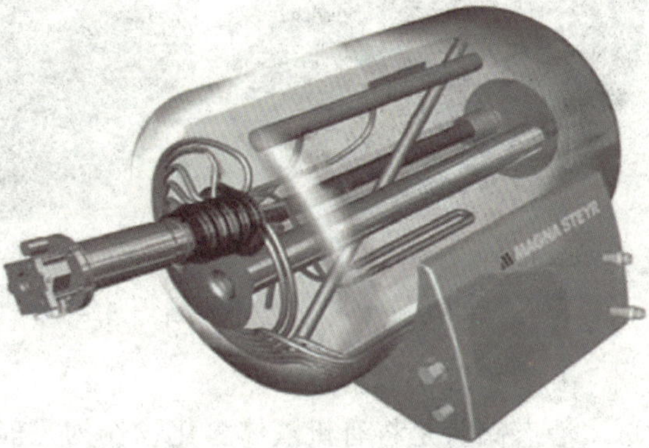

图 6–11　液化储氢器材结构

3. 固态合金储氢

某些金属或金属化合物具有吸收氢气的能力，这种捕捉氢气的金属最早发现于 20 世纪。其原理是在一定温度和压力条件下，金属捕捉氢原子，生成稳定的金属氢化物。之后，通过加热的方式激发金属氢化物，使金属氢化物分解，从而将氢气释放出来。这些能够吸收并释放氢的金属，被称为储氢合金（图 6–12）。自 20 世纪 70 年代起，储氢合金就受到重视。

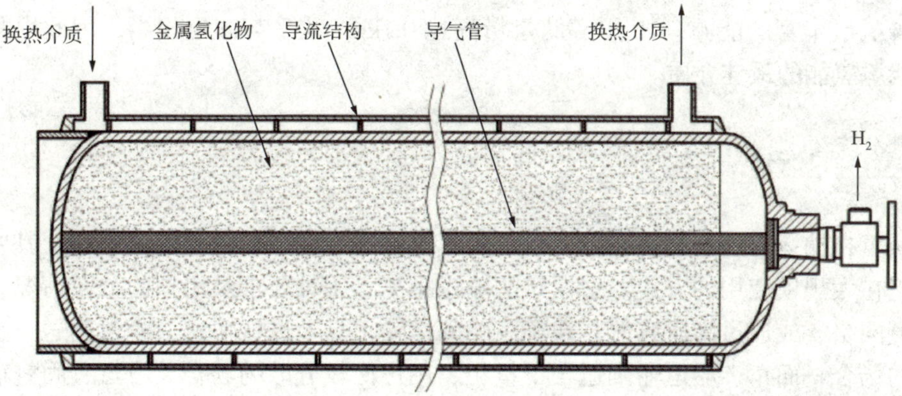

图 6–12　吸附储氢器材结构

其中，碳基储氢材料的碳纳米管比表面积大，低温储氢性能优良，但在常温或高温下氢会析出，储氢密度较低。如何提高材料吸附能力和储氢效率是该方式的关键。40L、60L、500SL、1000SL 微型便携式固态储氢罐可用于单兵便携式氢源，可与小型燃料电池或其他涉氢器材配套使用。$40Nm^3$、$120Nm^3$、$500Nm^3$、$1000Nm^3$ 固态储氢罐是固定式氢源，可与燃料电池或其他涉氢器材配套使用（图 6–13）。

(a)$120Nm^3$ 固态储氢装置　(b)$500Nm^3$ 固态储氢装置　(c)$1000Nm^3$ 固态储氢装置

图 6–13　各种容量的固态储氢罐

4. 有机液态储氢

液态储氢是将有机液体氢化物作为氢能载体，实现氢能安全、高效、可逆的存储。液态储氢技术从理论上是储氢密度最高的一种储存技术，储氢量高、运输方便、危险性小。有机液体氢化物作为氢载体的储氢技术是在 20 世纪 80 年代发展起来的。在较低压力和相对高的温度下，某些有机物液体可作氢载体，达到储存和输送氢的目的。

甲醇是比较理想的储氢剂。甲醇（CH_3OH）是最简单的有机化合物之一，也是最简单的可以人工合成的清洁液体燃料，它可以由传统化石能源清洁化生产制得，也可以通过太阳能、风能等间歇式可再生能源转换获得，还可以利用农作物秸秆、动物粪便、有机物等生物质能发酵获得。

此外，相对于气体能源，液态甲醇稳定性更高，易于储存、便于运输，是常温、常压状态下含氢最丰富的能源，1L 甲醇储氢量高达 0.1kg，几乎与液氢相当，因此甲醇还是转换清洁能源氢能的最佳介质。

二　氢能的运输

按照氢在输运时所处的状态，可以分为气氢输送、液氢输送和固氢输送。其中前两者是目前正在大规模使用的方式。根据氢的输送距离、用氢要求及用户的分布情况，气氢可以用管道网络，或通过高压容器装载车、船等运输工具上进行输送。管道输送一般适用于用量大的场合，而车、船运输则适合于量小、用户比较分散的场合。液氢、固氢输运方法一般是采用车船输送（图 6–14）。

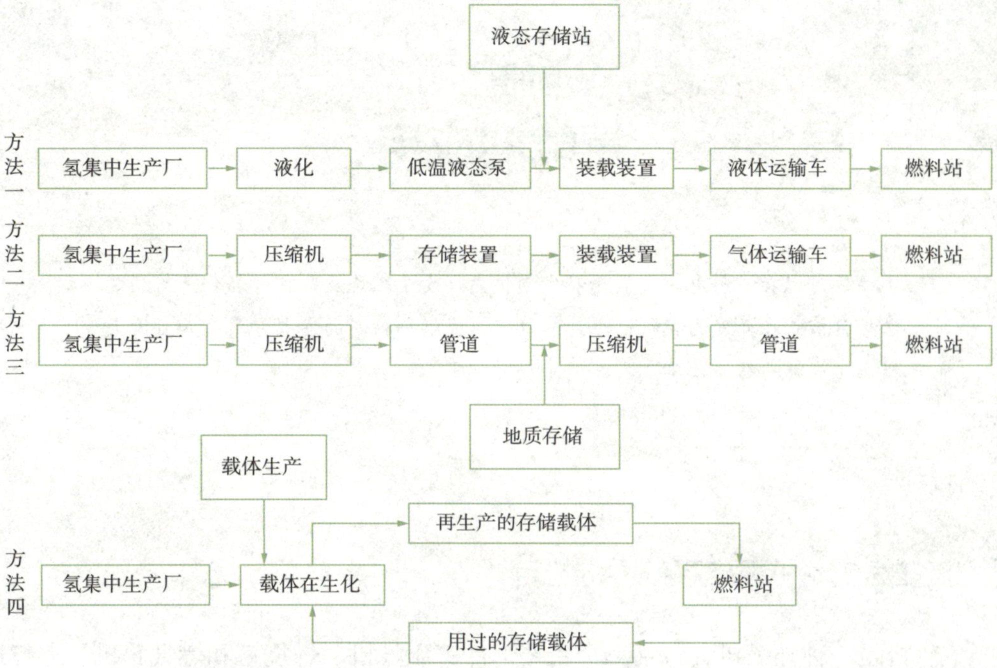

图 6–14　氢气的运送方式

长管拖车是最普遍的运氢方式，但运输效率不高，长管拖车由动力车头、整车拖盘和管状储存容器 3 部分组成，其中储存容器是将多只（通常 6~10 只）大容积无缝高压钢瓶通过瓶身两端的支撑板固定在框架中构成，用于存放高压氢气（图 6–15、图 6–16）。

图 6–15　北京加氢站内的长管拖车

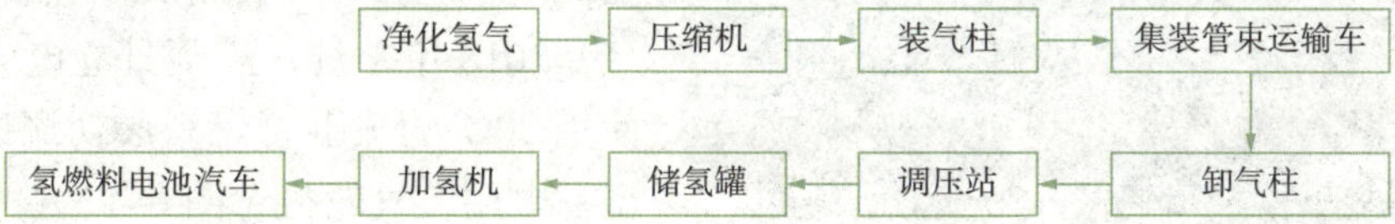

图 6–16　长管拖车运氢流程

第四节

氢能的应用

氢可以在燃料电池、涡轮和发动机内部发生燃烧反应，并转化为可用能源。目前正在开发的燃料电池，不仅可以提供一种新的发电方式，而且大大提高了能源的转换效率。

一 氢在燃气轮机发电系统中的应用

燃气轮机是一种外燃机，包括三个主要部件：压气机、燃烧室和燃气轮机。空气进入压气机，被压缩升压后进入燃烧室，喷入燃料即进行恒压燃烧，燃烧所形成的高温燃气与燃烧室中的剩余空气混合后进入燃气轮机的喷管，膨胀加速冲击叶轮对外做功。常用的燃气轮机功率为 50~240kW，常用燃料为天然气。然而以天然气为原料的燃气轮机外排气体中，氮氧化物体积分数均超过 25×10^6g/（kW·h）。

为降低氮氧化物排放量，人们主要以富氢燃气（富氢天然气或合成气）的形式将氢应用于燃气轮机发电系统。

GE 公司通过研究证明，富氢天然气可以很好地保证火焰稳定性，氢含量（体积分数）为 10%~20% 时，可改善排放性能。20 世纪 90 年代建立的 IGCC 发电厂所使用的燃料气为烃类燃料，经过重整形成的合成物，氢气含量一般均高于 20%（体积分数），无论是在向燃烧室内喷水 / 蒸汽条件下，还是在 DLN 燃烧室部分负载的条件下，向天然气中添加氢都是降低一氧化碳排放量的好办法。与天然气相比，氢气具有更快的火焰传播速度和更宽的燃烧范围，后者意味着即使在非常稀薄的情况下，氢气也能保持非常稳定的火焰，而前者意味着氢气的燃烧反应比天然气快得多，因此，在反应完全结束前，喷入的蒸汽或水基本不可能熄灭火焰。

图 6–17 氢混合燃料燃气轮机

2018 年 1 月，三菱日立电力系统公司使用 30% 的氢混合燃料成功测试了一台大型发电用燃气轮机（图 6–17）。测试结果证实，使用三菱日立公司新研发的专用燃料室，即使氢气与天然气混合，仍然可以实现稳定燃烧。与纯天然气发电相比，该混合燃烧实现了二氧化碳减排 10%。然而氢气直接应用于燃气轮机，还有很多的技术细节需要完善。

二 氢在内燃机中的应用

柴油发电机技术成熟可靠、应用广泛，是部队目前主要的供电保障装备。但是，柴油发电机存在高温烟气排放，震动噪声大、高原高寒环境适应性差、高温高湿环境运行寿命减少、发电效率低油耗高、战时油料保障压力大等问题。因此，高效率、电热冷联供、环境适应性强、适应混合燃料的内燃机发电技术，始终是军用发供电技术的一个重要研究领域。

氢燃料被认为是未来最理想的车用能源，氢作为车用能源有两种主流的转化方式：以质子为交换方式的车用燃料电池发动机和以现有车用内燃机为基础的燃用氢的车用发动机。发展氢内燃机相对来说更容易实现，只需对传统内燃机做一些修改。此外，氢内燃机对氢纯度的要求也没有燃料电池那么严格，而且在内燃机应用方面，现有企业已经拥有了大量的经验。德国宝马、奔驰，日本三菱，美国别林等公司均开发了以氢为燃料的内燃机。

氢在内燃机中的燃烧方式有双燃料混合燃烧和纯氢燃烧两种。

双燃料混合燃烧法是目前较为常用的方法，是天然气掺氢燃烧，天然气和氢气同为气体，它们的混合气可以压缩后储存于同一气瓶内，在汽车上布置比较简单，而且天然气加氢后，内燃机性能和排放都有很大的改善，所以天然气加氢汽车在近年来得到了广泛的研究。汽油机掺氢燃烧的主要目的是提高热效率和降低油耗。氢气点火能量低，火焰传播速度快，汽油机掺氢燃烧的着火延迟期将大大缩短，火焰传播速度也明显加快。

燃用纯氢气的发动机称为氢气发动机。目前，氢气发动机的类型按混合气形成方式可分为预混式（采用化油器、进气管喷射）和缸内直喷式（氢气直接喷入燃烧室）。

在国内，发展氢能源的代表企业有奇瑞和长安。其中，奇瑞早在 2005 年即宣布联合研究的首台纯氢气内燃机运行成功。长安则在 2007 年完成了中国第一台高效零排放氢内燃机点火，并于 2008 年在北京车展上展出了自主研发的中国首款氢动力概念跑车——“氢程”。

氢动力汽车是一种真正实现零排放的交通工具，排放出的是纯净水，具有无污染，零排放，储量丰富等优势，因此，氢动力汽车无疑是传统汽车最理想的替代方案。

氢内燃车由氢内燃机来驱动，相对于燃料电池，氢内燃机具有很明显的优点，也存在不足。

首先，氢内燃机不需要特殊的环境或者催化剂就能完成做功，不会使制造成本过高；其次，目前多数氢内燃机都是混合动力的，也就是既可以使用液氢，也可以使用汽油等燃料。这样，氢内燃机就成了一种非常好的过渡产品。氢内燃车行驶在途中，在氢燃料耗尽的情况下，如果能找到加氢站，就补充氢燃料；也可使用油箱里的汽油，等找到普通加油站再加汽油。这样就不会出现在加氢站还不普及的情况下，人们不敢使用氢动力汽车的现象。再次，氢内燃机的基本原理与汽油或者柴油内燃机原理一样，所以不会出现汽车的加速性能下降的现象。最后，氢内燃机还有一些独特的优势，比如，由于其点火能量小，容易实现稀薄燃烧。

与氢氧燃料电池相比，氢内燃机也存在一些不足。例如，氢内燃机是氢气与空气混合点燃，会产生氮氧化物，这在燃料电池的反应产物中是没有的。还有储运问题，目前的存储方式有物理方式和化学方式两种。物理方式有两种：一是液态氢法，这种方法的优点是所储氢能量密度最大，液态氢气可在气化后供给发动机，其困难在于保持液态氢容器处于 –253℃以下是一项难度极大的绝热保温技术，将氢气吸出来则又需很高的低温工程技术；二是以高压方式储存于金属容器中，也就是高压气瓶法，这种方法的能量密度小，储氢量少。化学方式即所谓储氢合金法，这种方法的安全性强，但缺点是，第一，储运能力较小，100kg 合金的储氢能力还不到 2kg；第二，制取困难，理论上可从水、煤、天然气等原料中制取氢，但到目前为止，制取氢的成本及消耗的能量很高，还不能大量生产作为氢内燃机的燃料。由此可见，必须解决储存运输困难和生产成本高的问题才能使氢燃料走向实用。

三 氢在喷气发动机上的应用

氢用作燃料能源的优点，在对重量十分敏感的航天、航空领域显得格外重要。首先，在航天方面，对于航天飞机来说，减轻燃料自重、增加有效载荷极为重要，而氢的能量密度很高，1kg 氢为 1.8 万 W，是普通汽油的 3 倍，也就是说，只要用 1/3 重量的氢燃料，就可以代替同等能效的汽油燃料，这对航天飞机无疑是极为有利的。作为火箭燃料，在同等重量下可获得更大的推力和更大的航程。

科学家们正在研究一种“固态氢”宇宙飞船，这种飞船由直径为 3.6m 的“氢冰球”簇制成，这是用小型助推火箭发射的氢冰球在地球轨道上组装起来的，固态氢既是飞船的结构材料，又是飞船的动力燃料，在飞行期间，飞船上的所有非重要零件都可以“消耗掉”。预计这种飞船在地球轨道附近可维持运行 24 年；如在离太阳较远的深层宇宙飞行，这种氢冰球体则可维持更长的时间。

在航空方面，氢作为动力燃料也已经开始应用。1989 年 4 月，苏联用一架运输客机改装的氢能燃料实验飞机试飞成功，它为人类应用氢能源迈出了成功的一步。欧盟的“CRYOPLANE”计划中以“空中客车”公司为首的 35 家欧洲企业和研究中心经过 26 个月的研究证明，液氢作为未来的航空燃料在技术上是可行的，使用液氢不但能极大地降低航空飞行对环境的影响，而且能充分满足目前世界航空适航性的安全要求。

使用液氢可以大大降低飞机起飞重量或者使飞机装载更多的货物。液氢的体积以及必要的隔离设施大幅度地改变了目前飞机外形的设计，因此还需要对飞机燃料供应系统各种部件的组合进行补充研究。此外，氢燃料燃烧后会排出大量的水，这些水如何形成冷凝带，会不会对飞行产生影响，也需要通过试飞进行更加深入的分析。

第五节

氢能在军事领域的应用

能源是社会发展和进步的物质基础，能源的利用和变革也是保证国家军事竞争力的基础。从冷兵器时代起，兵家无一不是能源的酷爱者，也是能源变革的最先受益者。随着时代的发展，能源危机和军事装备的不断迭代更新，造成军事能源的需求急剧增长，新能源在军事上的开发利用成为势在必行的选择。氢能作为高能燃料，来源广、运输方便、能源转化形式多样，早在 1863 年就在军事领域有所应用。目前，氢能及氢燃料电池在军事领域的应用受到高度重视，被视为推动战场能源由单一保障模式向多样化保障模式转变，实现“多能互补”，提高战场生存能力的重要途径。

1. 氢能在无人机方面的应用

氢燃料电源系统能源利用率高，电能输出可靠稳定，环境适应性好，系统工作温度与环境温度接近，可显著提升军队整体战场生存能力。

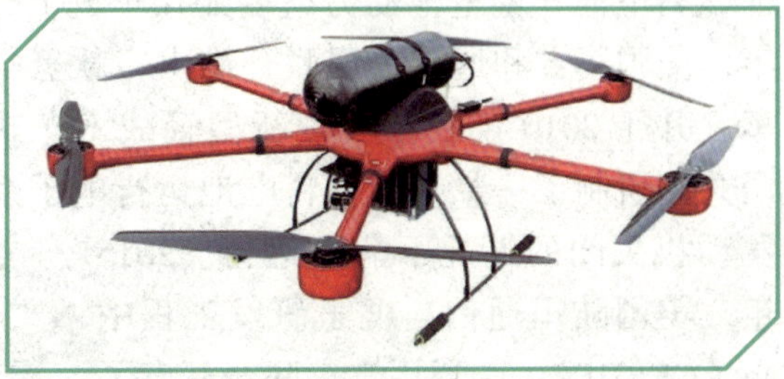

图 6–18　中国氢燃料多旋翼工业级无人机

近年来，无人机发展迅猛，不论是民用、警用还是军用，工业级无人机的重要性日渐明显。无人机的使用不仅可以节约大量的人力、物力、财力和时间成本，还可以在关键场合起到不可替代的作用。无人机用氢气瓶可作为单兵便携式氢源，与小型燃料电池或其他涉氢器材配套使用。

2016 年，国内无人机制造商科比特航空正式发布了全球首款氢燃料电池多旋翼工业级无人机——HYDrone-1800，拥有超长续航时间，长达 273min（图 6–18）。

图 6–19　氢动力 3D 打印无人机飞行

2019 年，总部位于伦敦的 H_2GO 动力公司成功实现世界上首次氢动力 3D 打印无人机飞行，该无人机利用 3D 打印轻质金属的先进设计技术，实现可达 15% 的无人机总重量减少和机身体积的控制，这使得无人机能够携带更重的负载（图 6–19）。

以燃料电池为动力系统的无人机，兼具燃油动力的长续航优点和电池动力的无震动和无噪声的优点（图 6-20）。

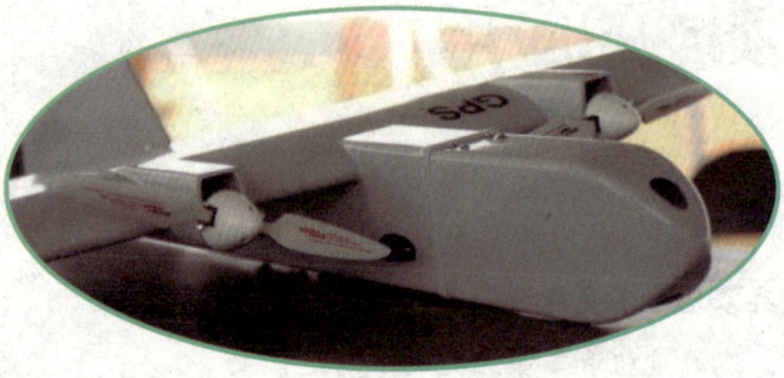

图 6-20 使用氢电池的无人机

由电池供电的无人驾驶飞行器，通常用于军队临时军事行动，无人飞行器可以向地面发送活动的实时图像，一般持续 30min 就需要充电。氢燃料电池可以将无人机飞行时间增加到大约 8h，并且在着陆后可以在不到 15min 内加油。此外，没有活动部件，意味着燃料电池驱动的无人机需要更少的维护和零润滑剂。因此，氢电池比其他电池具有更高的军事价值。

2. 氢能在军用车辆方面的应用

军用车辆所用的蓄电池多为低能量的铅酸电池，存在着笨重、使用维护烦琐，在寒冷气候下启动速度减慢，甚至难以启动的缺点。而燃料电池作为军用车上的动力，具有高效率、低排放、低噪声、低震动、低维修要求等优点。

在移动电站和陆军推进动力驱动电源领域，美国自 21 世纪初推出了多款相关氢空燃料电池产品。2001 年，美军汽车联合中心（NAC）同美国昆腾技术公司合作开发了一种燃料电池—蓄电池动力组装配在车辆上，使军用车能更加灵活、更加迅速运行。2003 年，美国军方和通用公司联合推出一款氢空燃料电池辅助发电装置的油电混合军用皮卡车，并于 2010 年装备多辆新型轻战术车辆。2005 年，美国 Battelle 公司与联合防务公司共同研制了一款采用燃料电池运行电子系统的布雷德利战车，燃料电池可使车辆在主发动机关闭的情况下静默运行。2015 年，美国陆军通信与电子研发工程中心（CERDEC）与通用汽车联合开发了一种军用燃料电池车。该车基于雪佛兰皮卡车卡罗拉打造，命名为 ZH2 型，还可以配合需求进行发电向外部供应电力，适合在各种极端的环境下执行任务。这辆卡车装有 50kW 的电池，通过燃料电池充电，还可以拆下来为其他应用提供动力。由于燃料电池唯一的副产品是纯净水，因此 ZH2 型还可为士兵提供优质水源（图 6-21）。

图 6-21 ZH2 型轻型作战卡车

此后，通用公司又推出了氢空燃料电池通用静音多功能电动平台（SURUS）计划，该平台采用无人驾驶系统，利用氢燃料电池驱动，去掉了车头，更加灵活方便，可以运送集装箱、作战方舱和医疗舱等。

图 6–22　海底无人航行器

美国海军研究实验室开发了一种长航时海底无人航行器（UUV）（图 6–22）。海军在 UUV 中用燃料电池代替电池，实现更大的有效载荷和更长的运行时间，完成了对马里兰州卡德洛克海军水面作战中心原型的评估。由于燃料电池结构紧凑、重量轻、可靠，因此能够长时间运行。

2018 年，中国首个氢能工程技术研发中心成立，加快推进了 200t 级液氢液氧重型火箭发动机的研制。在氢燃烧技术领域，已经掌握了高可靠氢点火技术、氢 / 空与氢 / 氧高效稳定燃烧控制技术、氢气阻火技术、燃料供应及低温液氢泵送和流动控制技术。在燃料电池技术领域，拥有质子交换膜燃料电池系统动力应用、可再生能源储能应用及泵阀关键部件技术，具备了百千瓦级氢氧 / 氢空及再生燃料电池系统研制能力，第一次实现再生燃料电池发电系统的模拟临近空间环境试验验证，完成国内第一台车用高压燃料电池发动机装车运行，并通过了 2000km 全路况模拟实验考核。

图 6–23　德国 212 型潜艇

3. 氢能在潜艇方面的应用

以氢为燃料的无人机、军用车、军用机车等都体现了氢能在军事方面的优势。此外，氢和氧化剂在催化剂作用下，可从电化学反应过程中直接获取电能及利用氢的热核反应释放核能。

图 6–24　德国 214 型潜艇

德国、美国均已开发出了以质子交换膜燃料电池为动力系统的核潜艇，该类型潜艇具有续航能力强、隐蔽性好、无噪声等优点，受到各国的青睐。德国 212 型和 214 型潜艇有两个西门子 PEM 燃料电池，每个产生 120kW 的燃料电池，为潜水艇提供长达两周的水下续航能力，改变了柴油动力潜艇需要经常浮到海面燃烧柴油发电的劣势。船体优良的流体动力学造型和低噪声电池和螺旋桨，降低了潜艇的声学特征（图 6–23、图 6–24）。

图 6–25　日本应用 AIP 的亲潮级潜艇 599 号

日本自卫队在新能源技术军用化领域进行了大量研发。日本陆上自卫队将率先更新列装搭载“油电混动”动力系统的轮式和履带式主战装备，日本海上自卫队将率先打造成一支“氢电混动”的潜艇部队和舰艇部队，燃料电池的军用“氢电混动”技术已接近量产（图 6–25）。

4. 氢能在航空航天方面的应用

随着人类航天事业的发展，氢能正在发挥更大的作用。氢气作为自然界分子量最小的物质，在质量上拥有其他物质不可比拟的特性。

在 20 世纪，氢即用作火箭液体推进剂。美国的阿波罗宇宙飞船、西欧的阿丽亚娜火箭、日本的 H1 火箭及我国的“长征”系列部分型号运载火箭，均以液氢为燃料（图 6–26）。以氢作为发动机的推进剂、以氧作为氧化剂组成化学燃料，把液氢装在外部推进剂桶内，每次发射需用 1450m^3，约 100t，可以节省 2/3 的起飞重量，从而满足航天飞机起飞时所需的基本燃料的需求。

(a) 美国阿波罗号登月　(b) 日本的 H1 火箭　(c) 阿丽亚娜 5 型运载火箭　(d) 长征三号运载火箭

图 6–26　以液氢为燃料的火箭

5. 氢能在军用穿戴式装备上的应用

氢能不仅可以应用在大型军事设备上，也可应用在陆军的穿戴装备中。美国陆军 CERDEC 理想的设备重量是一个人体重的 30%，为了减轻负荷，陆军考虑用燃料电池替代锂离子电池进行发电，从而将电池重量减少 50%。这些可拆卸的“可穿戴式动力系统”可产生 20W 的连续输出和 35W 的峰值功率。为加快氢在穿戴式装备上的应用步伐，美国能源部正在努力降低氢化铝的成本。氢化铝是一种很有前景的材料，可用于储存氢气等便携式燃料（图 6–27）。法军配备的可穿戴式充电电池背心，使用数种电力能源为其核心系统、无线电和便携式传感器提供电力，电池组直接穿戴于战斗背心上，是传统电池重量的十分之一（图 6–28）。

图 6–27　美国单兵可穿戴电力系统，比锂电池轻 50%

图 6–28　法军测试电子作战背心 –CPA10 模块化作战系统（MTS）

第七章

地热能及其在军事领域应用

地热能主要是指蕴藏在土壤、地下水以及无水干热岩中的能量。地热资源是一种广泛存在的资源，例如火山爆发喷出的高温熔岩、天然温泉等。与带来环境污染问题的化石能源不同，地热能是一种可再生清洁能源。地热资源用途广、功能多，不仅可以用于采暖、发电等领域，而且具有医疗、旅游观光等价值。地热能不仅是绿色能源的重要发展方向，而且对社会生产建设以及能源产业结构的优化升级具有深远的意义。

第一节

地热能基本知识

地热能是从地壳抽取的天然热能，这种能量来自地球内部的熔岩，并以热力形式存在，可以导致火山爆发和地震。通过地下水的流动和熔岩涌至离地面 1~5km 的地壳，热量被转送至较接近地面的地方。高温的熔岩将附近的地下水加热，这些被加热的水最终会渗出地面。运用地热能的最简单和最合乎成本效益的方法，就是直接取用这些热源，并抽取其能量。

一 地热能的形成及其特点

地热能是一种来自地球内部熔岩，并以热能形式存在的能源。因此，认识地热能就要先了解地球的结构。地球的结构如图 7–1 所示，可以划分为三层：地壳、地幔和地核。地核的温度高达 6000℃，地壳与地幔分界线的温度达到 900~1000℃，可利用的地热资源一般分布在地幔上部和地壳。一般而言，地球的平均地温梯度为 3℃ /100m，即在地球内部每下降 100m，温度大约上升 3℃。以该地温梯度为标准，与该地温梯度相近的地区称为正常温区，高于平均地温梯度的地区称为地热异常温区。地热异常温区是地热资源开发的重要地带。

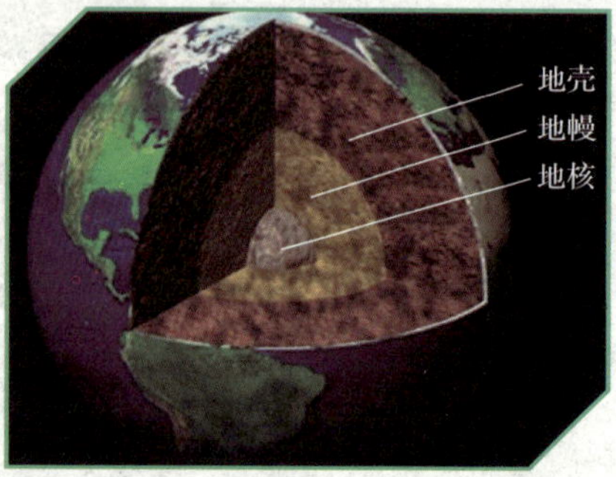

图 7–1　地球内部结构图

地热的形成方式很多，主要来源于地球内部矿物元素化学反应、地球自转和岩石圈的板块运动、火山活动以及太阳辐射等过程所释放的热量（图 7–2），并以蒸汽、热水、地压、干热岩和熔岩五种形式存储在地球内部，这五种形式的热能共同组成地热能。

虽然地热能具有占用土地少、不受天气影响、生态效应好、热效率高等优点，但是地热能并不可以完全取代传统化石能源，因为地热能相对其他能源有一定的局限性，主要体现在地区差异性上，每个地区地热资源种类和储量大不相同，从而使地热资源的使用范围受到限制。

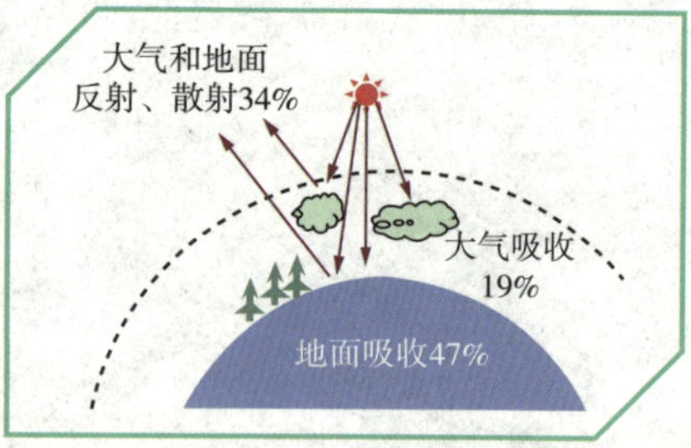

图 7–2　地热能来源

二、地热能的分类

地热能的分类主要有两种方式：一种是按照其存在状态进行划分，另一种是根据其温度进行划分。根据存在状态可以将地热资源分为蒸汽型、热水型、地压型、干热岩型和熔岩型（图 7–3、图 7–4）。

蒸汽型：以蒸汽为主体的对流水热系统，以温度较高的过热蒸汽为主。这类地热能比较容易开发利用，但储量不多。美国西部的盖瑟尔斯、意大利中部的拉德瑞罗、印度尼西亚的卡玛江等地属于该类型。

热水型：以热水为主体的对流水热系统。该类型地热能分布较广，温度跨度也很大，从 25℃到高达 390℃，有些上升到地表附近时发生沸腾，形成沸泉。西藏羊八井、羊易热田、云南腾冲热海热田均属于此类。

(a) 蒸汽型地热资源　　(b) 热水型地热资源

图 7–3　水热型地热资源

地压型：从地球内部高压环境下的深处地层所提取的含有沼气的高盐分热水。主要分布在地表以下深 3~4km 处，温度为 150~260℃，存储量较大。

干热岩型：地层深处广泛存在的不含水分的岩石。温度为 150~650℃，存储量巨大。

熔岩型：埋藏在最深地层中的岩浆，其温度高达 650~1200℃。熔岩储存的热能最多，但是开采难度较大。

图 7–4　其他地热资源

根据地热资源的温度可以将其划分为高温、中温、低温地热能，如图 7–5 所示。高温地热能的温度一般高于 150℃，适用于发电；90~150℃称为中温地热能，主要用于供暖、工业干燥等；低于 90℃称为低温地热能，主要用于温室栽培、家庭热水、淡水养殖等。高温地热能主要分布在我国西藏、云南地区，中低温地热能主要分布在内部盆地与中东部平原。

图 7–5　地热能按温度划分

第二节

地热能资源及其研究概况

地热能在社会生产、绿色发展等方面表现出明显的优势，各国对地热能研究与应用的重视与日俱增。地热能资源的储量与类型具有明显的地区性差异，因地制宜开发利用地热能可以有效地发挥其作用和价值。目前，浅层地热能在农业、工业、医疗保健等领域的应用较为成熟，而中深层地热能的勘探与开采还受限于目前的技术条件。

一　地热资源的分布

地热资源不仅以多种多样的形式存储在不同深度的地球内部，而且广泛分布在世界各地。从全球来看，板块交界处是板块运动最频繁的地带。

板块运动和火山活动与地热资源的生成有着密切的内在联系。世界上的地热带主要有五个。

（1）环太平洋地热带：是太平洋板块与美洲、欧亚、印度板块的碰撞边界。该地热带分布着许多著名的地热田，如美国的盖瑟尔斯、长谷，墨西哥的塞罗和日本的松川等。

（2）地中海—喜马拉雅地热带：欧亚板块与印度板块的碰撞边界。世界第一座地热发电站拉德瑞罗地热田以及我国西藏羊八井和云南腾冲地热田就位于此地热带。

（3）大西洋中脊地热带：是大西洋海洋板块开裂部位。冰岛的克拉夫拉、亚速尔群岛等地热田就位于这个地热带。

（4）红海—亚丁湾—东非裂谷地热带：包括吉布提、埃塞俄比亚、肯尼迪等国的地热田。

（5）中亚地热带：是欧亚板块和中亚细亚的交界处的地热带，包括俄罗斯、哈萨克斯坦、乌兹别克斯坦和我国新疆地区的地热田。

受环太平洋地热带、地中海—喜马拉雅地热带和中亚地热带这三大地热带的影响，我国地热资源非常丰富，从高温、中温、低温地热资源来看，高温资源主要集中在板块边缘，属于板块边缘地热资源，例如地中海—喜马拉雅地热带经过的西藏南部、云南、四川西部等地区，熔岩型高温地热资源和环太平洋地热带经过的台湾大屯等地区；福建、广东等地蕴藏着源自地表断裂的中温地热资源；河北、湖南、湖北、山东、四川、贵州等省蕴藏着丰富的盆地凹陷和断陷产生的中低温地热资源。

我国的地热带主要可以划分为七个地热带：藏滇地热带、台湾地热带、东南沿海地热带、鲁皖鄂断裂地热带、川滇青新地热带、祁吕弧形地热带和松辽及其他地热带。

二　地热能的开发利用背景

地热能不仅是一种可再生清洁能源，而且蕴藏量十分丰富。以目前全世界的能耗总量来对地热能进行估计，即使全世界完全使用地热能，四千万年以后也只能使地球内部的温度下降 1℃。由此可见，地热能的开发利用潜力巨大，具有巨大的研究价值。

早在 20 世纪初期，意大利就已经开始建成地热发电站。但是，地热能一直没有得到世界上大多数国家的重视。直到 20 世纪中叶，美国、日本等发达国家开始建立大型地热发电站，这才引起了各国科学家的注意。1961 年，联合国在罗马召开新能源会议，地热资源开发从此由发达国家推广到发展中国家。我国地热能研究是 1970 年在李四光教授的倡导下正式开始的。

三　地热能开发利用现状

截至 2019 年底，全球地热发电装机总量为 15406MW，其中 2019 年比上一年新增 759MW，这是近 20 年以来地热装机总量最大的增长。根据国际地热协会（International Geothermal Association）发布的地热发电数据，表 7–1 列出了 2019 年地热装机总量全球排名前 10 的国家。

表 7–1　2019 年地热发电装机总量全球排名前 10 的国家

国家	美国	印度尼西亚	菲律宾	土耳其	新西兰	墨西哥	意大利	肯尼亚	冰岛	日本
地热发电装机总量 / MW	3676	2133	1918	1526	1005	963	944	861	755	601

从表 7–1 中可以看出，美国是全球唯一地热发电总量超过 3000MW 的国家。亚洲的印度尼西亚与菲律宾紧随其后，主要是因为两国具有非常优越的地理位置，处于环太平洋板块的火山活动频发地带，火山活动频发是地热能源丰富的重要原因之一。

四 地热能的利用方式

地热能的利用方式主要有两种：一种是地热能直接利用，另一种是地热发电。对于不同的地热资源可以采用不同的利用方式，如图 7-6 所示，200~400℃的地热资源可以直接用于发电；150~200℃的地热资源可以用于制冷、工业干燥、热加工等；100~150℃的地热资源可以应用于供暖、温室栽培等场合；50~100℃的地热资源可以用于家庭热水、水产养殖、饲养牲畜等方面。

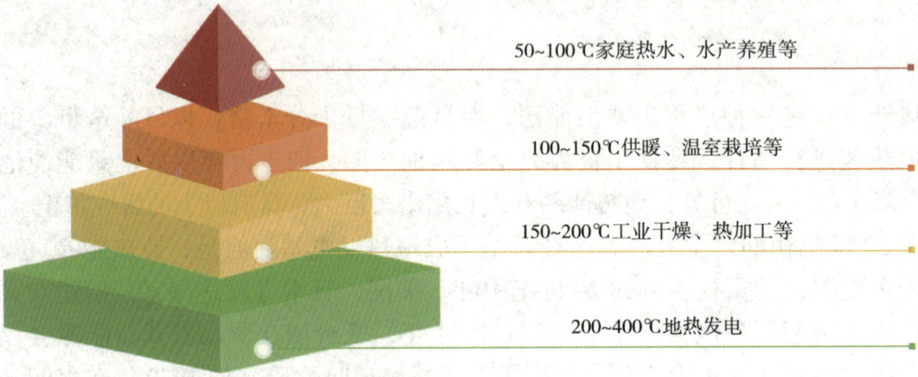

图 7-6　地热能的利用方式

为提高地热利用率，常采用梯级开发和综合利用的方法，如热电联产联供、热电冷三联产、先供暖后养殖等。以地热水资源为例，图 7-7 是一个对地热水资源进行梯级开发利用的示意图，针对不同需求的用户，按照温度将地热水进行梯级利用，从而实现地热水资源的最大化利用。

五 地热能的直接利用

地热资源的直接利用主要分为地热供暖、地热农业（包括地热种植和地热养殖）、地热温泉和工业应用中的地热烘干等。

1. 地热供暖

冰岛是世界上第一个建立地热供暖系统的国家。冰岛接近 90% 的供暖来自地热能，每年为国家节省上亿美元。地热供暖有直接供暖与间接供暖两种方式。直接供暖以地热水为介质循环，而间接供暖就是利用地热加热其他介质再循环进行供暖，此外间接供暖需要中间换热器，但这样会损失更多的热量。因此，间接供暖一般应用在地热水水质较差，且地热资源温度较高的情况下。图 7-8 是冬季地热供暖铺设的地热管道。

2. 地热农业

地热温室种植和地热水产养殖是地热在农业中的重要应用。地热温室种植主要包括蔬

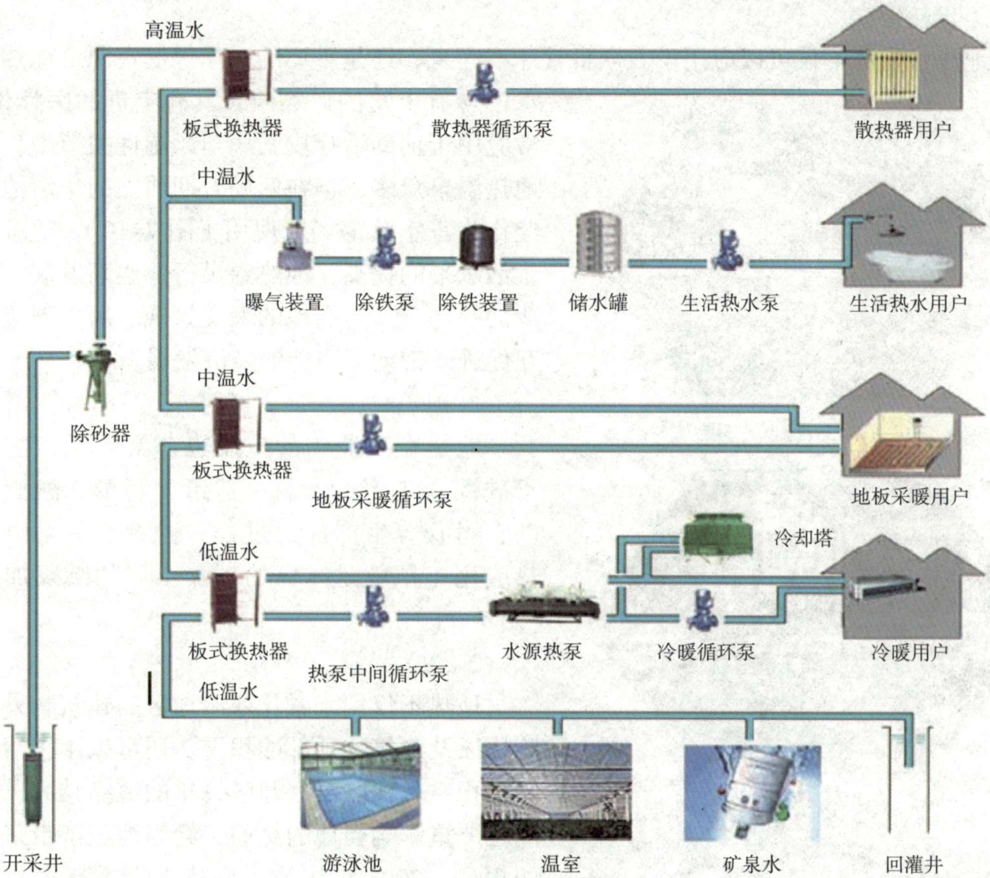

图 7-7 地热能的梯级利用

菜温室种植、花卉培育、蘑菇种植、育秧温室等，通常对地热温度的要求较低，占地面积较小，因此可以广泛存在。地热水产养殖主要应用于鱼苗培育和热带观赏性鱼类的养殖。利用丰富的地热资源不仅可以栽培热带经济作物，而且可以缩短水产养殖的周期，促进了农业的发展。

图 7-8 地热供暖管道

世界上最大的地热温室坐落在科罗拉多州西南部的一个小镇上，地热温室伙伴关系组织（Geothermal Greenhouse Partnership，简称 GGP）在科罗拉多州帕格萨斯普林斯市进行着一个地热种植的项目，该项目通过组织志愿者与小镇居民合作，以开展地热旅游和地热农业相结合的方式为当地人提供便利验证项目的有效性和可行性（图 7-9）。

温室又称暖房，常用来栽培反季节蔬菜、水果和花卉。温室大棚的热源一般有电能暖、煤炭等，使用地热能作为温室大棚热源是一个简单而有效的方式。地源热泵不仅可以减少煤炭等化学能源的消耗，还有助于保护环境以及节约电能。

3. 地热温泉

地热水资源不仅可以应用于大众日常沐浴净身，还是重要的医疗保健资源。地热矿泉水中含有丰富的矿物质，具有宝贵的医疗价值，常应用于辅助治疗皮肤病与风湿性关节炎。我国地热温泉众多，早在西周时期西安的华清池就已经作为王室沐浴场所使用（图 7–10）。随着人们生活水平的提高，地热温泉行业逐渐发展为旅游业的一部分，与当地的人文景观、历史遗迹等相互促进，带动了当地的经济发展。

图 7–9 美国地热温室

图 7–10 华清池地热温泉

图 7–11 地热烘干

4. 地热资源的工业应用

地热在工业中的应用也非常广泛，主要用于硅藻土生产、木材、造纸、制革、酿酒、制糖、烤胶等生产加工过程。世界上最大两家地热应用工厂就是冰岛的硅藻土厂和纸浆加工厂（图 7–11）。

5. 地热融雪

地热不仅用来融化寒冷地区的建筑物外部的阶梯以及建筑物顶部的积雪，还可以用来清除道路上积雪。我国某些地区每年的道路结冰、积雪问题严重影响当地的交通，给当地经济带来巨大的损失。2008 年初的一场特大降雪造成我国南方地区长时间交通堵塞，直接经济损失接近 540 亿元。道路积雪清除的传统解决方式是人工进行清扫、撒盐或撒融雪剂来融化积雪，这种传统方式的弊端不仅在于耗费人力、物力，而且效果较差。在道路下面铺设地热管道融化积雪的方式，高效便捷，节省了大量的人力与时间，并且对环境没有任何危害。

六 地热发电

地热发电是地热资源最重要的应用形式。地热发电是利用地下热水和蒸汽动力源的一种新型发电技术，其基本原理与火力发电类似，经过汽轮机将蒸汽的热能转变为机械能，然后带动发电机发电。从能量转换过程来看，就是将地热能先转变为机械能再转变为电能（图 7–12）。

地热能资源不受天气影响，发电成本较低，适合作为发电能源，但不适合大规模推广。一方面，高温地热资源丰富的地区，因其他发电能源并不充足，所以因地制宜地采用地热能是非常必要的。地热发电可以有效地利用高温地热能，避免高温地热能的浪费，并且用于高温发电的地热能使用之后还可以继续，用于其他工业生产加工，从而降低建设其他发电设施的成本，使地热能得到高效的利用。另一方面，地热能较分散、易引发地面沉降等，因此在军事领域不宜大规模推广，最好在地热能丰富且地质环境较好的区域应用。

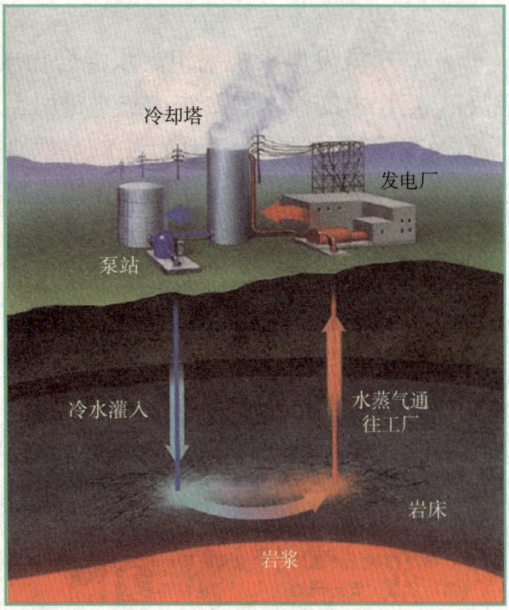

图 7–12　地热能发电厂模型

地热发电系统目前主要有干蒸汽发电系统、扩容发电系统、双循环发电系统等。

1. 干蒸汽发电系统

干蒸汽的发电原理如图 7-13 所示，先将地热井的蒸汽引入分离器，再将分离出的干蒸汽送入汽轮机进行发电，而分离器中的水分收集起来送入回灌井，并重新注入地下。

干蒸汽发电技术是将干蒸汽从井内引出，除去固体杂质后直接传输到汽轮发电机组进行发电。干蒸汽发电系统的循环效率可达 20% 以上，是一种性能良好的地热发电技术，其所用的发电设备与常规火力发电设备基本相同，但干蒸汽发电技术对地热资源参数要求较高，地热温度需要达到 250℃，同时要保证地热资源具有足够的地压，使地下的蒸汽可以顺利喷出，因此干蒸汽发电系统常应用于高温地热田。干蒸汽发电系统的优点主要表现为工艺简单、技术成熟、安全可靠，是高温地热田发电的主要形式。

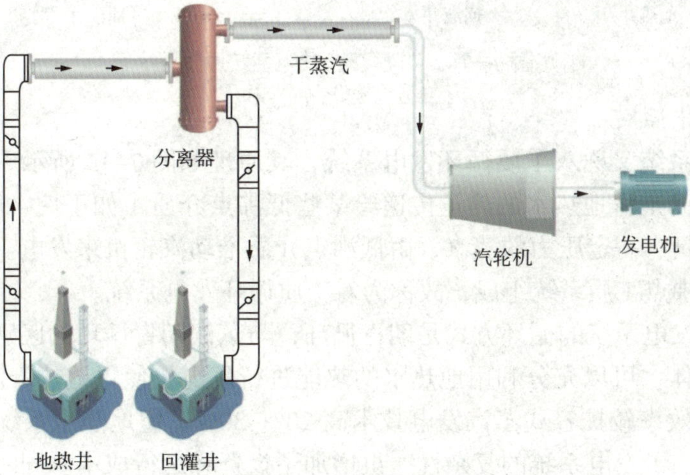

图 7–13　干蒸汽发电系统原理图

2. 扩容蒸汽发电系统

扩容蒸汽发电系统采用汽水混合物或地热水进行发电，其原理如图 7–14 所示。井下带有一定压力的汽水混合物或热水被引至地面后，首先进入一级扩容器，地热水中携带的蒸汽及少部分由第一级减压产生的蒸汽直接进入汽轮机做功，其余的地热水进入二级扩容器。在二级扩容器中，由于减压作用，扩容器内的压力小于此时地热水温度所对应的饱和压力，部分地热水将汽化形成蒸汽，再引入汽轮机做功。这种利用减压方法产生蒸汽来发电的技术称为扩容式蒸汽发电技术，包括一级扩容和二级扩容两种方式。

扩容蒸汽发电技术的循环效率略低于干蒸汽发电技术，一级扩容系统循环效率为 12%~15%，二级扩容系统循环效率为 15%~20%。扩容式发电技术设备简单，易于制造，运行维护方便。由于存在减压过程，对于地热水的矿化度和不凝结气体含量均有较高的要求，否则易结垢和腐蚀。目前，扩容式发电技术已在地热发电领域得到广泛应用，尤其是中高温地热田。

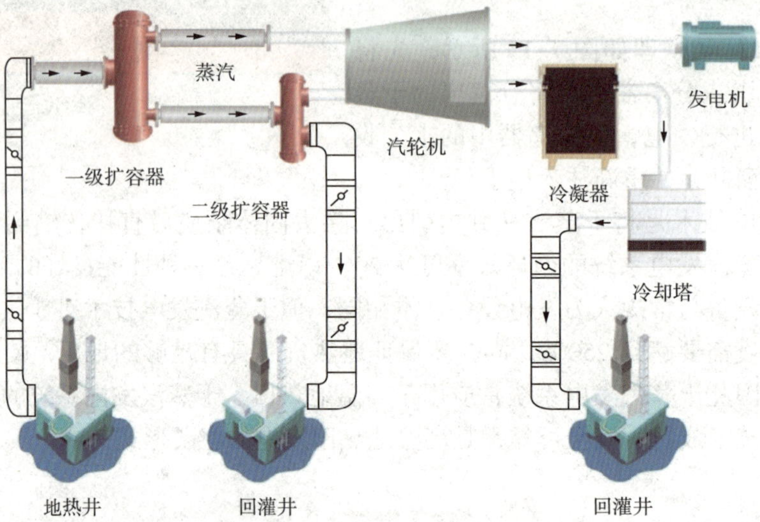

图 7–14　扩容蒸汽发电系统原理图

3. 双循环发电系统

双循环发电系统又称双工质循环发电系统，其原理如图 7–15 所示。地热水与发电系统不直接接触，而是将地热水的热量传递给某些低沸点介质（如丁烷、氟利昂等），这些工质蒸发后形成具有一定压力的蒸汽，由低沸点介质推动汽轮机来发电。这种发电方式由地热水系统和低沸点工质系统组成，故称为双工质循环发电系统。

双工质循环发电系统的循环方式是朗肯循环，与蒸汽朗肯循环的区别在于它以低沸点工质作为热能载体，可以充分利用地热水的热能进行发电，使得地热资源得到充分利用。整个系统的循环效率较扩容式蒸汽发电技术高 20%~30%。但地热水系统和低沸点工质系统并行的方式增加了发电系统的复杂性，也增加了投资和运行成本。同时，低沸点工质多属易燃易爆品，工质的储存和安全使用也是发电过程中需要重点关注的内容。

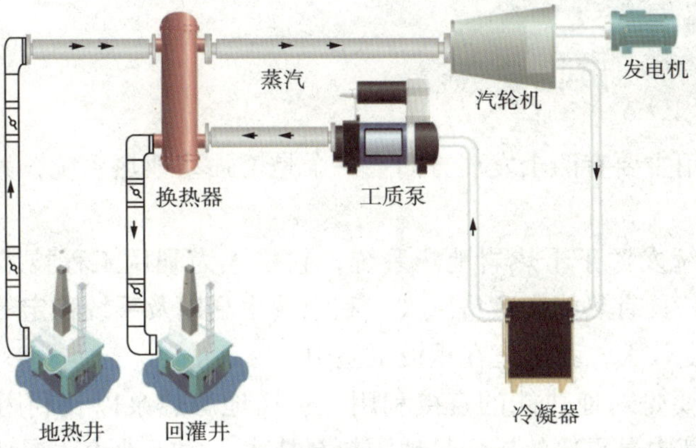

图 7-15 双循环发电系统原理图

我国第一个地热发电项目是位于拉萨市西北的羊八井地热田（图 7-16），它也是我国目前正在开发利用的最大湿蒸汽田。羊八井地热田分为浅层热储和北部深层热储，距离拉萨约 90km，其地区经济以牧业为主，农业较少，电力资源匮乏，从 1974 年开始国家将羊八井作为重点科技攻关项目，利用地热资源进行发电，逐渐成为拉萨电能的主要来源之一。

图 7-16 羊八井热电厂

随着新能源的发展，能源结构不断完善，太阳能、生物质能、地热能等可再生能源优势突出，比重增大，成为开发利用的研究热点。因此，可以因地制宜地将地热能源与其他可再生能源相结合进行联合发电。

第三节

地热资源的开发前景与面临的问题

随着地质勘探技术的进一步提高，更多的地热资源将得到有效利用。随着各种新能源的不断发展，地热资源可以通过多种能源互补协作实现多能驱动的共同发展。虽然地热能是一种可再生清洁能源，但是地热资源在开采过程中会间接给环境带来一些问题，如地面塌陷、地下水污染以及有毒气体的泄漏等。此外，在地热资源的开发利用过程中还需要注意提高环境保护意识，以及提高地热资源勘探技术，从而在对环境影响尽可能小的基础上实现地热资源的最大化开发利用。

一 地热资源开发利用的前景

地热资源的利用主要有两个发展方向：一个是增强型地热系统，另一个是浅层地热能的应用。

增强型地热系统发源于干热岩地热系统，它是人为利用工程技术在地下高温岩体内建造人工热能系统，具有热能蕴藏量巨大、利用效率高以及系统稳定等特点，但这种研究方向耗资巨大，难度较大，我国正在积极试验中。

浅层地热能主要是对地热能的直接利用，包括地源热泵以及利用浅层地热能进行采暖、工业烘干等，其中最重要的应用是地源热泵技术。由于地表浅层地热资源的温度一年四季相对稳定，具有冬季比空气温度高和夏季比空气温度低的特点，因此可以使用地源热泵技术在冬季将浅层地热资源作为热源以及在夏季作为冷源，从而实现冬季采暖和夏季制冷，同时还可以提供热水，非常适合驻地有地热资源的军事基地。

地源热泵技术利用地球表面浅层的地热能作为冷资源或热资源，从而形成一个与地上可进行能量转换的供暖空调系统。地源热泵技术使用的浅层地热资源主要来自地表土壤、地下水或河流、湖泊中吸收太阳辐射热量的低温热能。这些资源获取途径更加简单，适合更加广泛的区域。地源热泵技术目前在我国比较成熟，未来的发展趋势主要是其他新能源与地源热泵技术联动的实施方法的改进与提高，不断拓展提高地源热泵技术的应用市场。冬天空气温度低，而在地表浅层土壤的温度较高，一般保持在15℃左右，这部分热量主要来自太阳辐射热量、地下矿物质元素所释放的能量以及地下细菌等生命体活动所产生的热量。地表浅层土壤相对地面而言，一年四季温度变化不大，可以看作一个恒温系统。由于地下的温度高、地上温度低，可以利用地源热泵技术将地下这个“暖仓库”与地上需要热量的地方进行管道连接，从而将地下的热量传输到地上。夏天的情况与冬天正好相反，原理与冬天类似。

二 地热资源开发过程中面临的问题

地热虽然属于比较清洁的可再生能源，但是如果开发不合理不但会过度消耗地热资源，也可能导致环境破坏和污染。随着近年地热资源的开采量逐渐增加，抽取地下热水引起水位下降，导致地层进一步压密，加剧了地面沉降的发生。温度较高的地热尾水在排放过程中，会向周围环境释放一定的热量，使周围的空气或水体温度升高，改变生态环境，从而影响环境和生物生长。在抽取地下热水的过程中，随着接近地表时压力降低，热水中含有的一些气体和悬浮物就会排放到大气中，从而影响周围环境。化学污染主要包括盐类污染和有害元素的污染。在全球气候变化、节能减排的大背景下，世界范围的地热勘查研究和开发利用势头强劲，地热资源利用将迎来新的高峰。针对以上问题，在开发利用地热资源的过程中，除了对地热资源进行适当开采以外，还可以通过提高地热资源的利用效率来缓解地热资源的开采程度。为充分利用地热资源，可对地热资源按照温度进行多次梯级利用，例如发电剩余的高温地热资源可用来给居民供暖，同时应该注意对地热水水质的检测，避免污染的地热水混入生活用水。

在地热开发利用过程中，在以下三个方面可以做出改进。

一是科学勘查地质资源。首先必须重视地质资源勘察，这是进行地热资源开采和使用的前提，也是地热资源绿色可持续发展的根本保障。充分进行地质勘查，有效了解地质结构，避免地下有毒气体的释放，才能为可持续利用地热资源提供有行之有效的计划。

二是地热能结合当地产业。因地制宜，物尽其用，根据地热能所在地的实际情况，结合当地农、林、牧、渔等产业的切实需求，制定开发利用方案。建造地热温室用于培育良种，种植蔬菜，花卉，鱼苗越冬、孵化，都具有显著的经济效益。

三是地热废水回灌是一种避免地热废水直接排放引发热污染和化学污染的措施，对维持热储压力、保证地热田的开采技术条件具有重要的作用（图 7–17）。地下水的大量集中开采会使地下水水位下降，带来地面沉降和地热资源的压力不足等问题，因此必须将使用后降温的地热水重新注入砂岩含水层中，利用回灌维持良性循环。在循环过程中，地热水可以继续将地下深处的热能带到地表，从而确保地热能循环利用。

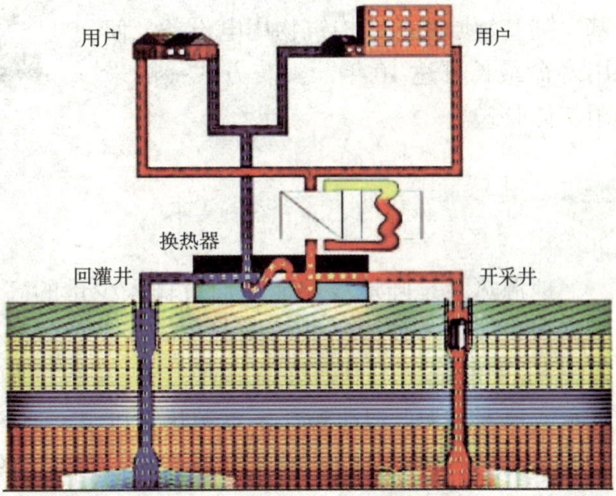

图 7–17　地热水回灌装置

第四节

地热能在军事领域的应用

地热能具有可再生、清洁、不受天气影响以及开采成本较低等优势，可以考虑作为附近军事部队的补充能源。我国是地热能大国，随着地热能应用技术的不断成熟，地热能成为具有一定的应用价值军事性能源。

一 军事基地的地热发电技术

地热发电技术是一种将地下热水和蒸汽作为动力源的发电技术，其原理类似于火力发电，通过汽轮机将蒸汽的热能转化为机械能，然后带动发电机产生电能。

图 7–18 是一个螺杆膨胀发电站，作为一个军用地热发电设备，其勤务功能是保障军队的电力供应，适用于天基、空基、陆基领域隐蔽式构筑物用电设备。使用寿命最长可达 10 年，安装方式一般采用整体卧式。

图 7–18 地热发电设备

二 军事基地的地源热泵技术

地源热泵是陆地浅层能源通过输入少量的高品位能源（转换效率高的能源）实现从低品位电能（转换效率低的能源）向高品位能源热能转移的装置。通常地源热泵每消耗 1kW · h 的能量，用户就可以得到 4kW · h 以上的热量或冷量。地源热泵是以岩土体、地下水或地表水为低温热源，由水源热泵机组、地热能交换系统、建筑物内系统组成的供热空调系统。根据地热能交换系统形式的不同，地源热泵系统分为地埋管、地下水和地表水地源热泵系统。

图 7–19 是一个地源热泵机组装置原理图。地源热泵装置主要包括压缩机、冷凝器、蒸发器和膨胀阀。通过让液态工质（制冷剂或冷媒）依次进行蒸发（吸取环境中的热量）、压缩、冷凝（放出热量）、节流、再蒸发的热力循环，从而将环境里的热量转移到水中。

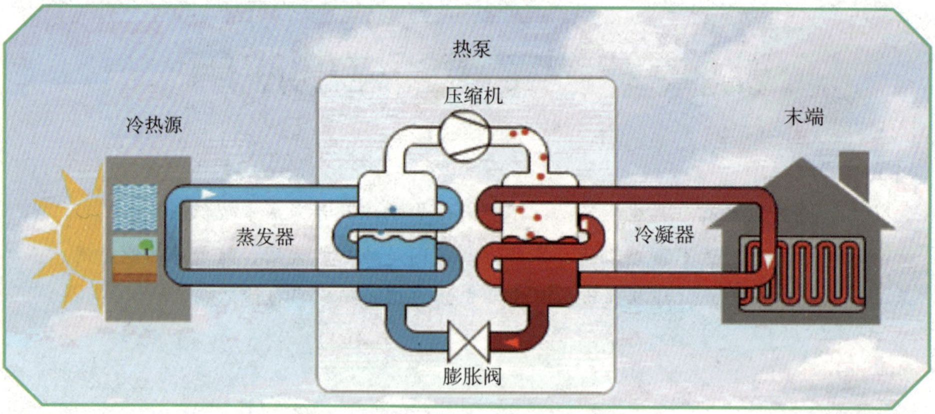

图 7–19 地源热泵装置结构图

地源热泵技术是利用地球表面浅层地热资源作为冷热源，进行能量转换的供暖空调系统。地源热泵技术的主要优点为环境效益显著、维护费用低、应用范围广。环境效益主要体现在可建造在居民区内，不产生烟尘，也没有废弃物，不需要堆放燃料废物的场地，且不用远距离输送热量。应用范围广，其主要表现在地源热泵系统可供暖气、空调使用，还可供生活热水，一机多用，一套系统可以替换原来的锅炉加空调的两套装置或系统，可应用于宾馆、商场、办公楼、学校等建筑，更适合于别墅住宅的采暖。此外，地源热泵具备自动控制程度高、可无人值守等优势，降低了系统维护费用。

地源热泵器材主要分为螺杆式地源热泵和涡旋式地源热泵，它们的勤务功能都是调节室内空气，适用对象是空基、陆基、海基领域的隐蔽式构筑物，一般采用整体卧式安装。

第八章

水能与海洋能及其在军事领域应用

水是一切生命机体的组成物质，是生命代谢活动必需的物质，也是人类进行生产活动的重要资源。地球上的水分布在海洋、湖泊、沼泽、河流、冰川、雪山，以及大气、生物体、土壤和地层中。其中 96.5% 的水资源在海洋中，约覆盖地球总面积的 70%。陆地上、大气中和生物体中的水只占很少一部分。水能是一种可再生能源，水能主要用于水力发电。水力发电将水的势能和动能转换成电能。

第一节

水　能

一　水能特点及其形成

水能资源最显著的特点是可再生、无污染。开发水能对江河的综合治理和综合利用具有积极作用，对促进国民经济发展，改善能源消费结构，缓解由于消耗煤炭、石油资源所带来的环境污染有重要意义，因此世界各国都把开发水能放在能源发展战略的优先地位。

水因落差在重力作用下形成动能，从河流或水库等高位水源处向低位处引水，利用水的压力或者流速冲击水轮机，使之旋转，从而将水能转化为机械能，再由水轮机带动发电机旋转，切割磁力线产生交流电。而低处的水通过阳光照射，形成水蒸气，循环到地球各处，从而恢复高位水源的水分布。

水不仅可以直接被人类利用，它还是能量的载体。太阳能驱动地球上的水循环，使之持续进行。地表水的流动是重要的一环，在落差大、流量大的地区，水能资源丰富。随着矿物燃料的日渐减少，水能是非常重要且前景广阔的替代资源。世界上水力发电还处于起步阶段。河流、潮汐、波浪以及涌浪等水运动均可以用来发电，也有部分水能用于灌溉。

二　中国水能资源

我国资源丰富，但分布不均。中国水能资源西多东少，大部集中于西部和中部。在全国可能开发的水能资源中，东部的华东、东北、华北三大区共占 6.8%，中南地区占 15.5%，西北地区占 9.9%，西南地区占 67.8%。除西藏外，川、云、贵三省占全国的 50.7%。

我国大型电站比重大，且分布集中。各省（区）单站装机 10MW 以上的大型水电站有 203 座，其装机容量和年发电量占总数的 80% 左右。而且，70% 以上的大型电站集中分布在西南四省，资源的开发程度较低，已开发资源约为 15%。

我国气候受季风影响，降水和径流在年内分配不均，夏秋季 4~5 个月的径流量占全年的 60%~70%，冬季径流量很少，因而水电站的季节性电能较多。为了有效利用水能资源，较好地满足用电要求，最好建水库调节径流。而且中国地少人多，建水库往往受淹没损失的限制，而在深山峡谷河流中建水库，虽可减少淹没损失，但需建高坝，工程较艰巨。我国大部分河流，特别是中下游，往往有防洪、灌溉、航运、供水、水产、旅游等综合利用要求。在水能开发时需要全部规划，使整个国民经济得到最大的综合经济效益和社会效益。

三 水能利用及其前景

水力发电行业数据显示，目前我国水力资源理论蕴藏量在 1 万 kW 及以上的河流共 3886 条，理论蕴藏装机量为 11.21 亿 W，理论蕴藏发电量为 9.82 万亿 W·h；技术可开发装机容量为 8.75 亿 kW，年发电量为 39965kW·h；经济可开发装机容量为 64905 万 kW，年发电量为 28324 亿 kW·h。

不仅如此，受到气候、地形、地势等因素的影响，我国水能资源具有河道陡峻、落差巨大的突出特点，对开发水力发电十分有利。基于此，经过几代人的努力，我国水力发电行业取得了长足发展。据不完全统计，截至 2018 年底，我国已建 5 万 kW 及以上大中型水电站约 640 座。

“十二五”时期，我国水电发展的重点为大型水电基地建设，将优先开发水能资源丰富、分布集中的河流，建设 10 个千万千瓦级大型水电基地。重点包括金沙江下游、雅砻江、大渡河、澜沧江中下游、黄河上游、雅鲁藏布江中游等流域的水电开发，启动金沙江上游、澜沧江上游、怒江等流域水电开发工作。在这期间，中国新开工常规水电 1.2 亿 kW，抽水蓄能 0.4 亿 kW，新增投产量 0.74 亿 kW，稳居世界第一。

2015 年水电总装机容量达到 2.9 亿 kW，年发电量 9100 亿 kW·h，折合标煤 3 亿 t；截至 2018 年底，我国水电总装机容量约 3.5 亿 kW、年发电量约 1.2 万亿 kW·h。

截至 2019 年底，常规水电已建装机总容量 32611 万 kW，在建规模约 5400 万 kW，主要集中在四川、云南、西藏等西南地区。已建抽水蓄能电站总装机为 3029 万 kW，在建电站装机规模为 5063 万 kW，主要集中在华北、华东区域。

在未来，建设环保友好型水电站，和谐发展水电技术是水电利用的主力军；高新技术不断提升水电工程的技术含量，水电利用技术不断创新，相应的标准、规范不断完善；流域、梯级、滚动、综合的有序开发，成为水电开发利用的重要趋势；在保护生态基础上，科学规划、有序开发、加强管理，促进水电的健康发展。

1. 水电站

水电是世界上最大的可再生能源发电来源，水电发电量占全球各类能源发电的 16.6%，超过风能、太阳能、生物质能等其他可再生能源发电量的总和。作为世界上最大的清洁能源发电来源，水电是其他可再生能源的推动者，同时水力发电也为管理水资源和缓解气候变化提供重要服务。

水电站，是把水的位能和动能转换成电能的工厂。它的基本生产过程是：从河流高处或其他水库内引水，利用水的压力或流速冲动水轮机旋转，将重力势能和动能转变成机械能，然后水轮机带动发电机旋转，将机械能转变成电能。电站一般由挡水建筑物（坝）、泄洪建筑物（溢洪道或闸）、引水建筑物（引水渠或隧洞，包括调压井）及电站厂房（包括尾水渠、升压站）四大部分组成。其设备主要组成部分有水工建筑物、水力机械设备、发电设备、变电设备、配电设备、输电设备和控制及辅助设备。

水电厂可以分为坝式水电厂、引水式水电厂、混合式水电厂、径流式水电厂、梯级水电厂、抽水蓄能电厂等。

（1）坝式水电厂

坝式水电厂又称坝库式、堤坝式、蓄水式水电厂，是水电开发的基本方式之一。坝式水电厂是由河道上的挡水建筑物壅高水位而集中水头的水电厂。当水头不高且河道较宽时，厂房也可作为挡水建筑物的一部分，这类水电厂又称河床式水电厂，也属于坝式水电厂。

坝式水电厂的发电厂房有坝后式、坝内式、溢流式、岸边式、地下式和河床式几种类型。

（2）引水式水电厂

引水式水电厂是水电开发的基本形式之一。这类水电厂宜建在河道坡降较陡的河段或大河湾处，在河段上游筑坝引水，用引水渠道、隧洞、压力水管等将水引到河段下游，用以集中水头发电。这类水电厂大都为高水头水电厂。跨流域引水发电的水电厂必然是引水式水电厂。

（3）混合式水电厂

混合式水电厂又称水库引水式水电厂，这类水电厂由挡水建筑物和引水系统共同集中发电水头，并由水库调节径流发电。

（4）径流式水电厂

径流式水电厂，是在河道中拦河筑低坝或闸，基本不调节径流，靠天然径流发电的水电厂。当来水流量大于水轮机过水能力时，水电厂满出力运行，多余水量经泄水建筑物直接泄向下游，称为弃水；当来水流量小于水轮机过水能力时，则有部分发电机组容量被闲置。水电厂的这种运行方式被称为径流发电。

（5）梯级水电厂

梯级水电厂是分布在一条河流上下游有水流联系的水电厂群，其各级水电厂可以是坝式、引水式或混合式水电厂等不同类型。各类水电厂都有优缺点，建设梯级水电厂可以互相取长补短，取得提高资源利用率、协调水资源综合利用之间的矛盾、缩短总工期、减少总投资等梯级效益。

（6）抽水蓄能电厂

抽水蓄能电厂建有上下两座水库，其间用压力隧洞或压力水管相连接。它是利用电力系统低谷负荷时的剩余电力从下库抽水储存到上库，在高峰负荷时从上库放水至下库发电的水电厂。

2. 中国的典型水电站

（1）三峡水电站

三峡工程全称为长江三峡水利枢纽工程。三峡水电站是目前世界上装机容量最大的水电站，机组尺寸和容量大，水头变幅宽，设计和制造难度居世界之最。电站共装有 32 台 70 万 kW 巨型机组，加上两台 5 万 kW 电源机组，总装机容量为 2250 万 kW，总工期 17 年。2019 年，三峡水库累计来水 4314.24 亿 m^3，较初步设计多年均值偏枯 4.3%。汛前消落期间，三峡水库累计为下游补水 124 天，补水总量为 232.5 亿 m^3；三峡船闸、升船机整体运行安全稳定。三峡船闸全年共运行 10627 闸次，通过量达 1.46 亿 t，再创历史新高；升船机全年累计运行 4436 厢次，通过各类船舶 2930 艘次，旅客 14.73 万余人次，通过船舶总货运量 114.17 余万 t，充分发挥了三峡工程的通航效益。2019 年，三峡电站机组运行情况良好，全年发电量达 968.8 亿 kW · h。

三峡工程是中国也是世界上最大的水利枢纽工程，是治理和开发长江的关键性工程，具有防洪、发电、灌溉、航运等综合效益。在三峡工程建成后，其巨大库容所提供的调蓄能力能使下游荆江地区抵御百年一遇的特大洪水，也有助于洞庭湖的治理和荆江堤防的全面修补（图 8–1）。

图 8–1 三峡水电站

（2）溪洛渡水电站

溪洛渡水电站是中国仅次于三峡工程的又一世界级巨型水电站，是中国“西电东送”骨干工程，位于四川和云南交界的金沙江上，也是金沙江上最大的一座水电站。工程于 2003 年 8 月动工，主体工程于 2005 年正式开工建设。大坝为混凝土双曲拱坝，坝高 276m，系世界最高大坝。发电机组总装机容量为 1386 万 kW，年平均发电量为 571.2 亿 kW · h（图 8–2）。

图 8–2 溪洛渡水电站

溪洛渡水电站以发电为主，兼有防洪、拦沙和改善下游航运条件等综合效益，并可对下游电站进行梯级补偿。电站主要供电中国华东、华中地区，兼顾川、滇两省用电需要。溪洛渡水电站既是中国实施西部大开发战略的重大举措，又缓解了中国经济高速发展中日益突出的电力紧张问题，对有效改善中国电源结构，促进东、中、西部优势互补、协调发展等具有十分重大的意义。

（3）白鹤滩水电站

白鹤滩水电站是金沙江下游干流河段梯级开发的第二个梯级电站，以发电为主，兼有防洪、拦沙、改善下游航运条件和发展库区通航等综合效益。水库正常蓄水水位 825m，相应库容 206 亿 m^3，地下厂房装有 16 台机组。于 2013 年主体工程正式开工，2018 年首批机组发电，2022 年工程完工。电站建成后，将仅次于三峡水电站成为中国第二大水电站（图 8–3）。

图 8–3 白鹤滩水电站

白鹤滩水电站装机容量为 1400 万 kW，保证出力为 550 万 kW，多年平均发电量为 640.95 亿 kW·h，其中枯水期（12 月至次年 5 月）发电量为 302.65 亿 kW·h，是金沙江水电开发的骨干工程，是继长江三峡水电站及溪洛渡水电站之后又一千万千瓦级巨型水电工程，建成后将主要供给华东电网、华中电网和南方电网，并兼顾当地电网的用电需要。同时，可增加下游溪洛渡、向家坝、三峡、葛洲坝等梯级水电站的年发电量 24.3 亿 kW·h，增加下游各梯级枯水期（12 月至次年 5 月）发电量为 92.1 亿 kW·h，明显改善下游各梯级的电能质量，发电效益巨大。

（4）向家坝水电站

向家坝水电站的坝址位于四川省与云南省交界的金沙江下游河段，是金沙江水电基地最后一级水电站，也是中国目前第三大水电站（图 8-4）。该电站工程于 2006 年 11 月 26 日正式开工建设，2012 年 11 月 5 日首台机组投产，2014 年全面投产。电站装有 8 台 80 万 kW 巨型水轮机和 3 台 45 万 kW 大型水轮机，总装机容量为 775 万 kW。

向家坝水电站以发电为主，兼有改善通航条件、防洪、灌溉、拦沙、对溪洛渡水电站进行反调节等综合效益。为最有效利用金沙江巨大的水流落差，向家坝安装了世界上最大的 80 万 kW 超级水轮机。同时，向家坝水电站是金沙江水电基地 25 座水电站中唯一兼顾灌溉功能的大坝。向家坝水电站至上海的 ±800kV 直流特高压国产化示范工程是目前国内输送电压等级最高、最先进的电力系统。

图 8-4　向家坝水电站

（5）葛洲坝水电站

葛洲坝水利枢纽工程位于长江三峡的西陵峡出口，南津关以下 2300m 处，距宜昌市镇江阁约 4000m。大坝北抵汀北镇镜山，南接江南狮子包。它是长江上第一座大型水电站，也是世界上最大的低水头、大流量、径流式水电站（图 8-5）。葛洲坝工程具有发电、改善航道等综合效益。电站装机容量为 271.5 万 kW，单独运行时保证出力 76.8 万 kW，年发电量为 157 亿 kW·h。

图 8-5　葛洲坝水电站

3. 国外著名水电工程

（1）伊泰普水电站

位于巴拉那河流（世界第五大河，年径流量 7250 亿 m^3）经巴西与巴拉圭两国边境的河段。是目前世界第二大水电站，由巴西与巴拉圭共建，发电机组和发电量由两国均分（图 8-6）。

图 8-6　伊泰普水电站

图 8–7 古里水电站

(2)古里水电站

古里水电站位于委内瑞拉东南部奥里诺科河支流卡罗尼河上，距首都加尔加斯 600km，是世界上最大的水电站之一，具有发电、防洪、灌溉等功能。大坝为重力坝 / 土石坝，最大坝高 162m，水库总库容达 1350 亿 m^3（图 8–7）。

图 8–8 大古力水电站

(3)大古力水电站

美国最大的水电站。位于华盛顿州斯波坎市附近、哥伦比亚河上。装机容量列世界第三。有发电、灌溉、防洪等效益。控制流域面积 19.2 万 km^2。平均年径流量为 962 亿 m^3。基岩为花岗岩。混凝土重力坝大坝最高 168m，坝顶长 1272m，为哥伦比亚河上最大的水坝。水库被命名为罗斯福湖，总库容 118 亿 m^3。坝后常规式发电厂房共有 3 座，并在坝上游左岸设有安装水泵和抽水蓄能机组的厂房，可灌溉 40.5 万公顷农田（图 8–8）。

第二节

海洋能

海洋是一个巨大的能源宝库，仅海洋中的波浪、潮汐和海流动能的储存量就达到了一个天文数字。

海洋能指依附在海水中的可再生能源，通过各种物理过程接收、储存海洋能并散发能量，以潮汐、波浪、温度差、盐度梯度、海流等形式存在于海洋之中。地球表面积约为 $5.1\times10^8km^2$，其中陆地表面积为 $1.49\times10^8km^2$，占 29%；海洋面积达 $3.61\times10^8km^2$，以海平面计，全部陆地的平均海拔约为 840m，而海洋的平均深度却为 380 米，整个海水的容积多达 $1.37\times10^8km^3$。一望无际的大海，不仅为人类提供航运、水源和丰富的矿藏，还蕴藏着巨大的能量，它将太阳能和派生的风能等以热能、机械能等形式蓄在海水里，不像在陆地和空中那样容易散失。

海洋能主要包括潮汐能、波浪能、海流能、温差能与盐差能（图 8–9）。究其成因，潮汐能与海流能来源于太阳与月亮对地球引力的变化，其他类型均来自太阳辐射。海洋能按储存形式又可分为机械能、热能、化学能。其中，潮汐能、海流能、波浪能为机械能，海水温差能为热能，海水盐差能为化学能。

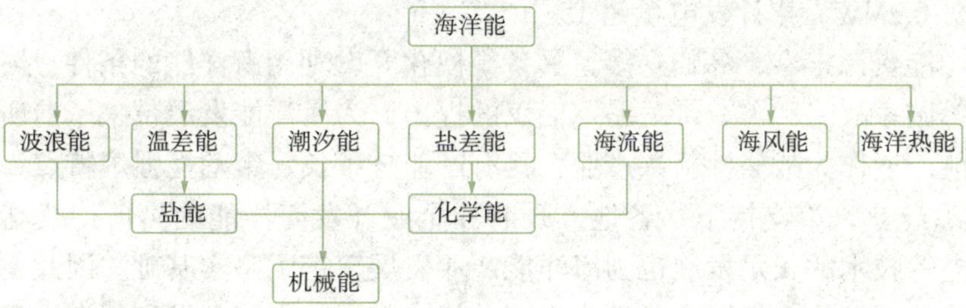

图 8-9 海洋能的分类

一 海洋能利用及前景

近年来，受化石燃料能源危机和环境变化压力的驱动，作为主要可再生能源之一的海洋能产业取得了很大发展，在相关高技术的支持下，海洋能应用技术日趋成熟，为人类在21 世纪充分利用海洋能展示了美好的前景。

我国海岸线长达 18000 多 km，有大小岛屿 6960 多个，海岛总面积 6700km^2，有人居住的岛屿有 430 多个，人口 450 多万人。沿海和海岛既是外向型经济的基地，又是海洋运输和开发海洋的前哨，并且在巩固国防、维护祖国权益上处于重要地位。改革开放以来，随着沿海经济的发展，海岛开发迫在眉睫，能源短缺严重地制约着经济的发展和人民生活水平的提高。外商和华侨因海岛能源缺乏，不愿投资；驻岛部队用电困难，不利于国防建设；特别是西沙、南沙等远离大陆的岛屿，依靠大陆供应能源，因供应线过长，诸多不便，非常艰苦。为了保证沿海与海岛经济持久快速发展及人民生活水平的不断提高，寻求解决能源供应紧张的途径已刻不容缓。

我国波力发电技术研究始于 20 世纪 70 年代，80 年代获得较快发展，航标灯浮用微型潮汐发电装置已趋商品化，现已生产数百台，在沿海海域航标和大型灯船上推广应用。与日本合作研制的后弯管型浮标发电装置，已向国外出口，该技术属国际领先水平。在珠江口大万山岛上研建的岸边固定式波力电站，第一台装置装机容量 3kW，于 1990 年试发电成功。总之，我国波力发电虽起步较晚，但发展很快。微型波力发电技术已经成熟，小型岸式波力发电技术已进入世界先进行列。

我国潮流发电研究始于 20 世纪 70 年代末，首先在舟山海域进行了 8kW 潮流发电机组原理性试验。80 年代我国一直进行立轴自调直叶水轮机潮流发电装置试验研究，目前正在采用此原理进行 70kW 潮流试验电站的研究工作，在舟山海域的站址已经选定。我国已经开始研建实体电站，在国际上居领先地位，但尚有一系列技术问题等待解决。

近年来，我国高度重视海洋可再生能源的开发利用。截至 2018 年底，我国海洋能电站总装机达 7.4MW，累计发电量超 2.34 亿 kW · h；潮汐能电站装机 4.35MW，累计发电量超 2.32 亿 kW · h；潮流能电站总装机 2.86 兆瓦，累计发电量超 350 万 kW · h；波浪能电站总装机 0.2MW，累计发电量超 15 万 kW · h。

我国海洋能资源丰富，岛屿众多，具备规模化开发利用海洋能的条件。海洋强国、生态文明建设等国家战略和“一带一路”倡议的提出，为海洋能发展带来了前所未有的历史机遇。海洋能产业作为战略性新兴产业，具有产业链条长、带动性强等特点，在国家良好的可再生能源产业政策支持下，各地方政府和企业开发海洋能的热情持续高涨，智能电网、独立供电等技术的长足发展也为海洋能产业发展奠定了坚实基础。因此，大力发展海洋能既是优化能源结构、拓展蓝色经济空间的战略需要，也是开发利用海洋和海岛、维护海洋权益、建设生态文明的重要选择。但我国海洋能发展仍然面临工程示范规模偏小、技术成熟度不高、创新能力不强、公共平台服务能力不足、产业链尚未形成、政策环境有待完善等问题。必须抓住宝贵的发展机遇，主动作为，突破商业化应用瓶颈，实现海洋能跨越式发展。

二 海洋温差能及温差发电

温差能是指海洋表层海水和深层海水之间的温差储存的热能。海洋的表面把太阳辐射能的大部分转化成为热水并储存在海洋的上层，而接近冰点的海水在不到 1000m 的深度从极地缓慢地流向赤道。这样，就在许多热带或亚热带海域终年形成 20℃以上的垂直海水温差。利用这一温差可以实现热力循环发电。

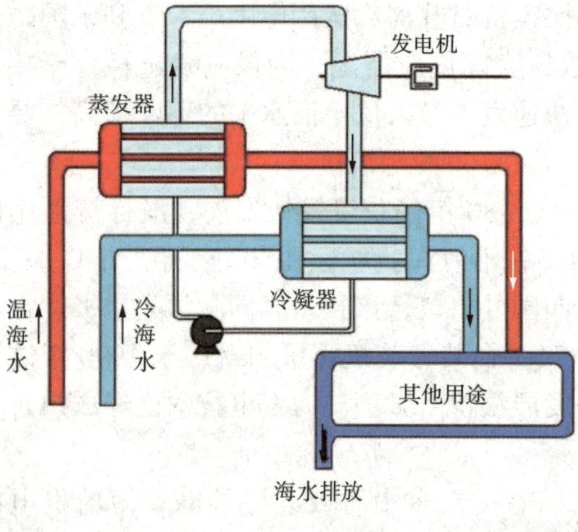

图 8-10 温差发电原理图

海洋温差发电系利用海水的浅层与深层的温差及其温、冷不同热源，经过热交换器及涡轮机来发电。现有海洋温差发电系统中，热能的来源即海洋表面的温海水。发电的方法基本上有两种：一种是利用温海水，将封闭的循环系统中的低沸点工作流体蒸发；另一种则是温海水本身在真空室内沸腾。两种方法均产生蒸汽，由蒸汽再去推动涡轮机，即可发电。发电后的蒸汽，可用温度很低的冷海水冷却，将之变回流体，构成一个循环。冷海水一般要从海平面以下 600~1000m 的深度抽取。一般温海水与冷海水的温差在 20℃以上，即可产生净电力（图 8-10）。

除了发电，海洋温差能利用装置还可以获得淡水、深层海水并可以与深海采矿系统中的扬矿系统相结合。因此，基于温差能装置可以建立海上独立生存空间，并作为海上发电厂、海水淡化厂或海洋采矿、海上城市或海洋牧场的支持系统。总之，温差能的开发应以综合利用为主。

海洋温差能转换主要有开式循环和闭式循环两种方式。开式循环系统主要包括真空泵、温水泵、冷水泵、闪蒸器、冷凝器、发电机组等部分。开式循环的副产品是经冷凝器排出的淡水，这是它的优点之一。

闭式循环系统不以海水而以一些低沸点的物质（如丙烷、氟利昂、氨等）作为工作介质，在闭合回路内反复进行蒸发、膨胀、冷凝。因为系统使用低沸点的工作介质，蒸汽的工作压力得到提高。闭式循环系统由于使用低沸点工质，大大缩小了装置，特别是透平机组的尺寸。但使用低沸点工质会对环境产生污染。

温差能利用的最大困难是温差太小，能量密度太低。温差能转换的关键是强化传热传质技术。

我国温差能资源蕴藏量大，在各类海洋能资源中居首位，这些资源主要分布在南海和台湾以东海域，尤其是南海中部的西沙群岛海域和台湾以东海区，具有日照强烈、温差大且稳定、全年可开发利用、冷水层与岸距离小、近岸海底地形陡峻等优点，开发利用条件良好，可作为我国温差能资源开发的先期开发区。

我国南海海域辽阔，水深大于 800m 的海域为 140 万 ~150 万 km^2，位于北回归线以南，太阳辐射强烈，是典型的热带海洋。表层水温均在 25℃以上，500~800m 以下的深层水温在 5℃以下，表深层水温度在 20~24℃，蕴藏着丰富的温差能资源，据初步计算，南海温差能资源理论蕴藏量约为（1.19~1.33）$\times 10^{19}$kJ，技术上可开发利用的能量（热效率取 7）为（8.33~9.31）$\times 10^{17}$kJ，实际可供利用的资源潜力（工作时间取 50，利用资源 10）装机容量达（13.21~14.76）亿千瓦。

我国台湾岛以东海域表层水温全年在 24~28℃，500~800m 以下的深层水温在 5℃以下，全年水温差 20~24℃，据台湾电力专家估计，该区域温差能资源蕴藏量约为 2.16×10^{14}kJ。

三　海洋波浪能及波浪发电

海洋中有丰富的波浪能。波浪能是指海洋表面波浪所具有的动能和势能，具有能量密度高、分布面广等优点，是一种最易于直接利用、取之不竭的可再生清洁能源。尤其是在能源消耗较大的冬季，可利用的波浪能的能量也最大（图 8–11）。

图 8–11　波浪发电

波浪能的基本元素是指海洋表面波浪所具有的动能和势能。波浪的能量与波高的平方、波浪的运动周期以及迎波面的宽度成正比。地球表面超过 70% 以上面积是海洋，广大的海洋面积在吸收太阳辐射之后，可以说是世界最大的太阳能收集器，温暖的地表海水，与深海海水之间形成温差，由于风吹过海洋时产生风波，在宽广的海面上，风能以自然储存于水中的方式进行能量转移，因此波浪能可以说是太阳能的另一种浓缩形态。同时，波浪能是海洋能源中能量最不稳定的一种能源。波浪能是由风把能量传递给海洋而产生的，它实质上是吸收了风能而形成的，它的能量传递速率和风速有关。

波浪能发电是以波浪的能量为动力生产电能。海洋波浪蕴藏着巨大的能量，正弦波浪每米波峰宽度的功率为 $P \approx HT$kW/m

式中，H 为波高，单位为 m；T 为波周期。

通过某种装置可将波浪的能量转换为机械的、气压的或液压的能量，然后通过传动机构、汽轮机、水轮机或油压马达驱动发电机发电。全球有经济价值的波浪能开采量为（1~10）亿 kW。中国波浪能的理论储量为 7000 万 kW 左右。

波浪能丰富的欧洲北海地区，其年平均波浪功率也仅为 20~40kW/m。中国海岸大部分的年平均波浪功率密度为 2~7kW/m^2，我国沿岸波浪能资源理论平均功率为 1285.22 万 kW，这些资源在沿岸的分布很不均匀。以中国台湾地区沿岸为最多，为 429 万 kW，占全国总量的 1/3。其次是浙江、广东、福建和山东沿岸也较多，在（160~205）万 kW，约为 706 万 kW，约占全国总量的 55%，其他省市沿岸则很少，仅在（143~156）万 kW。广西沿岸最少，仅 8.1 万 kW。

全国沿岸波浪能源密度（波浪在单位时间通过单位波峰的能量，单位 kW/W）分布，以浙江中部、台湾、福建省海坛岛以北、渤海海峡为最高，达 5.11~7.73kW/M。这些海区平均波高大于 1m，周期多大于 5s，是我国沿岸波浪能能流密度较高、资源蕴藏量最丰富的海域。其次是西沙、浙江的北部和南部，福建南部和山东半岛南岸等能源密度也较高，资源也较丰富，其他地区波浪能能流密度较低，资源蕴藏也较少。

根据波浪能能流密度及其变化和开发利用的自然环境条件，首选浙江、福建沿岸为重点开发利用地区，其次是广东东部、长江口和山东半岛南岸中段。也可以选择条件较好的地区，如嵊山岛、南麂岛、大戢山、云澳、表角、遮浪等处，这些地区具有能量密度高、季节变化小、平均潮差小、近岸水较深、均为基岩海岸、岸滩较窄、坡度较大等优越条件，是波浪能源开发利用的理想地点，应作为优先开发的地区。

图 8-12 “万山号”波浪发电平台

2015 年，鹰式波浪能装置“万山号”波浪发电平台在大万山海域投放，铺设电缆上岸，成功实现送电上岸，并入海岛电网，供万山岛居民使用（图 8-12）。这是我国波浪能电力进入寻常百姓家的首个成功案例，意味着波浪能装备由单纯的试验研究正式进入试应用阶段，在我国波浪能发电领域具有里程碑式意义。“万山号”为漂浮式设计，适应水深 20~100m，设计使用寿命 15 年，经过不同季节在不同海域的有效海试，“万山号”不断升级，由 100kW 波浪发电装置发展成为目前的一艘可移动海上多能互补平台（200kW 波浪能 +60kW 太阳能 +6t/d 海水淡化）。

四 海流能及海流发电

海洋中由于海水温度、盐度分布的不均匀而产生的海水密度和压力梯度，或由于海面上风的作用等原因产生的海水大规模的方向基本稳定的流动，称为海流。海流所具有的动能称为海流能。

海流发电是将海流能转换为电能的发电方式（图 8-13）。海洋中除了有潮水的涨落和波浪的上下起伏，有一部分海水经常朝着一定方向流动，形成海流。风力的大小和海水密度不同是产生海流的主要原因。由定向风持续地吹拂海面所引起的海流称为“风海流”；由于海水密度不同所产生的海流称为“密度流”。海流能是海水流动的动能。海流发电是依靠海流的冲击力使水轮机旋转，再变换成高速，带动发电机发电。据估计，世界大洋中所有海流的总功率达 50 亿 kW 左右，是海洋能中蕴藏量最大的一种。和利用陆地上的河流发电相比，海流发电既不受洪水威胁，又不受枯水季节影响，几乎以常年不变的水量和一定的流速，完全可成为人类可靠的能源。

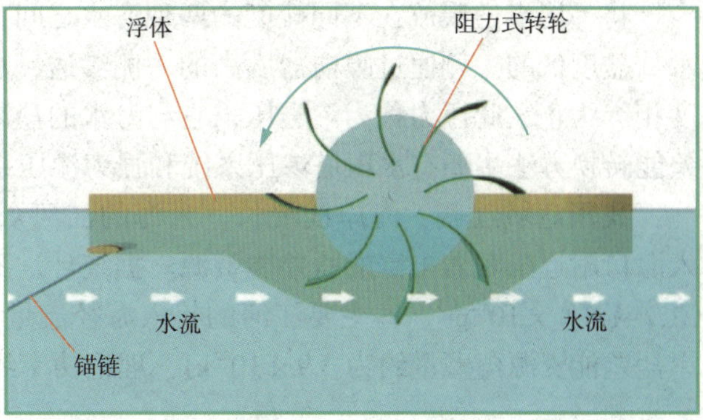

图 8-13 海流发电

海流发电原理和风力发电相似，几乎任何一个风力发电装置都可以改造成为海流发电装置。但由于海水的密度约为空气的 1000 倍，且装置必须放于水下，故海流发电存在一系列的关键技术问题，包括安装维护、电力输送、防腐、海洋环境中的载荷与安全性能等。此外，海流发电装置和风力发电装置的固定形式和透平设计也有很大的不同。海流装置可以安装固定于海底，也可以安装于浮体的底部，而浮体通过锚链固定于海上。海流中的透平设计也是一项关键技术。

对 130 个水道的计算结果显示，我国的潮流资源理论平均功率为 13948.52 万 kW。这些资源沿海岸的分布，以浙江为最多，有 37 个水道，理论平均功率为 7090MW，约占全国的 1/2 以上。其次是台湾、福建、辽宁等省份，约占全国总量的 42%，其他省区较少。

基于沿海能源密度、理论蕴藏量和开发利用的环境条件等因素，舟山海域诸水道开发前景最好，如金塘水道（25.9kW/m^2）、龟山水道（23.9kW/m^2）、西侯门水道（19.1kW/m^2），其次是渤海海峡和福建的三都澳等，如老铁山水道（17.4kW/m^2）、三都澳三都角（15.1kW/m^2）。以上海区均有能量密度高、理论蕴藏量大、开发条件较好的优点，应优先开发利用。

五 盐度梯度能

盐差能是指海水和淡水之间或两种含盐浓度不同的海水之间的化学电位差能。主要存在于河海交接处。同时，淡水资源丰富地区的盐湖和地下盐矿也具有盐差能。盐差能是海洋能中能量密度最大的一种可再生能源。通常，海水（35‰盐度）和河水之间的化学电位差有相当于 240m 水头差的能量密度。这种位差可以利用半渗透膜（水能通过，盐不能通过）在盐水和淡水交接处实现。利用这一水位差就可以直接由水轮发电机发电。

盐差能的利用主要是发电。其基本方式是将不同盐浓度的海水之间的化学电位差能转换成水的势能，再利用水轮机发电，具体主要有渗透压式、蒸汽压式和机械 - 化学式等，其中渗透压式方案最受重视。

将一层半透膜放在不同盐度的两种海水之间，通过这个膜会产生一个压力梯度，迫使水从盐度低的一侧通过膜向盐度高的一侧渗透，从而稀释高盐度的水，直到膜两侧水的盐度相等为止，此压力称为渗透压，它与海水的盐浓度及温度有关。目前提出的渗透压式盐差能转换方法主要有水压塔渗压系统和强力渗压系统两种。

我国海域辽阔，海岸线漫长，入海的江河众多，入海的径流量巨大，在沿岸各江河入海口附近蕴藏着丰富的盐差能资源。据统计，我国沿岸全部江河多年平均入海径流量为（1.7~1.8）$\times 10^{12}m^3$，各主要江河的年入海径流量为（1.5~1.6）$\times 10^{12}m^3$。据计算，我国沿岸盐差能资源蕴藏量约为 3.9×10^{15}kJ，理论功率约为 1.25×10^{8}kW。

第三节

潮汐能及潮汐发电

潮汐是月球和太阳对地球万有引力共同作用的结果，是海水时进时退、海面时涨时落的自然现象。由于月球离地球更近，所以月球引力占主要地位。潮汐导致海水平面周期性的升降，因海水涨落及潮水流动所产生的能量称为潮汐能。潮汐能的能量与潮量和潮差成正比。潮汐能的利用主要集中在潮差较大的浅海、海湾和河口地区。尽管与水力发电相比，潮汐能的能量密度很低，但是其无污染、无穷尽的特性还是具有一定的发掘价值。

一 潮汐发电

潮汐能发电与水力发电的原理相似，它是利用潮水涨落产生的水位差所具有的势能来发电，也就是把海水涨落的势能转变为机械能，再把机械能转变为电能。潮汐能发电的方法之一就是在海湾或有潮汐的河口建筑一座拦水堤坝，形成水库，并在坝中或坝旁安装水轮发电机组，在涨潮时将海水储存在水库内，以势能的形式保存，然后，在落潮时放出海水，利用高、低潮位之间的落差，推动水轮机旋转，带动发电机发电（图 8–14）。

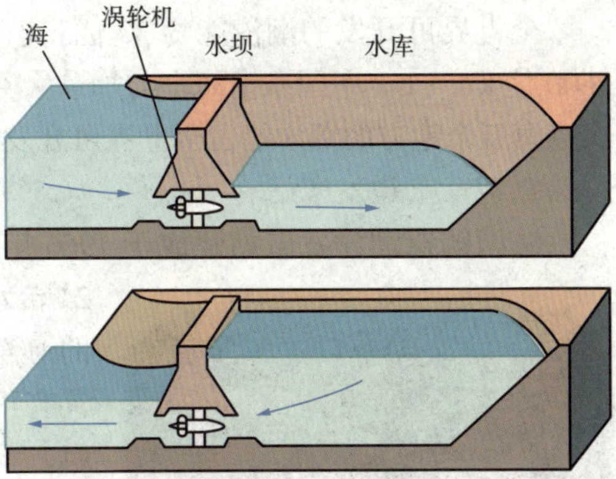

图 8–14 潮汐发电原理图

二 潮汐能源开发利用的进展

潮汐能是一种不消耗燃料、没有污染、不受洪水或枯水影响、用之不竭的再生能源。在海洋各种能源中，潮汐能的开发利用最为现实、最为简便。

在潮汐发电领域，欧洲各国拥有浩瀚的海洋和漫长的海岸线，因而有大量、稳定、廉价的潮汐资源，在开发利用潮汐方面处在世界前列。世界上第一个大型潮汐能发电站是 1966 年投运的法国兰斯潮汐能发电站，北美地区首个潮汐能发电站是 1984 年投运的安纳波利斯皇家发电站。

我国发展潮汐能起步较早，1957 年在山东建成第一座潮汐发电站。1980 年 5 月，浙江温岭的江厦潮汐电站第一台机组并网发电，揭开了我国较大规模建设潮汐电站的序幕。该电站总装机容量为 3000kW，不但解决了浙江的能源短缺问题，而且经济性上亦有竞争力。

我国潮汐资源丰富，主要集中在福建、浙江、江苏等省的沿海地区。目前，我国可开发的潮汐发电装机容量达 2158 万 kW，年发电量约为 619 亿 kW · h。早在 20 世纪 50~70 年代，我国就先后建了 50 座潮汐电站，但目前只有 8 座电站正常运行发电。

2020 年，全国总装机规模超过 5 万 kW，建设 35 个以上海岛独立电力系统，我国海洋能开发利用水平步入国际先进行列。

潮汐能虽然具有开发前景，建设不受国土面积影响，设备也可以发展多样性功能，但相较于其他再生能源，其面临建设、维护成本居高不下、发电量低等发展困境。

我国沿岸和海岛附近海洋能储量丰富、品位高，开发潜力巨大，但规模化开发利用难度很大，目前主要受制于相对较高的成本和较小的潮汐范围，质优的潮汐能多存在于突出的海岬或海峡，降低了潮汐能的总体利用率。另外，装机容量过小也是推广难的原因之一。如今中国海上风电 4MW 机组已越来越多，规模上不去，发电成本很难降下来。

三 世界著名的潮汐发电站

全世界可开发的潮汐能约 30 亿 kW，是目前全球发电能力的 1.6 倍，每年最多能发电 2600 亿 kW·h。中国东南海岸与加拿大芬地湾、英国塞文港湾、法国西北海岸和俄国鄂霍次克海五个地方的潮汐能占全世界可开发潮汐能的一半以上。

1. 朗斯潮汐发电站

法国朗斯潮汐发电站建成于 1966 年，总装机容量为 240MW，单机功率为 10MW，共 24 台水轮机，年发电 5.4 亿 kW·h，是当时世界上最大的海洋能发电工程。与常规水电站相比，该电站采用了具有正反向发电、泄水和抽水的灯泡式贯流水轮发电机组，不但提高了潮汐能的利用效率，而且降低了电站的造价。由于潮汐发电是波动和间歇的，输出功率变化大，全年平均输出的电量为额定装机能力的 25%（图 8-15）。

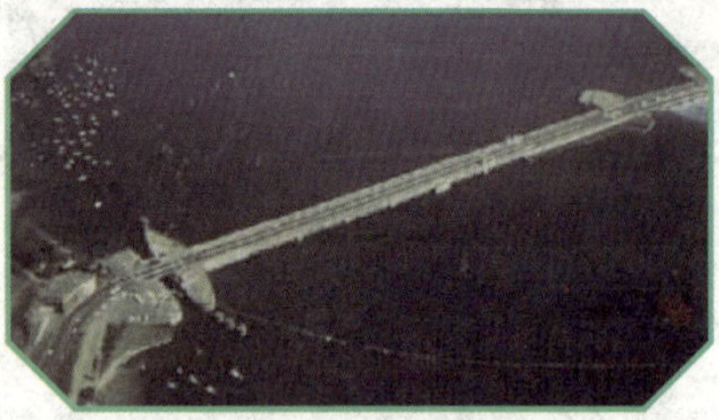

图 8-15 朗斯潮汐发电站

2. 安纳波利斯潮汐发电站

加拿大安纳波利斯潮汐发电站坐落在芬地湾口安纳波利斯—罗亚尔。该地潮差为 4.2~8.5m。电站采用全贯流水轮发电机组（图 8-16）。

图 8-16 安纳波利斯潮汐发电站

3. 斯特兰福特湾的潮汐发电站

斯特兰福特湾潮汐发电站是世界上十大可再生能源工程之一，也是目前为止海洋上最大的潮汐发电站。该工程投资 8.2 亿美元，装机容量为 300MW，60ft 高（18m）的涡轮靠自身重力固定于海底（图 8-17）。

图 8-17 斯特兰福特湾的潮汐发电站

四 中国著名的潮汐发电站

1. 江厦潮汐发电站

江厦潮汐实验发电站位于我国浙江省乐清湾北端的江厦港。该电站是 1974 年在原“七一”塘围垦工程的基础上建造的，集发电、围垦造田、海水养殖和发展旅游业等功能于一体。该电站的特点是采用类似法国朗斯发电站的双向发电的灯泡贯流式水轮发电机组。江厦潮汐试验发电站是我国第一座双向潮汐能发电站，是我国新能源——潮汐能开发利用的国家级试验项目，被列入国家“863”科技攻关项目，1972 年经国家计委批准建设，列为国家重要科学研究项目（图 8-18）。1980 年

图 8-18 江厦潮汐发电站

5 月 4 日，1 号机组正式投产发电。1985 年底，5 台机组全部投产。2007 年 10 月，6 号新型机组顺利投入运行，实现了正反向发电、正反向泵水、正反向泄水等。2015 年 8 月，1 号机组完成增效扩容改造，采用三叶片优化叶轮设计，单机容量由 500kW 增加到 700kW，项目将现有的贯流式水轮发电机设计制造技术与电站 30 多年的宝贵运行经验结合起来，有力地推动了当今潮汐发电技术的进步。

2. 浙江舟山 LHD 海洋潮汐能发电试验场

2016 年 7 月 27 日，LHD 海洋发电项目首期 1MW 机组在舟山顺利下海发电，2016 年 8 月 26 日成功并入国家电网（图 8–19）。2017 年 5 月 25 日开始，该 1MW 发电机组实现全天候发电并网。截至 2019 年 8 月 26 日，该 1MW 机组实现发电并网 3 周年，连续发电并网运行 27 个月，稳定运行时间打破世界纪录。

图 8–19 浙江舟山 LHD 海洋潮汐能发电场

2018 年 11 月 29 日和 2018 年 12 月 29 日，LHD 海洋发电项目第二代 400kW 机组、第三代 300kW 机组相继顺利下海发电。目前，LHD 项目总投运装机达到 1700kW，装机规模和科技水平世界领先。LHD 项目 4 个投运机组模块，已全面涵盖当前国际上潮流能发电机主流机型。LHD 项目 3.4MW 海上发电总成平台成为我国规模最大、门类最全、数据最新的海洋清洁能源创新研发实验平台。从 2016 年 8 月 26 日并网至 2019 年 7 月底，LHD 项目累计向国家电网送电超过 140 万 kW · h。

第四节

海洋能在军事领域的应用

海洋能具有可再生性，是一种清洁能源，蕴藏量巨大，取之不尽，用之不竭。目前，我军在海洋能的开发与利用方面还处于初级阶段。因为海洋能在单位体积、单位面积、单位长度上拥有的能量密度较小，要想得到大能量，就要从大量的海水中获得，就目前技术水平来说难度较大；此外，海洋能发电站的前期勘测设计要进行大量的研究论证工作，费时较长。

1. 海水合成燃料技术

2014 年，美国宣布开发出一种利用海水生产燃料的方式，证明了可以利用海水来获取与烃类物质燃料有关的反应物，用于替代传统的石油燃料，展示了未来能源供应的新模式。

海水合成燃料技术使核动力航母舰队和驻岛屿部队实现油料自行保障成为可能，将引发油料保障模式的变革，具有重要的军事战略意义。随着我国海军发展战略由“近海”向“远海”转变，发展核动力航母势在必行。航母核燃料一般可使用几十年，战时不需要能源保障，在海上的长期机动性优势很突出。但是，航母上的舰载机和配套舰艇却需要油料保障，这极大制约了核动力航母舰队的机动性和作战能力，限制了核动力航母本身优势的发挥。核动力不同于常规动力，不能频繁开启，因此在低、中速航行或者停泊军港时产生的大量能量就被浪费掉了。利用航母核动力装置能量，将海水中的二氧化碳与氢转换成舰载机和舰艇可使用的燃料，既提高了核燃料运用效率，又可实现舰载机和舰艇油料的自我保障，将实现航母编队油料保障模式的变革。目前，美军已突破关键技术，完成了实验室技术的系统集成，实验室装置合成的海水合成燃料已在无人驾驶的飞机上进行了试用，即将进入工程化研究阶段。

远离大陆的岛屿油料保障一直是一个难题。如遇上风暴和巨浪，油料运送困难很大。如果是战时，还要解决敌方封锁和火力打击的问题，油料保障难度就更大了。为了解决这一问题，有人提出建立风光柴储一体化发电和供电的技术方案，替代部分柴油解决岛上的发电问题。目前，我军已在西沙建立了示范应用工程。但是，这种方案不能彻底解决岛上的用能问题，如装备的用油还是需要远距离输送，也没有解决多余电的储能问题。如果利用风能、太阳能和海洋能发电技术，把多余的电能转变为液体燃料存储起来，就会解决岛上人员生活和装备用能问题，还可给过往的舰船、飞机充电、加油，根本不用往岛上送油料了。海水合成燃料技术就是解决这一问题的有效途径。

因此，开展海水合成燃料关键技术研究，具有重要的军事和经济意义，是一项战略前瞻性的基础研究工作。

2. 海洋能开发与利用的必要性

我国辽阔的海域和众多海岛是国家重要屏障，是国家领土和主权的象征，是军队重要的前哨基地，战略地位至关重要。但是特殊的地理位置和地域环境，导致这些地区的能源保障安全面临严峻挑战。

一是保障模式单一，严重依赖柴油机和油料补给。单是油料保障，从原油开采到部队使用，就涉及十多个环节，时空跨度大，保障链条长，制约因素多，易遭打击和破坏。

二是我国边境漫长，哨所遍布各个海岛，海岛远离内陆，海况复杂恶劣，有时保障船只无法靠岸。高原、边防和海岛能源保障需要远距离输送，在保障过程中，能源消耗大，保障效率低，遇上恶劣气候则无法实施保障。如果突发战事，远水难救近火，再加上敌人封锁、破坏，能源保障异常困难，甚至会出现断供局面。

三是随着国家利益的拓展延伸，军队海外执行任务的频次更多、规模更大。

四是这些区域上的新型武器装备对能源保障提出了更高要求，在传统能源不能满足的情况下，合理利用与开发海洋能便显得尤为重要，弥补现有能源保障短板，极大提高高原、边防和海岛等地区的能源保障效能，进而提升该地区部队的作战能力。如何科学合理利用边防和海岛的海洋能源资源，是实施边防和海岛新能源保障工程化建设的基础工作和必要条件。

第九章

储能技术及其在军事领域应用

储能的主要任务是克服能量供应和需求在时间上或空间上的差别，采用一定的方法，通过一定的介质或装置，把某种形式的能量直接或者间接转换成另外一种形式的能量存储起来，在需要的时候以特定形式释放出来。由于新能源具有间断式供应，波动性大，对持续供能不利的特点，在新能源的开发转换运输利用过程中，能量的供应和需求之间，往往存在着数量上和时间上的差异，而储能技术正好能够弥补这些差异，有效利用能源。所以储能对于新能源的开发和利用来说，是必不可少的。

第一节

储能技术的概念与分类

能源即能量的来源，提供能量的资源。能量是对一切物质运动、变化和相互作用的度量，是社会发展的基石。随着科技的进步以及人类对能源需求的加大，新能源显得越来越重要，而储能技术在新能源的利用中具有不可替代的作用。它不仅可以解决新能源发电的不稳定性问题，还可以将多余的能源储存起来。

储能主要是指用各种方法将电能、热能、机械能储存起来。储能解决的是如何高效地转化并储存各种能量的问题。能量存储装置通常被定义为“为了电气、化学、电化学、机械或热存储的目的而接收能量，并且使其再次可用于延时使用的系统”。储能可以有效地利用能源，弥补能源开发、利用等过程中的数量、形态和时间上的差异，存储和释放能量的人为过程或技术手段，称为储能技术。

根据目前利用较多的两种能源储存方式，将储能分为储热和储电两种。储热有显热储能、潜热储能和热化学储能三种。而电能由于本身的独特性，属于过程性能源，不能够直接存储，所以一般将电能转化为化学能、机械能或者电磁能的形式存储。

从技术原理上讲，储能主要分为机械储能、化学储能、电磁储能、热储能、氢储能（图 9-1）。

基于相应的技术设备，可以实现的储能方式有以下几类。

机械储能：以动能的方式存储能量，包括抽水蓄能（水的潜在能量）、压缩空气储能（气体压力的动能）、飞轮储能（旋转质量的动能）。

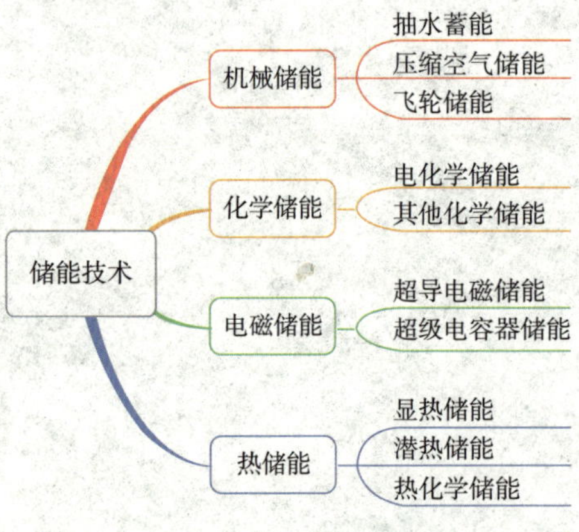

图 9-1 储能技术的分类

化学储能：在正向化学反应中吸收能量，把能量存储在化学反应的产品中，在逆向反应中则释放能量。包括电化学储能（电解液或电极中的电化学能）、其他化学储能（各种燃料产品中的化学能）。

电磁储能：把能量保存在电场、磁场或交变电磁场内。分为超导磁储能（磁场中的电能）、超级电容器储能（电场中的电能）。

热储能：以任何方式存储热能。包括显热储能（粒子运动中的热能）、热化学储能（通过吸热反应储热）、潜热储能（热力学状态变化的热能）。

储能贯穿新能源开发与利用的全部环节，是能源转换与缓冲、调峰与提效、传输与调度、管理与应用的核心技术，既是国家能源安全的重要保障，也是电动汽车等新兴产业主要发展动力，具有重要的战略价值和辉煌的产业前景。储能的技术多种多样，本章将在后面对其依次进行介绍。

第二节

储能技术发展的必要性以及发展趋势

无论是人类日常生活还是在工业生产、军事应用中，储能技术都十分重要。对于电力工业来说，由于人们对于电力需求的最大特点是昼夜负荷需求变化大，形成巨大的电力峰谷差，峰期电量紧张，而谷期电量过剩。如果能够良好地使用储能技术将峰期电能存储起来在谷期使用就能大大提高能源的利用率。

对新能源和可再生能源进行研究和开发，寻求提高能源利用率的先进方法，已成为全球共同关注的首要问题。对中国这样一个能源生产和消费大国来说，既有节能减排的需求，也有以能源增长支撑经济发展的必要，这就需要大力发展储能产业。日益增长的能源消费，特别是煤炭、石油等化石燃料的大量使用对环境和全球气候所带来的影响，使得人类可持续发展的目标面临严峻威胁。据预测，如按现有开采不可再生能源的技术和连续不断消耗这些化石燃料的速率来推算，煤、天然气和石油的可使用有效年限分别为100~120 年、30~50 年和 18~30 年。显然，21 世纪所面临的最大难题及困境可能不是战争及食品，而是能源。储能本身不是新兴的技术，但从产业角度来说却是正处在起步阶段。到目前为止，中国没有达到类似美国、日本将储能当作一个独立产业加以看待，并出台专门扶持政策的程度，尤其在缺乏储能付费机制的前提下，储能产业的商业化模式尚未成形。

随着风能、太阳能等可再生能源的日益普及，以及电网调峰、提高电网可靠性和改善电能质量的迫切要求，电力储能系统的重要性日益凸显。因此，电力储能技术的应用前景非常广阔。电力储能技术为实现电网安全可靠、稳定运行的目标，解决风电等可再生能源发电并网对电网的影响和供用电不平衡等难题提供了解决方案。储能技术的应用推广是新能源产业蓬勃发展的保证。当前，我国储能技术在多个领域取得了一定成绩，在抽水蓄能、锂电池等领域已成为世界领军梯队的重要一员。随着近年来国家对于新能源产业重视力度的增强，无论是规模储能技术还是动力电池储能技术，在我国都处于未来发展机遇期。但是，产业的发展也存在一些问题。如何应对经济性、利用、推广、规划引导等多方面的挑战，推进储能产业健康、快速、有序发展，是研究者今后重要的课题。

从人类发现自然界的显热能源开始，储能技术就诞生了，经过多年的发展达到了如今的地步。从古至今储能技术的发展可以分为以下四个阶段：

第一阶段是18世纪以前。人类的储能方式以储热为主。人类在日常生活中需要利用热能，便通过经验或者是无意识地发现了如何储能。例如早期人类使用石头建造屋子，可以在寒冷的冬天将热能存储在生活的地方，利用的就是石头的储能作用。此外，人类在冬天将冰块从河流湖泊中捞出，储存在冰窖里，在夏天时用来降温或者长期存放食物（图9–2）。在此阶段，人类利用的储能方式大多是直接从大自然中获得，具有简单、方便、利于使用的特点。

图9–2 古人使用冰块储能

第二阶段是19世纪初至19世纪末。1800年意大利科学家伏特发明的伏打电堆拉开了电能存储时代的序幕，人类的储能方式从单一的热能存储转变为热能电能的存储。伏打电堆实际上就是串联的电池组，它是早期的电学实验、电报机的电力来源。1836年，英国的丹尼尔对伏打电堆进行了改良，解决了电池极化问题，制造出第一个不极化、能保持平衡电流的锌—铜电池。1860年，法国的雷克兰士发明了锌锰“湿电池”（即碳锌电池），该电池是世界广泛使用的电池（锌锰电池）的前身。1887年，英国人赫勒森发明了最早的干电池。1890年，爱迪生发明了可充电铁镍电池（图9–3）。电池技术的发展，极大地推进了社会的进步，将储能技术发展由热能存储带进了电能存储时代。这一阶段的储能大多围绕着电化学存储即电池的研究展开。

图9–3 爱迪生和铁镍电池

第三阶段是19世纪末21世纪初。储能技术进入了多元化的发展阶段，除了单一的电池储能，各种储能技术不断涌现。1882年，世界上第一座抽水储能电站在瑞士苏黎世建成，开启了抽水蓄能技术快速发展的时代（图9–4）。到20世纪60~70年代，美国宇航局（NASA）Glenn研究中心开始把飞轮作为蓄能电池应用在卫星上，使得飞轮储能进入人们的视野。1978年，

图9–4 抽水蓄能蓄水池

第一台商业运行的压缩空气储能机组在德国亨托夫诞生。储能技术不再仅限于电池的研究，开启了全方面、多方位的研究时代。

第四阶段是 21 世纪以后。由于世界各国对新能源和可再生能源的重视，尤其是智能电网、新能源汽车等的快速发展，储能的需求也快速增长，各种储能技术都得到了高度的重视。美国定位储能成为实现新能源新政策的支撑性技术，日本利用补贴支持储能，欧盟对储能示范项目进行资助。我国政府也一直高度重视储能的发展，在推动能源生产和利用方式变革方面，指出“依托信息、控制和储能等先进技术，推进智能电网建设，切实加强城乡电网建设与改造，增强电网优化配置电力能力和供电可靠性”。随着新能源和可再生能源开发利用技术的不断进步，储能产业的发展仍然面临更多的机遇（图 9–5）。

图 9–5　运用了各种储能技术的智能电网

消费者对可再生能源发电资产的日益关注以及能源效率的不断提高，将会刺激全球储能系统市场的增长。根据国际能源署（IEA）的预测，全球 2040 年可再生能源发电的份额将增长到 40%。此外，有效的负载管理和持续供电的需求上升，将会提高可再生能源发电的渗透性（图 9–6）。

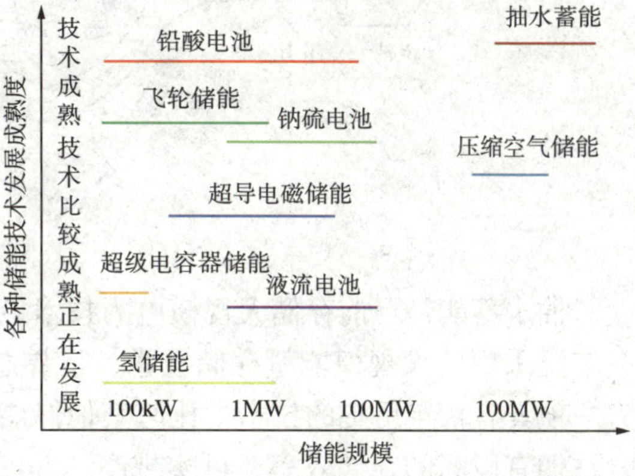

图 9–6　目前各类储能技术发展状况

第三节
储能技术分类

一　机械储能技术

机械储能是指将电能转换为机械能存储起来，在需要使用时再重新转换为电能。机械储能包括抽水蓄能、压缩空气储能和飞轮储能。

1. 抽水蓄能

抽水蓄能电站是目前工业上最常用的能量存储方式，主要遵循两种构造原则：泵加涡轮的串联结构和水泵水轮机的使用。抽水蓄能电站有一个建在高处的上水库（上池）和一个建在电站下游的下水库（下池），机组能起到一般水轮机的发电作用和作为水泵将下池的水抽到上池的作用。在电力系统的低谷负荷时，抽水蓄能电站的机组作为水泵运行，在上池蓄水；在高峰负荷时，作为发电机组运行，利用上池的蓄水发电，送到电网。两个水池之间的高度差一般在 70~600m（图 9–7）。通常，抽水蓄能电站的效率在 70%~80%。

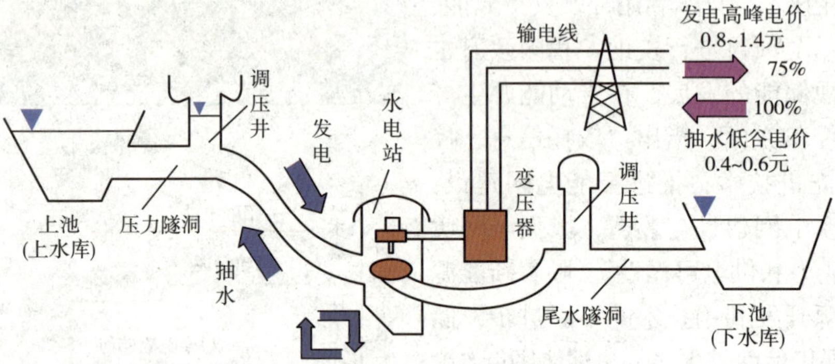

图 9–7 抽水蓄能工作原理

抽水蓄能是目前存储大规模电力技术最成熟、成本效益最好的储能技术，也是当前唯一广泛采用的大规模能量存储技术，世界总装机容量已超过 15 万 MW。抽水蓄能电站作为一项具有百年历史的技术，比起其他储能技术，已经发展得十分成熟。现在的抽水蓄能电站拥有极高的存储效率，可实现高达 80% 的整体效率，并且宜为备用电源，效率较高，储能容量大。与此同时，抽水蓄能技术的缺点也是一目了然的；抽水蓄能电站的建设有着极大的地理限制，因为上、下水库要求存在于较近的距离内，并有着较大的高度差；且在高度差有限的条件下，抽水蓄能电站所能达到的能量密度有限；除此之外，对该技术发展最大的限制是它极低的经济性，抽水蓄能电站的投资成本很高，回报周期很长，通常需要 30 年以上的回报周期，有些甚至根本不能盈利（见表 9–1）。

抽水蓄能电站的规划、设计、建设、运行、管理等问题与政策和电价机制问题是有机地连在一起的。抽水蓄能电站应该沿用由电网管理的体制，对于电网企业由于新能源上网的不断增加而面临的价格压力，给予适当的补贴。

表 9–1 抽水蓄能技术优缺点

优点	缺点
1. 技术成熟度高	1. 能量密度低
2. 使用寿命长	2. 地理限制
3. 自放电率低	3. 投资成本高
4. 整体效率高	4. 经济性差，投资回报周期长
5. 与其他存储技术相比存储成本极低	

抽水蓄能是全球装机规模最大的储能技术。大部分抽水蓄能电站和水电站、核电站一起结合应用，在很多国家都有推广，尤其是发达国家，在核电的开发，水能、风能的利用和蓄能配套方面已有一定成功经验。其中，日本、美国和欧洲等国的抽水蓄能电站装机容量占全世界抽水蓄能电站总和的80%以上。

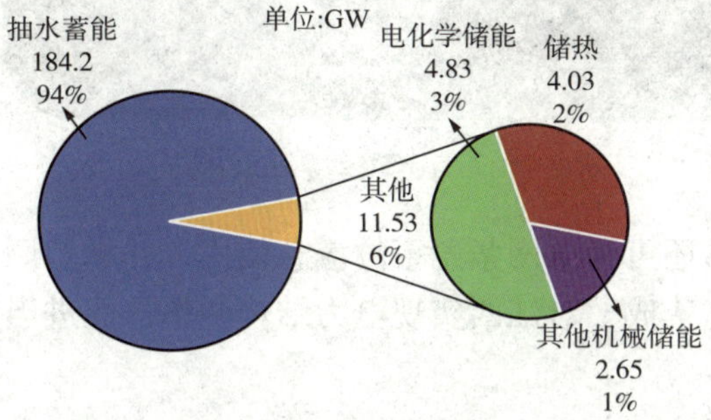

图 9-8 全球储电项目累计装机规模占比

根据中关村储能产业技术联盟（CNESA）全球储能项目库的不完全统计，截至2019年底，抽水蓄能的累计装机规模占储电项目累计装机容量的94%。2014~2019年，全球抽水蓄能的装机规模呈递增趋势。2019年，全球抽水蓄能累计装机规模为184.2GW（图9-8）。

我国的抽水蓄能技术经历了漫长的发展。2003年以前，我国抽水蓄能领域相关技术研究还处于一片空白，抽水蓄能电站的设备都依靠进口。2003年3月，我国正式提出“技术引进—掌握优化—自主创新”的“三步走”发展战略，通过产、学、研、用的勠力同心“总体战”，逐步实现抽水蓄能电站机组及成套设备制造自主化。截至2019年底，中国已投运储能项目累计装机规模31.3GW，其中抽水蓄能的累计装机规模最大，为29.99GW，同比增长4.86%，占全国储能装机总规模的96%。

虽然中国抽水蓄能电站发展趋势良好，但仍然存在着不少问题。目前，我国抽蓄电站总体上存在发展慢、电价机制待完善、电站作用未充分发挥、投资主体单一等问题，导致部分机组利用率较低、顶峰发电能力未能充分发挥。从根本上看，还是认识差异和经济吸引力不够，企业投资积极性不高。

位于山东的泰山抽水蓄能电站，安装4台单机容量为250MW的可逆式水泵水轮机组和发电电动机组。电站上水库设计有效库容为895.11万m^3（图9-9），下水库有效库容为895.11万m^3，额定水头225m，电站引水系统长2065.6/2043.7m，采用两管四机方式布置，设计年发电量13.382亿kW·h，设计年抽水电量17.843亿kW·h，年发电利用1338h，设计综合效率75%。

机组以两回220kV出线接入山东电网，机组全部由山东电网统一调度，主要服务于山东电网，电站在系统中主要担负调峰、填谷作用，兼有调频、调相和紧急事故备用等功能。

图 9-9 山东省泰山抽水蓄能电站上水库

2010年3月，国家发改委核准洪屏项目，终期装机规模为240万kW。目前，洪屏一期的上下水库、大坝、上下库连接公路等已按两期240万kW规模

图 9-10 江西洪屏抽水蓄能电站

建成。4台机组于2016年全部投入商业运行，洪屏抽水蓄能电站总效率为0.823，上水库满发利用小时数22h，均居全国抽水蓄能电站第一位（图9-10）。

随着项目的全面建成投产，洪屏一期每年可输送高峰电量17.43亿kW·h，吸纳低谷电量22.93亿kW·h。可替代原煤11.5万t，减排二氧化碳22.93万t，减少二氧化硫排放量约0.23万t，为减少大气污染、优化环境质量提供了有力支撑。除此之外，洪屏电站还可为电网紧急事故应急使用，并承担调频、调相等任务，增加系统的动态效益。电站的建成，对江西实现电力结构调整、促进当地经济和社会可持续发展具有十分重要的意义。

2. 压缩空气储能

压缩空气储能的基本原理很简单，即在电网负荷低谷期使用电能压缩空气，将空气高压密封在报废矿井、储气罐、山洞、过期油气井或新建储气井中，在电网负荷高峰期释放压缩空气推动汽轮机发电（图9-11）。压缩空气储能有多种应用形式，例如压缩空气罐、盐矿中的洞穴或在多孔但气密性良好的岩层中储能。

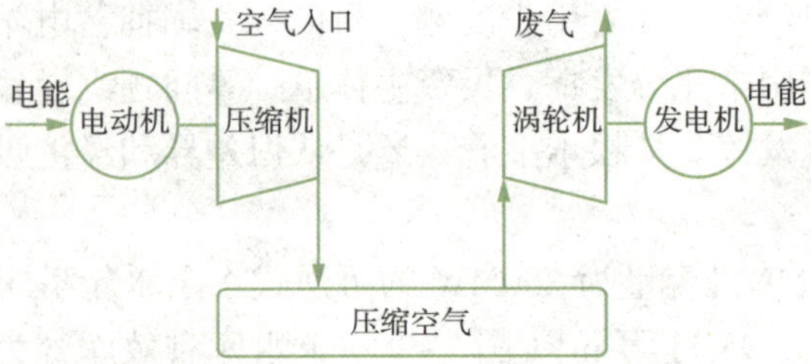

图 9-11 压缩空气储能工作原理

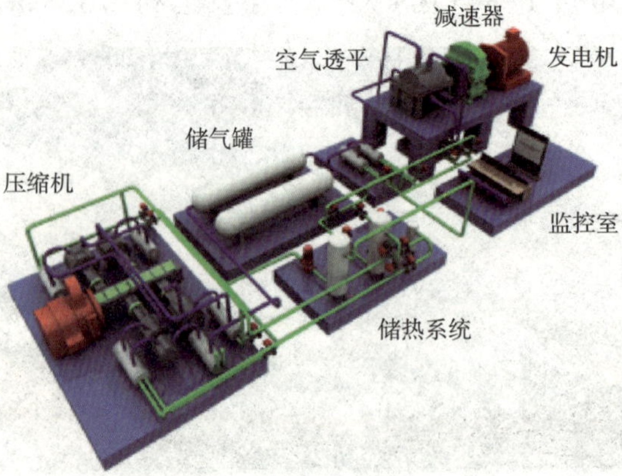

图 9-12 压缩空气储能系统图

一套完整的压缩空气储能系统由四大关键设备组成：压缩机、压力容器、涡轮机以及发电机（图9-12）。其中压缩机的作用是将空气压缩，将电能转化为空气内能，空气压力可达70~100bar，温度可达1000℃。压力容器能够存储冷却后的空气，但若采用洞穴存储，则需要满足耐压程度较高、密封性较好的地质条件。涡轮机使空气通过涡轮机降压，内能转化为动能。发电机多为同步发电机，将动能转化为电能。

压缩空气储能燃料消耗比调峰用燃气轮机组低1/3，所消耗的燃气要比常规燃气轮机少40%，安全系数高，使用寿命长。压缩空气储能规模大，仅次于抽水蓄能，场地限制较小，适用于大型电站，建造成本和运行成本比较低，低于钠硫电池或液流电池，也低于抽水蓄能电站，具有很好的经济性，通过维护，使用寿命可达40~50年。压缩空气储能使用的原料是空气，不会燃烧，没有爆炸的危险，不会产生任何有毒有害气体，因此安全性和可靠性高。由于其储能规模大、成本低，在全球范围内有很大的发展空间。压缩空气储能由于能够弥补抽水蓄能的先天不足，是有效解决我国大规模储能问题的重要技术（图 9-13）。

压缩空气储能的缺点主要有三方面：一是效率较低，由于空气受到压缩时温度会升高，因此在压缩空气的过程中，空气释放膨胀的一部分能量以热能的形式散失，在膨胀前需要重新进行加热，且通常以天然气作为加热空气的热源，导致储能效率降低。二是依赖大型储气装置，需燃烧化石燃料，造成污染；三是受到地穴、矿井等特殊地形条件的限制，不能大规模推广使用。

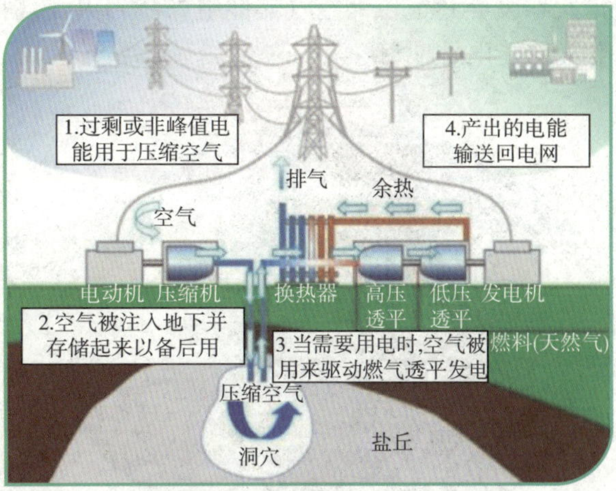

图 9-13　压缩空气储能电站原理

压缩空气储能主要应用于电站储能。目前，全球已有两座大规模压缩空气储能电站（CAES）投入了商业运行。

第一座是 1978 年投入商业运行的德国 Huntorf 电站（图 9-14）。机组采用两级压缩两级膨胀，压缩机功率为 60MW，膨胀机功率为 290MW（2007 年扩容至 321MW），压缩空气存储在地下 600m 的废弃矿洞中，总容积达 $3.1\times10^5m^3$，压力最高可达 100bar。机组可连续充气 8h，连续发电 2h。机组从静止到满负荷需要 11min，冷态启动至满负荷约需 6min，电站效率为 42%。

图 9-14　德国 Huntorf 电站

第二座是于 1991 年投入商业运行的美国 McIntosh 电站（图 9-15）。其储气洞穴在地下 450m，总容积达 $5.6\times10^5m^3$，储气压力约为 75bar。该电站压缩机功率为 50MW，膨胀机功率为 110MW，可实现连续 41h 充气和 26h 发电，机组从启动到满负荷约需 9min，系统效率为 54%。另外，日本于 2001 年在北海道空知郡投运了上砂川町 2MW 压缩空气储能示范项目。其余如瑞士、

图 9-15　美国 McIntosh 电站

法国、英国、意大利、俄罗斯、以色列、芬兰、南非和韩国等国家也在积极开发压缩空气储能电站。

我国目前没有已建成运行的压缩空气储能电站。2019 年 8 月 16 日，同煤集团云冈矿北大巷废弃巷道压缩空气储能电站项目开工（图 9–16）。这是我国首个基于煤矿巷道压缩空气储能电站项目。

图 9–16　山西大同煤矿巷道压缩空气储能电站项目开工仪式

该项目是同煤集团与大同市企地携手共同打造能源革命转型发展项目，首期建设 60MW，总规模 100MW。采用清华大学电机系技术团队研发的零排放压缩空气储能技术，结合山西当地资源优势，利用废弃煤矿巷道作为储气库搭建的基于煤矿巷道压缩空气储能系统，可以有效促进新能源的消纳，提高新能源利用率。项目建成后，将进一步增强能源安全储备、促进新能源健康发展，引领智能电网向低碳、绿色的方向发展，对能源结构的清洁化转型具有重要意义。

2019 年 11 月 23 日，山东肥城压缩空气储能电站项目开工奠基仪式隆重举行（图 9–17）。该项目总建设规模为 1250MW/7500MW · h，总投资约 60 亿元，分期建设实施，将在 2~5 年内陆续开工建设。

图 9–17　山东肥城压缩空气储能电站项目

该项目利用当地优质的盐穴储气资源，并结合先进压缩空气储能技术，是一种安全、环保、高效的大规模物理储能方式。项目建成后可对电网负荷起到削峰填谷、调峰调频作用，并可为电网提供电压支持、备用电源、黑启动等辅助服务，将在保障山东电网安全、稳定运行，提高新能源消纳能力等方面具有重要作用。

压缩空气储能未来的发展有很大空间。第一个方向是改进燃气轮机循环，可应用回热技术，发展联合循环技术，还可以将机组和电站大型化、自动化，进一步发展储存空间。压缩空气储能也可用于分布式能源系统及热、电、冷联供，应用微型、小型燃气轮机组成的微型或小型 CAES 电站，可在投入较少的情况下，调节峰谷差，保证供电质量。

3. 飞轮储能

飞轮储能是通过加速转子（飞轮）至极高速度的方式，将能量以旋转动能的形式储存于系统中。当释放能量时，根据能量守恒原理，飞轮的旋转速度会降低；而向系统中储存能量时，飞轮的旋转速度则会相应地升高。飞轮储能的原理是通过电动机将电能转化为飞轮转动的动能储存起来，供电时，将飞轮的动能通过发电机转化为电能输出到外部负载（图 9-18）。

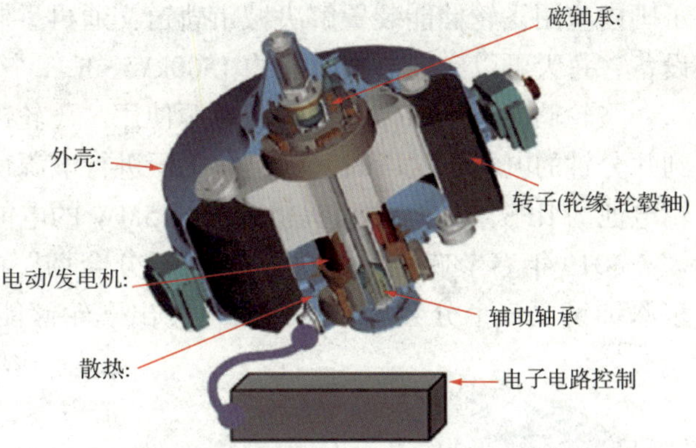

图 9-18　飞轮储能系统结构图

飞轮转子是飞轮储能系统中的核心部件之一。一般选用强度很高的玻璃纤维或碳纤维等复合材料，飞轮转子材料在低速时也可选用高强度钢和铝合金。飞轮转子的设计力求提高转子的极限角速度，减轻转子质量，最大限度地增大储能量。轴承系统用于支撑飞轮转子，是制约飞轮转速的关键因素之一。轴承系统的性能直接影响飞轮储能系统的可靠性、效率和寿命。目前，轴承系统主要采用永磁轴承、电磁轴承、超导悬浮轴承等非接触式磁轴承或其他低摩擦功耗轴承支承飞轮，并对轴承进行机械保护。

飞轮主要有两种形式：金属低速飞轮（速度：5000~10000r/min，储能密度 5W · h/kg）和现代纤维复合材料高速飞轮（速度：10000r/min，储能密度 100W · h/kg）。

飞轮储能最大的优点是可以在极短时间内释放出存在其中的能量，因此具有极高的功率密度，储能效率大概在 95%。然而，由于轴承和飞轮上的摩擦损失非常高，每小时约为 20%，导致飞轮储能的效率降低。为了改进这一缺陷，可以为飞轮提供真空环境，或使用带有超导体的磁力轴承，其损耗低于滚动轴承或滑动轴承。此外，飞轮储能器的操作过程需要复杂的冷却过程。而且，成本以及保证系统安全性方面的费用也很高，价格昂贵是影响飞轮储能大规模推广的重要因素之一。

由于技术和材料价格的限制，飞轮电池的价格相对较高，在小型场合还无法体现其优势。但在一些需大型储能装置的场合，使用化学电池的价格也非常昂贵，因此飞轮电池已得到逐步应用。

太空，包括人造卫星、飞船、空间站，飞轮电池一次充电可以提供同重量化学电池 2 倍的功率，同负载的使用时间为化学电池的 3~10 倍。美国太空总署已在空间站安装了 48 个飞轮电池，联合在一起可提供超过 150kW 的电能。据估计，相比化学电池，可节约 200 万美元左右。

交通运输，包括火车和汽车也可以利用到飞轮储能，飞轮电池充电快、放电完全，非常适合混合能量推动的车辆。美国 TEXAS 大学已研制出汽车用飞轮电池，电池在车辆需要时，可提供 150kW 的能量，能加速满载车辆到 100km/h。

2019 年 7 月 9 日，中国能源技术革命创新行动计划中的兆瓦级飞轮储能技术研究实现突破，国产 GTR 飞轮储能装置于 8 日在北京地铁房山线广阳城站正式实现商用，填补了国内应用飞轮储能装置解决城市轨道交通再生制动能量回收方式的空白。这样的兆瓦级设备，每天可以实现节省电能约 1500kW · h，一年节省用电成本 50 万元。

飞轮储能还可以作为不间断电源使用。飞轮电池可提供高可靠的稳定电源，提供几秒到几分钟的电能，这段时间已足够工厂进行电源切换。德国 GmbH 公司制造了一种使用飞轮电池的 UPS，在 5s 内可提供或吸收 5MW 的电能。

2019 年春节晚会采用“主会场 + 分会场”的形式，在吉林长春、江西井冈山和广东深圳设立三个分会场。国网公司派出飞轮储能不间断电源车（图 9-19）及保障人员，编制了在低温环境下的运行、维护、保养及改造方案，现场协助吉林公司开展供电保障工作。

图 9-19　飞轮储能不间断电源车

我国在飞轮储能方面的研究起步较晚，一些科研院所与高校进行了飞轮技术的相关研究。在国家“985 工程”建设项目的支持下，研制出 10kW 永磁体磁悬浮飞轮储能实验装置，实现了无功的灵活调节和补偿，可实现有功的灵活调节、存储和补偿。以这些储能装置为基础制作的新型电力系统稳定控制器已经在电力系统动态模拟试验环境下进行了试验，相比常规电力系统稳定器，其在鲁棒性和控制效果上都更为出色。

二 电化学储能技术

化学储能技术分为电化学储能和其他化学储能两种，其中电化学储能是指各种二次电池储能，是以化学元素为储能介质，充放电过程伴随储能介质的化学反应或者变化。电化学储能技术共有上百种，根据其技术特点，适用不同的场合。其中，锂离子电池一经问世，就以其高能量密度的优势席卷整个消费类电子市场，并迅速进入交通领域，成为支撑新能源汽车发展的支柱技术。与此同时，全钒液流电池、铅炭电池等技术经过多年的实践积累，正以其突出的安全性能和成本优势，在大规模固定式储能领域快速拓展应用。此外，钠离子电池、锌基液流电池、固态锂电池等新兴电化学储能技术也如雨后春笋般涌现，并以越来越快的速度实现从基础研究到工程应用的跨越。目前，电化学储能技术水平不断提高，市场模式日渐成熟，应用规模正快速扩大。本节选择其中占比较大的锂离子电池、锂金属电池、钠硫电池、铅蓄电池和液流电池进行介绍。

1. 锂离子电池

锂离子电池实际上是一个锂离子浓差电池，正负电极由两种不同的锂离子嵌入化合物构成。充电时，锂离子从正极脱嵌，经过电解液进入负极，此时负极处于富锂态，正极处于贫锂态；放电时则相反，锂离子从负极脱嵌，经过电解液嵌入正极，此时正极处于富锂态，负极处于贫锂态。锂离子电池是目前相对成熟技术路线中能量密度最高的实用型电池，转换效率可达到 95% 及以上，一次放电时间可达数小时，循环次数可达 5000 次及以上，响应快速（图 9–20）。

锂离子电池根据不同的正极材料，可以细分为五类：钴酸锂电池、锰酸锂电池、磷酸铁锂电池、钛酸锂电池和多元金属复合氧化物电池，多元金属复合氧化物电池又包括三元材料镍钴锰酸锂、镍钴铝酸锂等（图 9–21）。

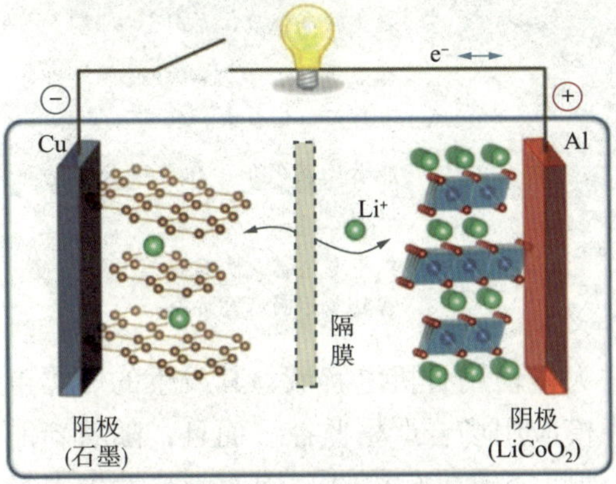

图 9–20　锂离子电池工作原理

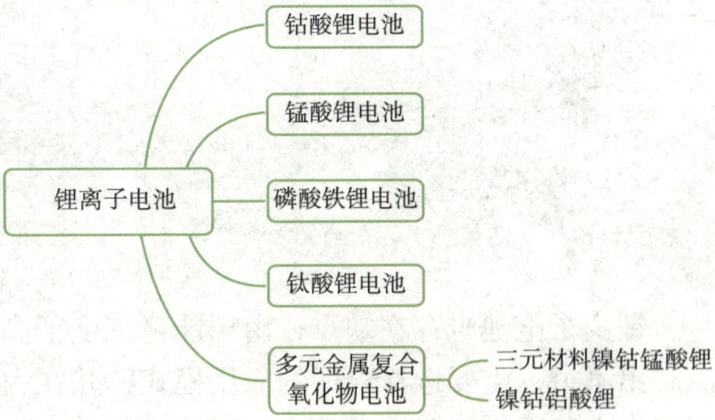

图 9–21　锂离子电池分类

五类锂离子电池由于其各自的特点，在不同领域发挥着不同的作用。自锂离子电池商业化以来，钴酸锂电池一直作为正极材料的主流被应用。由于钴酸锂在高电压下存在结构不稳定的问题，因此其工作电压较低，导致钴酸锂主要应用于小电池场合，如移动电话、计算机等。

早期的锰酸锂电池，在高温下与电解液的相容性较差，结构不稳定，导致容量衰减过快，因此高温循环差的缺点一直限制着锰酸锂在锂离子电池中的应用，所以也大多用于制造手机和笔记本电脑及其他便携式电子设备。近年来，掺杂技术的运用使锰酸锂电池具有了良好的高温循环与储存性能，目前已有少数国内企业可以制备，应用前景十分广阔。

磷酸铁锂电池具有结构稳定性和热稳定性高等特点，并且铁和磷的资源丰富，对环境友好，常温循环性能优异，近年来国内广泛将磷酸铁锂电池应用于新能源汽车领域，特别是商用车领域。

钛酸锂电池具有体积小、重量轻、能量密度适中、密封性能好、无泄漏、无记忆效应、自放电率低、充放电迅速、循环寿命超长、工作环境温度范围宽、安全稳定、绿色环保等特点，所以在通信电源领域具有非常广泛的应用前景。

三元材料电池受锰酸锂等单质材料掺杂技术的启发，综合了钴酸锂、镍酸锂和锰酸锂三类材料的优点，形成了钴酸锂 / 镍酸锂 / 锰酸锂三相的共熔体系，存在明显的三元协同效应，使综合性能优于单组合化合物。随着生产技术工艺的进步，三元材料电池迅速在新能源汽车领域，特别是乘用车领域占据了重要位置（表 9–2）。

锂离子电池凭借自身高能量密度和高功率密度的优势，成为目前主流的技术路线，在我国储能中的装机容量占比最大，增幅也最快，已成为发展最快的电化学储能技术。

表 9-2 不同锂离子电池对比

电池类别	平台电压 / V	能量密度 /（W·h/kg）	功率密度 /（W/kg）	安全性	寿命	成本	特点
钴酸锂	高 3.7	>200	高	低	中	高	抗过充性能差，不安全；具有放射性不环保
锰酸锂	高 3.7	~110	较高	中	中	低	总能量密度与铁锂相当；最大问题是较高温度工作时易溶解。
磷酸铁锂	较高 3.2	~160	较高	高	高	低	铝壳电芯，电压平台很平，能量发挥好，储量大、便宜、安全。
钛酸锂	较高 3.2	~100	低	高	高	高	能量密度较低，但寿命长，安全性高。
三元材料	高 3.7	~190	高	中	高	中	铝壳电芯，热失控温度 200 多度，需要多方面结合安全性

锂离子电池也存在缺点，由于能量密度很高、大量使用有机电解液，其发生的燃爆事故层出不穷，需要选择合适的应用模式，并在大规模应用场合严格监控。而且，随着新能源汽车电池逐渐退役，我国 2020 年退役的动力电池将突破 20GW·h，因而亟待发展退役动力电池的梯次利用回收技术，使能源的使用形成闭环。

经过 10 多年的发展，中、日、韩三国的锂离子电池电芯产值已占据全球市场的 90% 以上，锂离子电池行业三国鼎立的竞争格局已经形成。未来，锂离子电池需要在降低成本的基础上，继续大幅提高安全性，以实现在大规模储能领域的普及使用。

我国已有上百家电池企业推出磷酸铁锂电池产品，上海世博会采用锰酸锂和磷酸铁锂电池的电动汽车均超过 200 辆，多家企业已推出采用磷酸铁锂电池的电动轿车。由于锂离子电池在电网调峰和分布式储能中具有应用价值，我国也开展了相关的研究与示范工作。

国家电网公司建立了锂离子电池的研究与测试平台，能够对不同生产厂家、不同类型的锂离子电池的特性进行实验研究；开展了 20kW 以下级别的锂离子电池成组的研发，为锂离子电池大规模成组奠定了基础；系统分析了不同梯级应用场合对电池性能的要求、影响因素及相关表征量，建立了锂离子电池梯级利用的检测和评价体系。

2. 锂金属电池

锂金属电池是以活泼性较低的材料作为正极材料、用金属锂或合金金属作为负极材料，使用非水解电解质溶液的电池。由于锂金属电池的化学特性太过活泼，无论是加工、保存还是使用，对于环境的要求都非常高。而锂离子电池一般是使用锂合金金属氧化物为正极材料、石墨为负极材料，使用非水电解质的电池。这两者的区别主要是阳极材料的选择，锂电池（锂原电池或者锂金属电池）使用锂金属或者锂合金为阳极，而锂离子电池主要使用石墨类材料。

锂离子电池出现后，锂金属电池已不再被大量利用，所以我们平常说的锂电池一般指的是锂离子电池。但部分锂金属电池以及一些新研制出的锂金属电池仍因为其独具的优越性得到良好的利用。

锂氟化碳电池就是现在仍被大量使用的锂金属电池之一。锂氟化碳电池负极为金属锂，正极为固态氟化碳，是一种固体正极锂原电池。该电池电解液为有机电解质，隔膜为一种或多种烃类有机复合膜。锂氟化碳电池的正极材料——氟化石墨是最好的固体润滑剂和防水剂。在国防等领域有重要应用。氟化石墨能量高、电压高、自放电低，特别适合用于长期工作于无人或封闭环境中的仪表电源。以氟化石墨为正极的锂氟化碳电池，是远程、无人监测、侦查装置的能源保障。

锂氟化碳电池具体优势在于：环保无污染；安全性高；使用温度范围宽；工作电压平稳；高、低温性能优良；自放电率低。

目前，美国、德国等都把锂氟化碳电池体系的研究重点投注在军事应用方面。近几年，国外军方开始支持锂氟化碳技术的研究；美国锂氟化碳电池将在 3~10 年内成为美国陆军的主导电池。

德国 Varta 公司针对 BA-5590 军用锂原电池组设计需求，研制出 BR-20 型锂氟化碳电池单体，并通过 4 并 13 串结构组成 BA-5590 电池组，以锂氟化碳电池组为单兵作战系统动力源的现场演示，可以看出锂氟化碳电池的安全性获得广泛认可，并可使士兵携带的电源负荷质量降低了 80% 以上。

锂硫电池是目前最新研发的锂金属电池，在保留了锂金属电池的各种优点的情况下，弥补了传统锂金属电池的缺陷。锂硫电池是以硫元素为电池正极，金属锂作为负极的一种锂电池。单质硫在地球中储量丰富，具有价格低廉、环境友好等特点。以硫作为正极材料的锂硫电池，其材料理论比容量和电池理论比能量较高，分别达到 1675mAh/g 和 2600W · h/kg，远远高于商业上广泛应用的钴酸锂电池的容量（<150mAh/g）。并且硫是一种对环境友好的元素，对环境基本没有污染，是一种非常有前景的锂电池。

锂硫电池以硫与碳的复合物作为正极，金属锂或锂合金箔作为负极，使用醚类溶剂、锂盐和添加剂组成的液态电解液，其基本原理如图 9-22 所示。

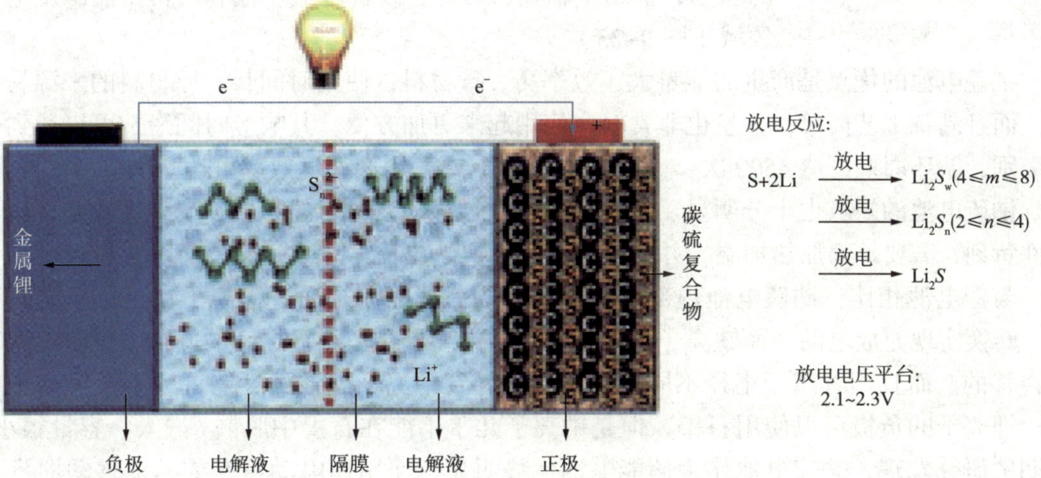

图 9-22　锂硫一次电池的基本结构原理示意图

目前，开发锂硫一次电池最具挑战性的任务是进一步提高其实际比能量，弥补现有商业化一次电池的不足。这需要在提高活性物质利用率的同时，降低非活性物质的质量比例。目前，锂硫电池中非活性组分电解液的含量占30%~50%（质量比），远高于锂离子电池中10%~20%的用量，是提高电池能量密度的主要障碍。在锂离子电池中，电解液的作用仅仅是传导锂离子以导通内电路，而在锂硫电池中，除了离子传输作用，还需要足够的电解液来溶解放电中间产物多硫化锂，不断暴露出新鲜的电极界面，以保证放电容量充分释放。因此，要降低电解液的使用量，须尽可能提高电极内部有效的电化学活性表面积、缩短多硫化锂的传质路径，从而保证优异的电池性能。尽管提高电极内部的碳/硫比例会有效改善电池性能，但同时会降低电池的实际比能量。

由于技术不成熟，目前锂硫电池尚未得到大量应用。2014年，空中客车公司（AIRBUS）的“西风7”无人机依靠锂硫电池实现了不间断飞行11天的纪录。而目前锂离子电池是无法让无人机在高空低温环境下长时间飞行。因此，锂硫电池未来会首先应用于无人机领域，尤其是对未来超长航时无人机的发展会起到极大的促进作用。

3. 钠硫电池

钠硫电池的正极由液态硫组成，负极由液态钠组成，中间隔有陶瓷材料的贝塔氧化铝管。钠硫电池的运行温度需保持在300℃以上，以使电极处于熔融状态。钠硫电池在放电过程中，电子通过外电路由阳极（负极）到阴极（正极），而钠离子通过附体电解质与硫形成多硫化钠产物，在充电时电极反应与放电时相反。钠与硫之间反应剧烈，因此两种反应物之间必须用固体电解质隔开，同时固体电解质必须是钠离子的导体。所以目前采用的是贝塔氧化铝管，只有温度在300℃以上时，该电解质才具有导电性。钠硫电池目前发展的重点是固定场合（如电站储能）的应用，多用于调频、移峰、改善电能质量和可再生能源发电等领域（图9-23）。

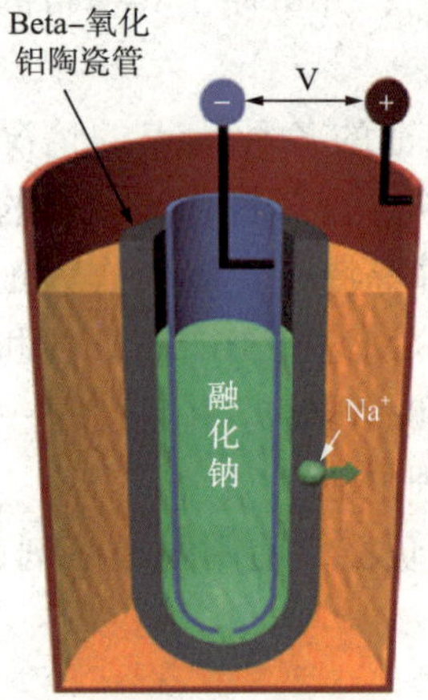

图9-23　钠硫电池结构图

钠硫电池的优点是产生的能量大、效率高、省材料，使用时间长，原材料的来源易获得，而且制备工艺简单，重量也非常轻，使用起来更加方便。其响应时间短，可以达到毫秒级别，循环周期可达4500次，一次放电可达6~7h，周期往返效率可达75%。

钠硫电池的缺点也十分明显。钠硫电池不适合移动，原材料易燃，安全性较差；使用条件苛刻，需要外部加热加温，并且最好使用真空绝热技术。

与锂电池相比，钠硫电池内部电荷载体不同。锂电池是通过锂离子在正负极之间移动、转换实现充放电的，而钠离子电池则是通过钠离子在正负极之间的嵌入、脱出实现电荷转移的。而且两者离子半径不同，这个差别导致钠离子电池的性能远远不及锂离子电池；锂离子的负极可以使用石墨，但是钠离子几乎不能在石墨中脱嵌/嵌入，容量很小。长期的研究发现，钠硫电池作为储能电池优势明显，而用作电动汽车或其他移动器具的电源时，不能显示其优越性，且早期的研究并没有完全解决钠硫电池的安全可靠性问题，因此钠硫电池在车用能源方面的应用最终被人们放弃。

钠硫电池是一种适用于大规模固定式储能的技术。世界上最大的钠硫电池生产企业是日本的 NGK 公司。NGK 和东京电力公司合作开发钠基电池，并在 1992 年实现了第一个钠硫电池示范储能电站。图 9–24 是由 NGK 建设的全球规模最大的 34MW 风力发电储能应用示范工程，能够有效保障风力发电平稳输出。

在我国，中国科学院上海硅酸盐研究所和上海电力公司于 2014 年合作实施了国内首个 1.2MW · h 钠硫储能电站工程化应用示范项目。采用户外堆仓设计，是国家科技支撑计划课题“以大规模可再生能源利用为特征的智能电网综合示范工程”的重要组成，也是我国首个钠硫储能电站工程化应用示范项目。

图 9–24　上海崇明钠硫电池储能电站示范工程

2019 年 3 月，中科海钠与中国科学院物理研究所联合推出 30kW/100kW · h 钠离子电池储能电站，实现用户侧的示范应用。钠离子电池技术的成功开发有望在一定程度上缓解由于锂资源短缺引发的储能电池发展受限问题。

钠硫电池是新兴的化学能源电池，被世界上很多的科学家重视和研究。钠硫电池具有很高的能源电力，充分说明钠硫电池确实很有价值。近几年钠硫电池在电站的储能方面应用较多，充分发挥了它自身的环保高能源的优势，也许在不久的将来它会突破自身的局限性，更好地为人类服务。

4. 铅蓄电池

铅蓄电池是世界上应用最广泛的一类电池。铅蓄电池主要部分有电解液（稀硫酸）、电池外壳、隔离板、极板、连接条等。铅蓄电池充电后，正极板是二氧化铅，在硫酸溶液中水分子的作用下，少量二氧化铅与水生成可离解的不稳定物氢氧化铅，氢氧根离子留在溶液中，铅离子留在正极板上，故正极板上存在电子。铅蓄电池充电后，负极板是铅，与电解液中硫酸发生反应，变成铅离子，铅离子转移到电解液中，负极板上留下多余的两个电子。可见，在未接通外电路时，由于化学作用，正极板上缺少电子，负极板上多余电子，两极板间就产生了一定的电位差，这就是电池电动势（图 9–25）。

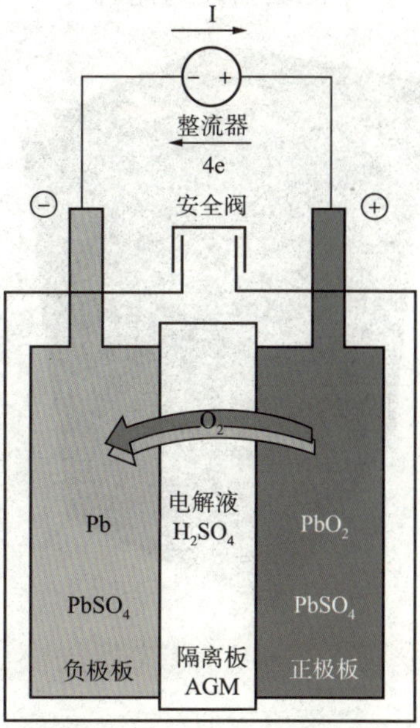

图 9–25　铅蓄电池工作原理

相较其他二次电池，铅蓄电池主要有以下优势：是实现工业化生产的时间最长、技术最成熟的电池，性能稳定、可靠，适用性好；采用稀硫酸作电解液，无可燃性，电池采用常压或低压设计，安全性好；工作电压较高、工作温度范围较宽，适用于混合电动车（HEV）等高倍率放电应用；能浮充电使用，浅充浅放电性能优异，适用于不间断电源（UPS）、新能源储能、电网削峰填谷等领域；大容量电池技术成熟，能制成数千安时的电池，为大规模储能提供了便利。铅蓄电池是最廉价的二次电池，单位能量的价格是锂离子电池或氢镍电池的1/3左右。此外，铅蓄电池的主要成分为铅和铅的化合物，铅含量高达60%以上，废旧电池的残值较高，回收价格超过新电池的30%，因此铅蓄电池的综合成本更低。

铅电池也存在不少缺点：首先是能量密度偏低。传统的铅蓄电池质量和体积能量密度偏低，能量密度只有锂离子电池的1/3左右、氢镍电池的1/2左右，并且体积较大，不适宜在质量轻、体积小的设备上使用。其次是铅蓄电池循环寿命偏短。理论循环次数为锂离子电池的1/3左右。最后是产业链存在铅污染风险。铅是铅蓄电池的主要原材料，铅占电池质量的60%以上，全球铅蓄电池的用铅量占总用铅量的80%以上，铅为重金属，铅蓄电池制造产业链（包括原生铅冶炼、电池制造、电池回收、再生铅冶炼）存在较高的铅污染风险，管理不善会对环境造成污染并对人体健康产生危害。

人们对铅酸电池进行了改进，研制了铅炭电池，铅炭电池是铅酸电池研究的最新成果。铅碳电池是一种电容型铅酸电池，是从传统的铅酸电池演化而来的，它是在铅酸电池的负极中加入了活性炭，这样就显著提高了铅酸电池的寿命。

国际上，美国桑迪亚国家实验室、美国 Axion Power 公司、国际先进铅酸电池联合会、澳大利亚联邦科学与工业研究组织、澳大利亚 Ecoult 公司和日本古河电池公司等机构均开展了铅炭电池的研发工作，并成功将该技术应用在数兆瓦的储能系统中，可满足中小规模储能和大规模储能市场的需求。

中国在铅碳电池研究、开发、生产与示范应用方面也取得了长足的进步。比较有代表性的是南都电源、双登电源等铅酸电池企业，它们与中国人民解放军防化研究院、哈尔滨工业大学等单位合作，开发出自己的铅碳电池技术，并在国内成功实施了多个风光储应用示范项目。例如，浙江鹿西岛68MW·h并网新型能源微网项目，珠海万山海岛8.4MW·h离网型新能源微网项目，无锡新加坡工业园20MW智能配网储能电站等。2018年，中国科学院大连化学物理研究所与中船重工风帆股份有限公司合作，开发出拥有自主知识产权的高性能、低成本储能用铅炭电池（图9-26），开展了光伏储能应用示范。

图9-26 铅炭电池

目前，尽管铅碳电池的循环寿命比铅酸电池有大幅提高，但是比起锂离子电池来说还有明显不足。如何进一步提高铅碳电池寿命，以及如何进一步降低铅碳电池成本，成为其后续发展亟待解决的关键问题。

5. 液流电池

液流电池是一种活性物质存在于液态电解质中的二次电池技术。电解液置于电池堆外部，在循环泵的推动下流经电堆，并通过发生电化学反应，实现化学能与电能的转换，从而实现电能的存储与释放。其工作原理如图 9–27 所示。

根据活性物质的不同，液流电池可分为全钒液流电池、锌溴液流电池、多硫化钠 / 溴液流电池、铁 / 铬液流电池等。

液流电池的核心优点是寿命长，循环次数可超过 10000 次。液流电池的充放电原理是化合价的变化，而非普通电池的物理变化，因此其使用寿命极长。但是，液流电池的能量密度和功率密度相对较低，而且响应速度较慢。

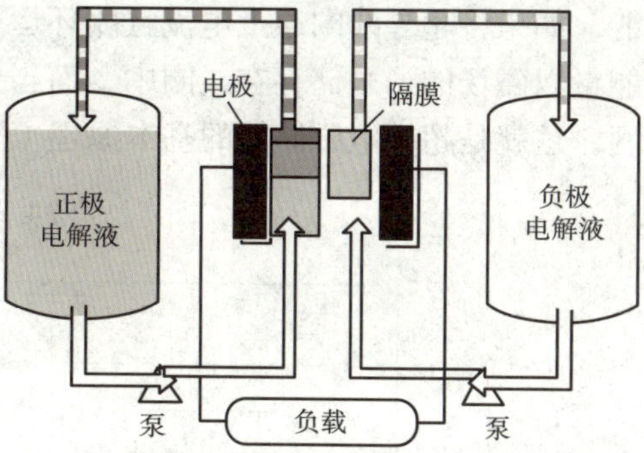

图 9–27 液流电池工作原理

液流电池存储的能量多少取决于存储罐的大小，容量最高可达兆瓦级，可以存储长达数小时至数天的能量，适合用于电力系统中，目前液流电池的典型功率在 10MW 以上，只适用于大容量、高功率的储能体系。

从目前技术成熟度和工程应用效果看，全钒液流电池技术已进入工程应用、市场开拓阶段，开始实现商业化；锌溴液流电池技术进入应用示范、市场开拓阶段；其他液流电池的应用案例较少，或仍处于研究阶段。全钒液流电池与锌溴液流电池的特色是正负极电解液不存在交叉污染的问题，这是两种电池脱颖而出的主要原因。

在国际上，日本住友电工的技术最具代表性，其 2016 年在日本北海道建成了 15MW/60MW · h 的全钒液流电池储能电站，主要在风电并网中应用。在中国，中国科学院大连化学物理研究所的技术最具代表性，2008 年将该技术转入公司进行产业化推广。

融科储能于 2012 年完成了当时全球最大规模 5MW/10MW · h 商业化全钒液流电池储能系统，已经在辽宁法库 50MW 风电场成功并网，并安全可靠稳定运行近 7 年。该成果奠定了我国在液流储能电池领域的世界领军地位。2014 年，融科储能开发的全钒液流储能电池储能系统成功进军欧美市场，开始全球战略布局。

2016 年，国家能源局批复融科储能建设规模为 200MW/800MW · h 的全钒液流储能电池调峰电站，用于商业化运行示范。目前，全钒液流储能电池依然存在能量密度较低、初次投资成本高的问题，正在通过市场模式和技术创新予以完善。在未来，还需要开发具有更低成本的长寿命液流电池技术，以实现技术的迭代发展。

三 电磁储能技术

电磁储能技术是利用电磁场来进行电能的存储。同时利用到电容器、超导体等设备。电磁储能包括超导电磁储能和超级电容器储能。

1. 超导电磁储能

超导电磁储能是用超导体材料制成线圈，利用电流流过线圈产生的电磁场来储存电能，如果将超导线圈通上电流且闭环运行，则超导线圈中的电流不会衰减。这就相当于把能量以磁场的形式储存在线圈中，而当外部电网需要时，可以将该能量释放出来回馈给电网，这就是超导电磁储能的基本原理（图 9–28）。

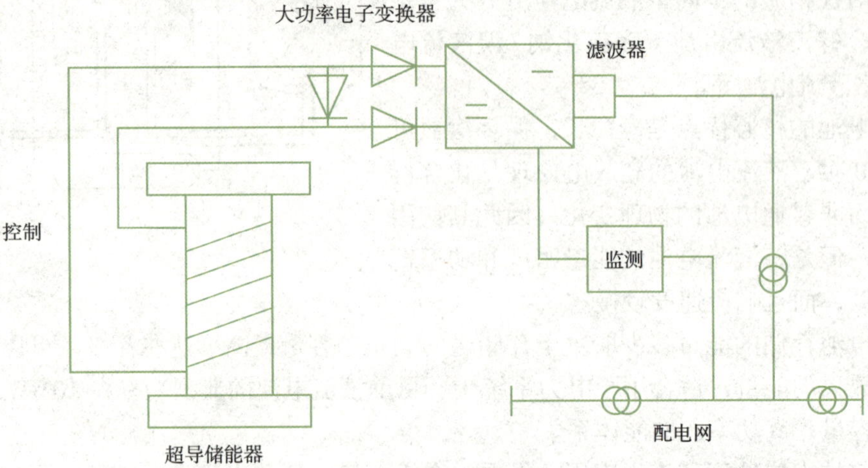

图 9–28　超导电磁储能一次系统

超导体理论电阻为零，理论电流可以无限期地流动，而不发生损耗，人们根据这一性质，开发了超导体储能。超导电磁储能装置是利用超导材料制成的线圈，由电网经变流器供电励磁，在线圈中产生磁场而储存能量，在需要时可将此能量经逆变器收回电网或作其他用途。

超导电磁储能的优点是，利用它们可以进行局部放电，且能量密度可达到 300~3000W·h/kg。此外，其不仅可以在超导体电感线圈内无损耗地储存电能，还可以通过电力电子换流器与外部系统快速交换有功和无功功率，用于提高电力系统稳定性、改善供电品质。缺点是受限于其自身高昂的费用，超导体储能还未能大规模进入市场。

超导电磁储能装置结构简单，没有旋转机械部件和动密封问题，因此设备寿命较长；储能密度高，可做成较大功率的系统；响应速度快（1~100ms），调节电压和频率快速且容易。但目前的超导材料，特别是高温超导材料的技术还不成熟，关键技术还有待突破。

超导电磁储能线圈分为低温和高温两种。高温超导体通常指它们的转变温度达到液氮温度（大于 77K）；低温超导体通常指它们需要其他特殊的技术支持才可以达到转变温度。

20 世纪 60 年代，随着超导线材的问世和大规模产业化，超导储能的概念被提出，采用不同超导材料、不同构型、容量和用途的超导储能线圈相继问世，其具有结构简单、储能密度高、相同储能量超导导体用量最少的优点，但由于漏磁场高、金属低温容器内感应出涡流损耗增加制冷负荷等原因，未能大规模发展。

随着高温超导体的发现及实用化高温超导带材的发展，1996 年美国超导公司研发出世界第一台高温超导电磁储能线圈，储能量为 5kJ，工作温度提高到 25K，从此揭开了高温超导储能线圈研发的序幕。受高温超导材料的价格、性能的影响，高温超导电磁储能线圈技术发展缓慢，直到 2004 年才出现 MJ 量级储能线圈样机。2008 年中国科学院电工研究所研制成功的 1MJ/0.5MW 高温超导电磁储能线圈，是目前储能量最大的高温超导储能线圈。

超导电磁储能在电力系统中的应用有下列几种：

1. 提高电力系统的稳定性。超导电磁储能作为一个可灵活调控的有功功率源，可以主动参与系统的动态行为，既能调节系统阻尼力矩，又能调节同步力矩，因而对解决系统滑行失步和振荡失步均有作用，并能在扰动消除后缩短暂态过渡过程，使系统迅速恢复稳态。

2. 改善电能质量。由于超导电磁储能可发出或吸收一定的功率，可用来缓解负荷波动或发电机出力变化对电网的冲击。超导电磁储能可作为敏感负载和重要设备的不间断电源，解决配电网中发生异常或因主网受干扰而引起的异常问题，改善供电品质。

3. 提供系统备用容量。系统备用容量的存在及其大小，既是一个经济问题，又涉及电网安全的技术问题，对于保障电网的安全裕度、事故后快速恢复供电具有重要作用。以目前的水平，超导电磁储能的高效储能特性可用来储存应急备用电力，但是不足以作为大型电网的备用容量。

4. 用于可再生能源发电及微电网。超导电磁储能的高效储能与快速功率调节能力可在风能、太阳能等可再生能源发电系统中平滑输出功率波动，有效抑制这类电源引起的电压波动和闪变等电能质量问题，提高并网运行的可控性与稳定性。微网是有效利用分散的新能源，提高电力系统供电可靠性的一项新兴技术，超导电磁储能可以改善微网的并网特性、提高微网的孤岛运行性能。

2. 超级电容器储能

超级电容器是以 Hemholz 提出的界面双电层理论为基础，采用高比表面积和低内阻的多孔材料制备电极（主要以碳材料为主），主要依靠双电层电容原理储存电能的一种储能产品（图 9–29）。在超级电容器的充放电过程中，所含的电子是电极材料上的导带离位电子，在本质上属于静电电子，整个过程中没有化学反应产生。

超级电容器具有很多优点（表 9–3）：超级电容器的功率很高，输出功率密度高达数 kW/kg，是一般蓄电池的数十倍；超级电容器还具有极长的充放电循环寿命，其循环寿命可达万次以上；超级电容器具有非常短的充电时间，大多数充电过程可在 0.1~30s 完成；它还能够解决储能设备高比功率和高比能量输出之间的矛盾，将它与蓄电池组合起来，

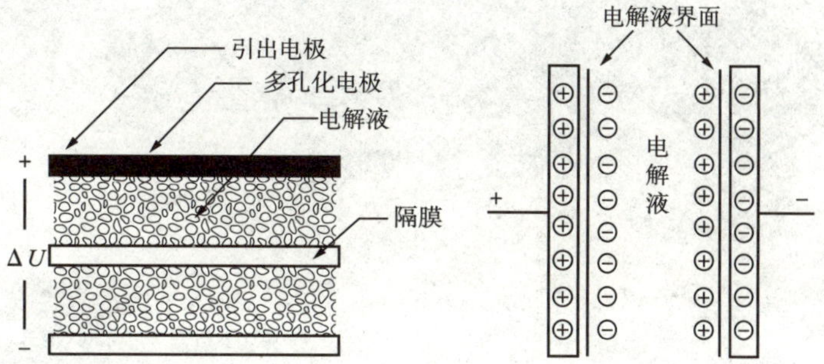

图 9–29　超级电容器构造

就会成为一个兼有高比功率输出的储能系统，并且其储能寿命极长。同时超级电容器还具备高可靠性的优点。

表 9-3 超级电容器与电池和普通电池容器的比较

性能	铅酸电池	超级电容器	普通电容器
充电时间	1~5h	0.3~ 若干秒	10^{-3}~10^{-6}s
放电时间	0.3~3h	0.3~ 若干秒	10^{-3}~10^{-6}s
比能 /（Wh/kg）	30~40	1~20	<0.1
循环寿命	300	>10000	>100000
比功率 /（W/kg）	<300	>1000	<100000
充放电效率	0.7~0.85	0.85~0.98	>0.95

超级电容器有许多应用场景。在交通领域的应用过程中，超级电容器和其他储能元件组成的复合电源系统兼顾了其他储能元件的高比能量和超级电容器的高比功率的优点，可以更好地满足电动车启动和加速性能的要求，并能提高电动车制动能量的回收效率，增加续驶里程。目前，超级电容器可以和蓄电池、燃料电池、飞轮电池等组成复合电源系统。在纯电动车和混合动力电动车上采用超级电容器—蓄电池复合电源系统，将是电动车领域未来发展的重要方向之一。

风力发电是当前发展最快的可再生能源发电技术，但风能是一种随机变化的能源，风速变化会导致风电机组输出功率的波动，对电网的电能质量产生影响。因此，如何调节并网风电场的输出功率成为风力发电技术中的重要问题。附加储能设备既可以调节无功功率、稳定风电场母线电压，又能在较宽范围内调节有功功率，是当前的一个研究热点。随着制造技术的发展，超级电容器的能量密度有了很大提高，在一些短时电力储能场合已经进入了商业化应用阶段（图 9-30）。利用超级电容器存储能量平抑风电场输出功率重要频段的风电波动具有良好的应用前景。

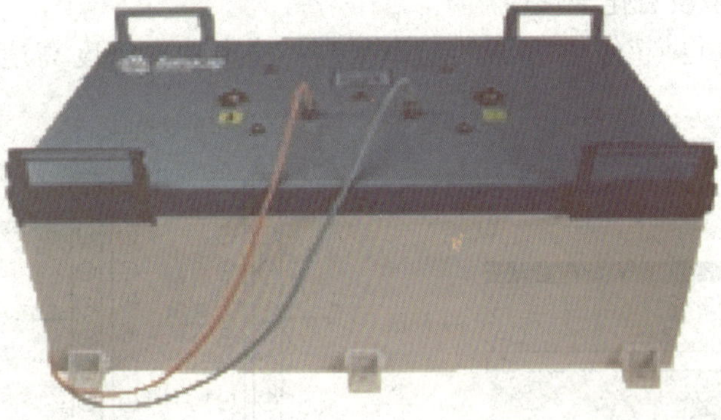

图 9-30 供应风力发电的超级电容器电源

微网运行中，针对总发电容量小于总负荷需求，在因外部故障而进入孤岛运行时，为了保护重要负荷必须切除次要负荷。如果外部故障为瞬时性故障，则在短时间内微网又会因瞬时故障消失而重合到主网，并重启次要负荷。从供电稳定性和经济性的角度来看，对次要负荷不利，因此在外部故障后，可以采用超级电容器向孤岛运行的微网提供短时功率缺额，维持所有负荷并等待故障修复。

在建筑领域，我国建筑物的能耗约占全国总能耗的28%。其中电梯的用电量仅次于空调，远高于照明、供水等的用电量，电梯的能耗已经引起业界高度重视，因此电梯的节能具有非常重要的现实意义。研究开发高效能的电机拖动系统，是电梯节能的关键。能量回馈型节能电梯已有较为成熟的技术，但因其价格因素以及对电网的影响，推广尚有一定难度。超级电容器与直流母线直接相连，吸收回馈能量超级电容器直接与变频器的直流母线连接。超级电容器在大功率电器电子产品尤其是电梯产品中具有良好的应用效果和优势，其应用前景无可限量。

四　热储能技术

热储能技术是指将热能储存在隔热容器的媒质中，需要时既可以转化回电能，也可以直接利用而不转化回电能。

热储能的相关技术有很多，可进一步将其分为显热储能、潜热储能和热化学储能。显热是指当此热量加入或移去后，会导致物质温度的变化，而不发生相变。潜热是相变潜热的简称，是物质在等温等压情况下，从一个相变化到另一个相吸收或放出的热量。热化学储能则会有化学反应发生；显热储能方式中，用于储热的媒质可以是液态的水，热水可直接使用；而潜热储能是通过相变材料来完成的，该相变材料即储存热能的媒质。

储热技术包括两个方面的要素：其一是热能的转化，它既包括热能与其他形式的能的转化，也包括热能在不同物质载体之间的传递；其二为热能的储存，即热能在物质载体上的存在状态，理论上表现为其热力学特征。虽然储热有显热储热、潜热储热和化学反应储热等多种形式，但本质上均是物质中大量分子热运动时的能量，因而遵循热力学中的第一定律和第二定律。

每一种物质均具有一定热容，在物质形态不变的情况下，随着温度变化会吸收或放出热量，显热储能技术就是利用了这一特点。其储热效果和材料比热容、密度等因素有着密切关系。人类对显热储能技术的研究本质上就是对储热材料的研究。不同储热介质的特性如表9–4所示。

表9–4　中高温显热储热的储能密度

储热介质	温度范围		平均比热容/[kJ/(kg·K)]	最大储能密度/[(kW·h)/m³]
	冷端	热端		
合成油	250	350	2.3	57
硅油	300	400	2.1	52

续表

储热介质	温度范围		平均比热容 / [kJ/ (kg · K)]	最大储能密度 / [(kW · h) /m³]
	冷端	热端		
液态亚硝酸盐	250	450	1.5	152
液态硝酸盐	265	565	1.6	249
液态钠	270	530	1.3	60
砂岩石 + 矿物油	200	300	1.3	60
加固混凝土	200	400	0.85	100
铸铁	200	400	0.56	160
耐火硅砖	200	700	1.0	150

潜热储能是利用物质在凝固 / 熔化、凝结 / 汽化、凝华 / 升华以及其他形式的相变过程中都要吸收或放出相变潜热的原理进行蓄热，所以也称为相变储能。相变可以是固 – 液、液 – 气、气 – 固及固 – 固，其中以液 – 固相变最为常见。从能量密度的角度来讲，潜热储存的冷量要比显热储存的含量大很多。储能材料不仅能量密度较高，而且所用装置简单、体积小、设计灵活、使用方便且易于管理。另外，还有一个很大的优点：这类材料在相变储能过程中，材料近似恒温，可以以此来控制体系的温度。在这三类储能中，潜热储能最具有实际发展前景。

化学热储存是将化学反应热通过化学物质储存起来，吸热反应储存能量，其逆反应放出能量。能量储存的基本任务就是克服能量供应和需求之间的时间性或地域性的差别。这种差别是由于能量需求突然变化（如季节变化造成的用能高峰变化）和一次能源与能源转换装置之类的原因造成的。将热化学储能是一种把热能转化为化学能的进行存储的方法。化合物 A 通过一个吸热的正反应转化成高焓物质 B、C，即热能存储在物质 B、C 中；当发生可逆反应时，物质 B、C 化合成 A，热能又被重新释放出来。

化学热储存系统具有储能密度高的优点，其储能密度要比显热或潜热储能高出 2~10 倍。另外，可以通过催化剂或将产物分离等方式，在常温下长期储存分解物，这样就减少了在抗腐蚀性及保温方面的投资，易于长距离运输，特别是对液体或气体，甚至可用管道输送。这种储热方式的缺点是系统很复杂，价格也高。因此，当前仍处在实验研究阶段。各种储热技术的主要特色见表 9–5。

表 9–5　各种储热技术的主要特色对比

储热类型	储能规模	典型储能周期	成本	技术优点	技术缺点	技术成熟度	未来研究重点
显热储热	0.001~10	数小时 ~ 数天	0.1~10	储热系统集成相对简单；储能成本低，储能介质通常对环境友好	储能密度很低，系统的体积庞大；自放热与热损问题突出	高；工业、建筑太阳能热发电领域已有大规模的商业运营系统	储热系统运行参数的优化策略创新；储 / 释热过程中不同热损有效控制等

续表

储热类型	储能规模	典型储能周期	成本	技术优点	技术缺点	技术成熟度	未来研究重点
潜热储热	0.001~1	数小时～数周	10~50	在近似等温的状态下释热，有利于热控；储能密度明显高于显热储热	储热介质与容器的相容性通常很差；热稳定性需强化；相变材料较贵	中；处于从实验示范到商业示范的过渡期	新型相变材料的开发；已有相变材料的相容性改进；储/释热过程优化控制等
热化学储热	0.01~1	数天～数月	8~100	储能密度最大，非常适用于紧凑装置；储热期间的散热损失可以忽略不计	储/释热过程复杂，不确定性大，控制难；循环中的传热传质特性通常较差	低；处于储热介质基础测试、实验原理及验证阶段	新型储热介质对的筛选、验证；储/释循环的强化与控制；技术经济型的验证以及适用范围的拓展

截至目前，显热储热技术已充分发展，而潜热储热技术亦整体趋于成熟，在未来应针对二者的技术缺点重点攻关，并选择其适用的储能领域广泛探索、验证合理的商业模式。热化学储热技术的成熟度最低，其从实验室验证到商业推广还有很长的一段路要走，在未来热化学储热技术的循环原理、控制机制及技术经济型仍然需要大量的研究。

五　氢储能技术

氢储能是将电能转化为高能量密度的燃料气体——氢气来进行存储的技术。其本质是将电能转换为化学能的存储。它能够将发电产生的剩余电力，通过电解水制成氢，提供到现有的燃气网络管道，或者利用二氧化碳通过甲烷化的反应制造甲烷，提供燃气，也可以再次通过燃气轮机发电。它打破了传统电力系统和天然气系统之间的隔阂，让电力系统和天然气系统之间的能量双向流动成为一种可能。

氢燃料电池也是一种氢储能技术的体现。氢燃料电池是使用氢这种化学元素，制造储存能量的电池。其基本原理是电解水的逆反应，把氢和氧分别供给阳极和阴极，氢通过阳极向外扩散和电解质发生反应后，放出电子通过外部的负载到达阴极。

图 9-31　高压容器储氢罐

电解水制氢后，氢气的存储方式一般有三种，分别是高压存储气态氢、低温存储液态氢和金属固态储氢。

高压存储气态氢是最普通、最直接的储氢方式。高压容器内的氢以气态储存，储存量与压力成正比。目前国内外采用压力为25~35MPa 的碳纤维复合钢瓶储运（图 9-31）。

氢气在 35MPa 时密度约为 $23kg/m^3$，70MPa 时密度约为 $38kg/m^3$，储氢瓶的质量储氢密度仅有 5%（35MPa）。但是压缩氢气是耗能过程，若使用更高压力的储罐，则压缩过程需要大量的能量，增加了整体成本（压缩的能量消耗相当于液化的 1/3）。未来除了要继续研究如何平衡存储压力和压缩能耗的关系，还可进行储罐材料方面的研究以平衡储罐的重量和价格。

低温存储液态氢，液态氢的体积可减少到气态氢的 1/800 左右，大大提高体积能量密度。但氢气的沸点是 -252.77℃，氢气液化需要消耗相当于氢气燃烧热 1/3 的能量，1kg 氢需要 120MJ 能量。而且储存温度和室温相差 200℃，氢气的蒸发潜热低，液氢会汽化散逸，损失率每天可达 1%~2%。所以液氢储存不太适用于间歇使用的场合，如汽车，但适用于大规模高密度的氢储存，如可再生能源氢储能系统。越大的储存罐，使用极好的绝热装置隔热，气体蒸发比例越小，但未来需要进一步降低液化过程中的能耗，提高液化效率（图 9-32）。

图 9-32 低温存储液态氢

氢还可以和许多金属或合金化合形成金属氢化物。在一定温度下加压，金属可以大量吸收氢生成固态金属氢化物，如 $LaNi_5H_6$、MgH_2 和 $NaAlH_4$。且该反应具有很好的可逆性，适当升高温度或减小压力即可释放氢气。固态储氢具有安全、能量密度和体积密度大、运输方便、种类多等特点，可以满足多样的储氢环境要求，是一种良好的储氢方式。根据氢和材料的作用原理可以分为化学吸附储氢和物理吸附储氢。化学吸附储氢材料中，氢与材料发生化学反应，以原子、离子的形式储存在材料中。而物理吸附储氢材料，则是通过范德华力，以氢分子的形式吸附在材料的表面和骨架中。

六 燃料电池技术

从广义上讲，储能即能量存储，是指通过一种介质或者设备，把一种能量形式用同一种或者转换成另一种能量形式存储起来，基于未来应用需要以特定能量形式释放出来的循环过程。从狭义上讲，针对电能的存储，储能是指利用化学或者物理的方法将产生的能量存储起来并在需要时释放的一系列技术和措施。按照储能的狭义定义，燃料电池虽然不具备“充电”的特性，不等同于狭义上的储能，但就其特点和应用领域又与储能产品相近，其本质也是化学能的存储。

燃料电池是一种不需要经过卡诺循环的电化学发电装置，能量转化率高。

卡诺循环（Carnot cycle）是只有两个热源（一个高温热源温度 T_1 和一个低温热源温度 T_2）的简单循环。由于工作物质只能与两个热源交换热量，所以可逆的卡诺循环由两个等温过程和两个绝热过程组成。

燃料和空气分别进入燃料电池，电就被生产出来。它从外表上看有正负极和电解质等，像一个蓄电池，但实质上它不能“储电”而是一个“发电厂”。

由于在能量转换过程中，几乎不产生污染环境的含氮和硫氧化物，燃料电池被认为是一种环境友好的能量转换装置，燃料电池技术被认为是21世纪新型环保高效的发电技术之一。

随着研究的不断突破，燃料电池已经在发电站、微型电源等方面开始应用。

图9–33是以氢气燃料为例的燃料电池原理图。燃料电池的基本结构主要由四部分组成，分别为阳极、阴极、电解质和外部电路。通常阳极为氢电极，阴极为氧电极。阳极和阴极上都需要含有一定量的电催化剂，用来加速电极上发生的电化学反应，两电极之间是电解质。

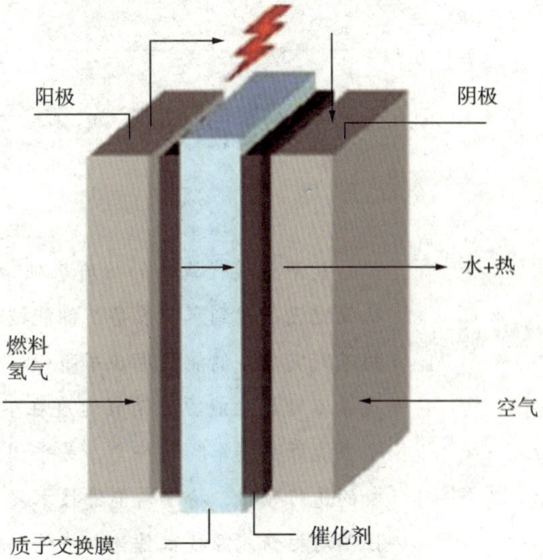

图9–33　化学吸附产生的储氢材料

目前，燃料电池的种类很多，其分类方法也有很多种。按运行机理来分类，可分为酸性燃料电池和碱性燃料电池；按电解质的种类来分类，有酸性、碱性、熔融盐类或固体电解质；按燃料的类型来分类，有直接式燃料电池和间接式燃料电池；按燃料电池工作温度分类，有低温型（低于200℃）、中温型（200~750℃）、高温型（高于750℃）。燃料电池可以作为便携式电源，其市场销售额的逐年增长吸引了许多电源技术，其产品包括笔记本电脑、手机、收音机及其他需要电源的移动设备，为方便个人携带，便携式移动电源通常具有高比能量、质轻小巧等特点。而燃料电池的能量密度通常是可充电电池的5~10倍，使其具有较大的竞争力。另外，燃料电池不需要额外充电的特点也使它能适应更长久的野外生活。目前，已有直接甲醇燃料电池（DMFC）和（PEMF）被应用于军用单兵电源和移动充电装置上。成本过高、稳定性差、使用寿命短是燃料电池应用于便携式移动电源所需要解决的技术问题。

燃料电池可以作为固定电源，包括紧急备用电源、不间断电源、偏远地区独立电站等。目前，燃料电池每年占据全球约70%的兆瓦级固定电源市场，相比传统的铅酸电池，燃料电池具有更长的运行时间（大约为铅酸电池的5倍）、更高的比能量密度、更小的体积和更好的环境适应性。对于智能电网难以普及的偏远地区和紧急事故发生地，独立电站被认为是最经济且可靠的供电方式。在我国多次的地震灾害中，燃料电池被用作独立电站，为救灾工作发挥了重要作用。固定电站通常需要较长的寿命（大于80000h），这是燃料电池技术应用于固定电站的最大技术挑战。

燃料电池可以作为交通动力电源。交通动力电源一直是清洁能源技术研发的主要诱导因素，因为全球17%的温室气体（CO_2）都是由基于化石燃料的交通动力产生，另外还伴随着其他的大气污染问题，如雾霾等。以 H_2 为燃料的（PEMFC）被认为是内燃机的最佳替代动力。其主要原因是：尾气只有水，无任何污染排放；燃料电池的工作效率极高（53%~59%），几乎是传统内燃机的 2 倍；低温快速启动、运行噪声低且运行稳定。世界诸多国家都在推进燃料电池交通动力方案，日本是其中最激进的国家之一。日本计划在 2025 年之前，建设超过 1000 个加氢站和运行 200 万辆燃料电池汽车。

第四节

储能技术在军事领域的应用

能源是现代战争的物质基础和动力源泉，从大型军事基地到单兵班组，从天空飞行器到水下装备，储能技术发挥着非常重要的作用。随着关键技术的不断突破，储能技术在军事领域将有更广泛的应用前景。当前石油、天然气等不可再生能源的消耗速度在不断加快，能源领域的变革已经迫在眉睫。军事能源关乎军队战斗力，关乎国家安全大局，同时，军事能源也是能源革命的先行领域，扮演着能源技术发展“领头羊”的角色。当前，世界各军事强国均把新能源技术作为新一轮科技革命、产业革命和军事革命的重要突破口。美国、欧盟、日本等在未来几十年中将发展新型能源技术作为科技创新领域的重要任务。储能技术可用于战场电力系统的调峰和高能武器及投送装备的动力源，将来甚至有可能取代燃油发电机成为战场上的主要电力供应系统，从而有效克服装备高原高寒地区动力不足的问题，提高战略投送能力与效能。

1. 储能技术在军用电源中的应用

军队在战场上用电最早要追溯到第一次世界大战时期。当时军队较少使用大功率的电子设备，与电有关系的，大多数是野战电话，这种电话无须单独供电，只需一根手柄连接到小型的磁感应发电机即可（图 9-34~ 图 9-36）。

如今，随着我军信息化建设的推进，包括通信工具在内的电子设备对士兵非常重要，战场上离开电子设备，就无法及时获取战场动态，无法获得友军支援，变成“聋子”和“瞎子”。电子设备离开电源就会变成废铜烂铁，设备电量耗尽时和没有设备无异，徒增负担。有统计显示，20 世纪 80 年代，整个美国海军陆战队战场发电能力为 65MW，如今已超过 300MW，仅阿富汗战场就需要 65MW 的发电能力，这主要是因为无线电台的数量增长了 2.5 倍，计算机的数量增长了 3 倍。

方便单兵携带的储能电池，是作战单位必不可少的电能来源。电池种类繁多，大体上可分为一次性电池（如5号碱性电池和一次性锂电池）和可重复使用的充电电池（如充电锂电池、铅酸蓄电池），因担心找不到充电电源或来不及充电，一次性电池一直是美陆军多种通信系统和武器系统的主要电源。典型品种是一次性的BA-5590锂-二氧化硫（Li-SO_2）电池，这种电池是美军使用最广泛的便携式电源。

图9-34　手柄电话

图9-35　战场人力发电自行车

图9-36　BA-5590军用锂电池

未来数字化单兵将是一个超强功能的信息化作战平台。它不仅舒适、耐用，而且具有很好的抗打击、信息沟通和定位能力。其通信系统能与大约30种特种部队的通信平台兼容，这些平台包括飞机对讲系统、快艇对讲系统、地面机动装甲车辆对讲系统等。但此项技术需要大量的电能供应和先进的储能技术。美国“陆地勇士”单兵作战系统中，每个士兵配备两块锂离子电池，可使用12h，使用“睡眠模式”能工作30h以上。英国“未来士兵”计划（FIST）也是将锂离子电池作为单兵作战系统中的补给能源（图9-37）。其他还有德国ldz计划、法国FELIN、意大利SF计划、荷兰SMP计划，都将单兵电源列入单兵作战系统发展计划之中。

图9-37　英国“未来士兵”计划（FIST）

储能技术还可以用于野战供电。采用锂离子电池的方舱式储能系统没有柴油发电机噪声大、红外特征明显等问题，显著增强了电能保障的隐蔽性和生存能力。但针对野战供电环境，锂离子电池存在低温性能差等问题，如在-40℃条件下，电池的充放电容量不到室温条件下的一半。

军用电站，亦称“移动电站”，安装在各种不同的运输工具（汽车、拖车、铁路敞车等）上面，为各种军事用户在野战条件下提供电源。现有的军用电站的电源供给大多以柴油发电机为主，存在抗干扰性弱、隐蔽性差、地域适应性低、油耗高、故障率高、运维复杂、动中供电能力弱等问题，使用燃料电池作为应急电站，可以大大解决这些问题（图 9–38）。

图 9–38　30kW 军用氢燃料电池应急电站

除了战场作战，边防部队供电也是储能技术运用的一个重要领域。

新疆喀什地区叶城县边境线海拔高，地形复杂，是我国西部边陲的军事重镇。这其中，库地检查站地处喀喇昆仑山腹地，主要担负着过往人员、车辆、行李物品检查，以及边境辖区的管控工作。由于检查站位于海拔 3500m 的高原之上，高寒缺氧且山路崎岖，环境异常艰苦。此前，检查站的边境立体化防控体系建设尚未完备，只能通过发电机为检查站供电，很多检查设备都无法得到及时应用，“用电难”问题较为突出。

图 9–39　利用蓄电池储能的库地检查站的供电站

经过实地勘察，库地检查站确定采用风光互补供电、柴油机发电备用的供电方式，包含 450kW 的光伏电站、20kW 的风机机组以及 250kW 的柴油机。在叶城县政府的大力支持下，库地检查站的风光柴互补电站于 2017 年 6 月 30 日成功实现通电，成为中国边防的第一大风光柴互补电站。光伏控制器、逆变器及储能蓄电池具备优异的高原高寒性能，最低运行温度可达 –40℃，且能在海拔 5000m 条件下可靠运行。其中，储能蓄电池起到了至关重要的作用（图 9–39）。

2. 储能技术在武器装备中的应用

除了军队用电的供应，军队的武器装备中也大量使用了储能技术。武器装备涉及的电子设备功率不同，小型电器可安装或内置锂电池、碱性电池，大型装备要集成发电机组或连接外接电源（见表 9–6）。

表 9–6　武器装备中的电池运用

种类	动力电源	储能电源	通信电源	启动电源	引信电源	其他
武器装备	电动鱼雷、全电装甲车、微波干扰弹、强激光武器、激光致盲枪	各种潜艇、水下航行器、临近空间飞行器、同步轨道卫星、边防海岛风能－太阳能蓄电	各级电台移动话机	各类运输车、各类装甲车、各种飞机、各种导弹	导弹、核武器、智能炸弹、智能炮弹火箭、水雷、地雷	卫星定位器、激光瞄准器、机关测距仪、夜视仪

续表

种类	动力电源	储能电源	通信电源	启动电源	引信电源	其他
时间	半小时～几小时	几天～十几天	几十小时	几秒多次	毫秒级	不等
对电源的要求	高比功率、高比能量	特高安全性、高可靠性、长循环寿命	高比能量、脉冲功率	高比功率、长循环寿命	瞬时大电流、可长期存放	高比能量可长期存放
已用的电池品种	锌银电池、铝银电池、锌锰电池	铅酸电池、锂亚硫电池、锂 $-SO_2$ 电池	干电池、一次锂电镉镍电池、氢镍电池	镉镍电池、铅酸电池、热电池	储备电池长储存期一次电池	锌锰电池、氢镍电池
正在发展品种	锂离子电池	再生燃料电池、液流电池、锂离子电池	锂离子电池、锂硫电池	铅炭电池、超级电容器	新储备电池	锂离子电池、高能锂电池

美国标枪反坦克导弹是洛马与雷神共同研制的第四代单兵反坦克导弹（图 9–40），具备发射后不管能力，1996 年装备美军。标枪反坦克导弹全重 22.5kg，其中导弹重 11.8kg，除导弹外，还有 CLU（Command Launch Unit，发射器的观瞄和火控单元）和 BCU（Battery Coolant Unit，导弹的电源和导引头冷却装置），它们的重量和导弹差不多。发射标枪导弹时，可用 CLU 中的热成像通道，但必须提前通电制冷 30s（有反映称在阿富汗地区需 2min），将热像仪降低到合适温度。CLU 底部有电池室，战时一般安装非充电的 BA–5590 电池。

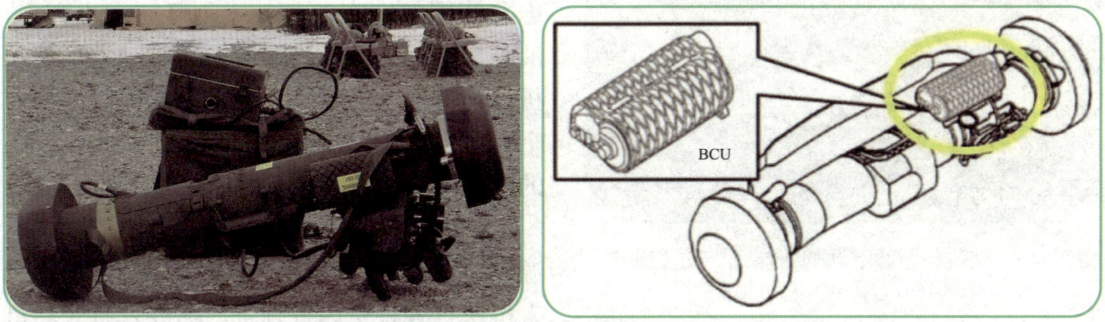

图 9–40 美国标枪反坦克导弹和其储能元件 BCU

加入储能电池的军车被称为混合动力汽车，除了能够降低油耗和减少排放，还可以根据需要在一定范围内按纯电动模式运行，使得车辆和作战平台具备一定的隐蔽性。美军在 2015 年曾经测试了一款由美国陆军纳迪克士兵研究开发与工程中心牵头研发的 ULV（Ultra Light Vehicle）油电混动军车（图 9–41），它的动力核心为油电混合驱动，整套载具匹配了一组磷酸铁锂电池，在混动状态下最大行驶里程可达到 700km，纯电续航状态下几乎不产生噪声，最大行驶里程可达到 33.7km。

图 9–41 油电混动军车

在海军装备领域，应用同样广泛。通用公司与美海军水面作战合作，为美军海豹突击队迷你潜艇提供电池作为潜艇主要动力能源。动力能源应用于水下潜航器能大大增加其隐蔽性，同时还能提升其机动性和安全性。北约国家军队将铅酸、镍氢和锂离子电池应用在素有“水下轻骑兵”之称的蛙人运载器上；美海军“先进蛙人输送系统”（ASDS）（图 9-42）、“无人水下航行器”（UUV），“海底滑行者”无人水下侦查监视潜航器；英国海军多用途无人潜航器（UUV）“泰利斯曼”（Tailsman）都以锂离子电池组作为主要动力源。

图 9-42　先进蛙人输送系统（ASDS）

空军方面，电动飞机的储能电池对能量密度有着很高的要求。2019 年 10 月，由我国自主研制的新能源电动飞机——RX4E 锐翔四座电动飞机成功首飞（图 9-43），开辟了国际通航飞机市场上的全新产品类别，标志着我国航空产业和技术创新“大小齐飞、油电并进”的全面发展。该系统动力电池装机总容量近 70kW·h，电芯采用的是国内首个商业化应用的能量密度超过 300W·h/kg 的电芯产品，在国际上处于领先水平。

图 9-43　装载新型蓄电池的新能源电动飞机——RX4E 锐翔四座电动飞机

蓄电池与太阳能电池板联合组成供电电源，广泛应用在无人小 / 微型侦察机上。无人机执行各种室内外任务，需要具备较高机动性，以及较强续航能力，这个过程中储能系统显得至关重要。20 世纪 90 年代，美国国防高级研究计划局（DARPR）决定研究小 / 微型无人机来执行战场环境侦察任务，无人机在阿富汗战争和伊拉克战争中表现不俗。具有代表性的无人机有 AeroViroment 公司推出的“龙眼”（Dragoneye）无人机（图 9-44）、“黄峰”无人机，以及桑德斯公司推出的“微星”（Microstar）无人机等。储能技术同样应用在航天领域，以美军 X-37B

图 9-44　美国海军陆战队”龙眼”无人侦察机

空天战斗机为例，它与普通轨道飞行器氢氧燃料电池不同，X-37B 在轨时通常由砷化镓太阳能电池和锂离子电池提供动力。

除了蓄电池储能，其他储能技术在武器装备领域也有极大的应用。

燃料电池比现有的电池及内燃发动机拥有更多优势。与传统电池相比，它们尺寸小、重量轻、工作时间长且安全性好；与内燃发动机相比，它们噪声低、排放量小、工作高效且支持室内作战行动。

燃料电池的种种优点使其在军用装备的应用变得越来越广泛，例如在作战卡车中的应用也得到了重视。美国坦克自动驾驶研究发展工程中心研制的 ZH2 型氢燃料电池驱动的轻型作战卡车（图 9-45），在野战条件下夜晚作战时隐蔽性极高，不会出现像普通车辆发动机产生的热能使其明显暴露于红外夜视仪中那样的情况。

图 9-45　美国陆军 ZH2 型轻型作战卡车（左）及氢燃料电池系统（右）

前文介绍过的飞轮储能，可以应用在电磁弹射与拦阻系统中。电磁弹射就是采用电磁的能量来推动被弹射的物体向外运动，例如舰载机起飞时将飞机弹射出去，或者利用电磁力推进弹头来制造电磁炮。电磁拦阻则是通过电磁力完成着舰舰载机的阻拦，完成舰载机的降落。我国在电磁阻拦方面有着先进的技术。制约美国 F-35C 舰载机上舰的核心症结则是电磁拦阻装置有先天设计缺陷。在他们看来，电磁拦阻比电磁弹射难得多，这一点早在地面试验时就已经暴露，反观我国研究团队则另辟蹊径，用更短时间就高效率地利用飞轮储能解决了电磁拦阻难题（图 9-46）。

图 9-46　应用飞轮储能的舰载电磁拦阻装置

飞轮储能也是舰船中压直流综合电力系统的重要组成部分，因为它可以负责舰船发供电调峰，提供瞬时强大电能，为电磁武器上舰创造条件。

同时起到作用的还有超级电容器储能。美国军方对超级电容器用于重型卡车、装甲运兵车及坦克很感兴趣。Maxwell 公司正在向 Oshkos 汽车公司提供的 Power Cache 超级电容器，为美国军方制造 HEMTTLMS 概念车，所用的动力就是该公司生产的 ProPulse 混合电力推进系统。

图 9-47　正在研制中的使用超级电容器的激光武器

激光探测器或激光武器需要大功率脉冲电源；若为移动式的，就必须有大功率的发电机组或大容量的蓄电池，而其重量和体积会使激光武器的机动性大大降低。超级电容器可以高功率输出并可在很短时间内充足电，显然是一个极佳的电源（图 9-47）。

3. 储能技术在后勤保障中的应用

能源供应是现代化军队后勤工作的重头戏之一，其重要性可以与弹药、服装、食品、重要军事设备零件配件供应等并驾齐驱，如何减少军队在战时和平时的能源供应负担始终是各国军方研究的课题。

保障冷热能的供应也是储能研究的重要方向。用碳纤维做成的电热被服可以大大减轻被服的重量，还具有传统被服不可比拟的保温特性。据了解，荷兰、瑞典等高纬度国家计划为其军队配备了电热被服。

图 9-48　运用储能技术的防寒服

我军研制的智能防寒服，通过引入外部储能电源电能并将其转变为热能从而减少人体向外界环境散热，最终达到个体防寒目的。2012 年，当时的沈阳军区某疾病预防控制中心研制的野战防寒装备，采用的面料是一种新型复合纤维电加热材料，柔软易叠，可缝、可洗，用它制成大衣、鞋垫、睡袋等各种防寒装备，一块抗低温电池就能持续供暖 4h，温度还能随意调节（图 9-48）。

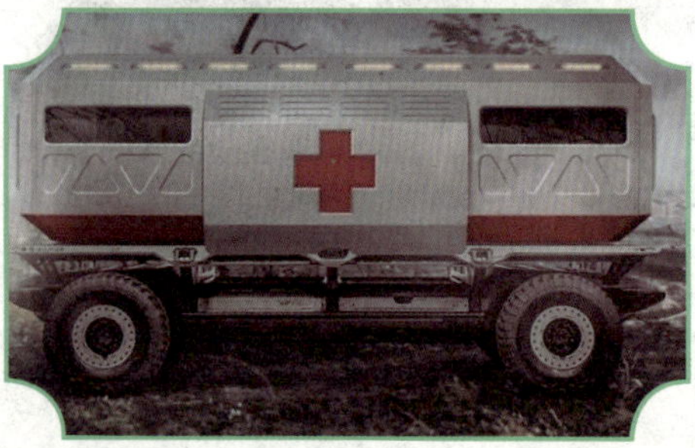

图 9-49　H2Rescue 氢燃料电池紧急救援卡车

储能也可以用于医疗后勤保障。美国能源部的能源效率和可再生能源办公室宣布与美国国防部的美国陆军地面车辆系统中心和美国陆军工程兵团共同开发和演示“H2Rescue”——一种氢燃料电池紧急救援卡车（图 9-49）。氢燃料电池的有效供能，解决了救援车耗能多的问题。该救援车可以供应足够的氢来提供能量、热量，甚至可以提供 24~72h 的饮用水。

储能还可以在夜视照明方面发挥巨大作用。夜视装备诞生于“二战”时期，德国发明了“吸血鬼”夜视突击步枪，装有由电池供电的红外探照灯和瞄准镜（图 9-50）；美国也据此研发了 M3 夜视卡宾枪，但两国均没有大量装备，主要原因就是电池难以小型化，性能也一般。如今基于储能技术，逐渐使用锂电池，电池外形不断缩小，便于携带，同时续航时间也更长。

图 9-50 “二战”时期携带巨大电池的夜视功能步枪（左）和使用锂电池的夜视仪（右）

科技是核心战斗力，新型先进能源的开发利用已成必然趋势，先进储能技术在新型能源发展过程中必不可少，聚焦备战打仗，聚焦创新驱动，聚焦军民融合，军事能源与军事装备必须协同推进、强强联合。当然，新型储能技术以及新能源产业还面临着诸多挑战，产业链还不完整，基础设施还不完善，政策法规相对滞后，距离全面推广还有不小的距离。在军事装备领域，由于关键技术还不成熟，装备维修和保障成本较高，我军武器装备利用新型先进能源还较少，先进储能技术推广力度小，大规模推广慢。可以预见，无论是军用领域还是民用领域，储能技术还存在着很大发展空间。

第十章

微电网与能源互联网及其在军事领域应用

随着电力领域的结构调整与新能源技术的不断发展，以及各个新能源间的配合应用和普及，未来电力系统的架构将发生根本性的变化，并向“能源互联网”的方向演化。微电网是能源互联网重要的“细胞单元”，而微电网能量管理系统是微电网有效运行及对能源互联网起支撑作用的核心环节。

第一节
微电网

微电网的提出旨在实现分布式电源的灵活、高效应用，解决数量庞大、形式多样的分布式电源并网问题。开发和延伸微电网能够充分促进分布式电源与可再生能源的大规模接入，实现对负荷多种能源形式的高可靠供给，是实现主动式配电网的一种有效方式，是传统电网向智能电网的过渡。

一　微电网概述

微电网是由分布式发电、负荷、储能装置及控制装置构成的一个单一可控的独立发电系统。微电网和储能装置并在一起，直接接在用户侧。对大电网来说，微电网是大电网中的一个可控单元；对用户来说，微电网可满足用户的特定需求，如降低线损、增加本地供电可取性。微电网是一个能够实现自我控制、保护和管理的自治系统，既可以与外部电网并网运行，也可以孤立运行。

可以将微电网看作一个小型的电力系统。它具备完整的发、输、配电功能，可以实现局部的功率平衡与能量优化，又可以认为它是配电网中的一个“虚拟”的电源或负荷。微电网也可以由一个或者若干个小型的虚拟电厂组成，满足一片电力负荷聚集区的能量需要，这种聚集区可以是重要的办公区和厂区，也可以是传统电力系统供电成本较高的远郊居民区等。相对传统的输配电网，微电网的结构比较灵活。

智能微电网是规模较小的分散的独立系统，是能够实现自我控制、保护和管理的自治系统，既可以与外部电网配合运作，也可以孤立运行。它是由分布式电源、储能装置、能量转换装置、相关负荷和监控、保护装置汇集而成的小型发配电系统（图 10–1）。

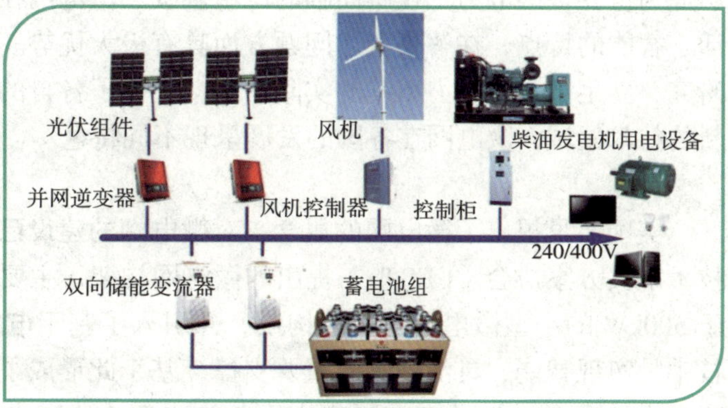

图 10–1　小型微电网结构示意图

二 微电网的分类

按电流类型，微电网可以分为直流微电网、交流微电网和交直流混合微电网。直流微电网是指分布式电源、储能装置、负荷等均连接至直流母线，直流网络再通过电力电子逆变装置连接至外部交流电网。直流微电网通过电力电子变换装置可以向不同电压等级的交流、直流负荷提供电能，分布式电源和负荷的波动可由储能装置在直流侧调节。目前，交流微电网仍然是微电网的主要形式，在交流微电网中，分布式电源、储能装置等均通过电力电子装置连接至交流母线。通过对公共连接点处的开关控制，可实现微电网并网运行与孤岛运行模式的转换。

在交直流混合微电网中，既含有交流母线又含有直流母线，既可以直接向交流负荷供电又可以直接向直流负荷供电。从整体结构分析，实际仍可将其看作交流微电网，可以将直流微电网看作一个独特的电源，通过电力电子逆变器接入交流母线。

从供应独立用户的小型微电网到供应千家万户的大型微电网，微电网的规模千差万别。按照电压等级及接入配电系统模式，可以把微电网分为三个规模等级：高压配电变电站级微电网、中压馈线级微电网以及低压微电网。

高压配电变电站级微电网和中压馈线级微电网是较大规模的微电网组成形式。高压配电变电站级微电网包含整个变电站主变二次侧所接的多条馈线，中压馈线级微电网则包含一条 10kV 或者 35kV 配电主干线内所有单元。低压微电网是指在低压电压等级上将用户的分布式电源及负荷适当集成后形成的微电网，这种微电网大多由电力或能源用户拥有，规模相对较小。

三 国外微电网发展

负荷的持续增长、环保问题、能源利用效率瓶颈以及用户对电能质量的高标准要求，已成为世界各国电力工业所面临的严峻挑战。微电网在分布式发电方面具备有效利用、灵活、智能的特点，在解决上述问题方面具有极大优势。目前，一些国家已纷纷开展微电网研究，立足于本国电力系统的实际问题，提出了各自的微电网概念和发展目标。作为一个新的技术领域，微电网在各国的发展呈现不同特色。

1. 美国

美国最早提出了微电网的概念，对微电网的建设已经取得一定成果。美国电力可靠性技术解决方案协会（CERTS）提出的微电网构架，主要由基于电力电子技术且容量小于等于 500kW 的小型微电源与负荷构成，并引入了基于电力电子技术的控制方法。电力电子技术是实现智能、灵活控制的重要支撑，基于此形成了“即插即用”与“对等”的整体思想和设计理念。美国 CERTS 微电网的初步理论研究成果已在实验室微电网平台上得到了检验。美国的微电网工程得到了美国能源部的高度重视。2003 年，布什总统提出了“电网现代化”的目标，指出要将信息技术、通信技术等广泛引入电力系统，实现电网的智能化。在随后出台的“Grid2030”发展战略中，美国能源部制定了美国电力系统未来几十年的研究与发展规划，微电网是其重要组成之一。在2016年的美国微电网会议上，美国能源部对其今后的微电网发展计划进行了详细讨论。从美国电网现代化角度来看，提高重要负荷的供电可靠性、满足用户定制的多种电能质量需求、降低成本、实现智能化将是美国微电网的发展重点。

美国微电网的主要特点是所有微电源均具有电力电子接口（图10-2），包括太阳能发电、风力发电、小型旋转机械发电、各种储能设备等。其关键设备是智能静态开关设备，用于控制电网和微电网的连接和断开。每一微电源均使用数字式智能继电保护隔离故障保护区域，各个保护设备之间有专用的数字通信线路连接。

图10-2　美国微电网特有的电力电子接口

2. 日本

日本立足于国内能源日益紧缺、负荷日益增长的现实背景，开展了微电网研究，但其发展主要定位于能源供给多样化、减少污染、满足用户的个性化电力需求。日本把以传统电源供电的独立电力系统也归入微电网研究范畴，大大扩展了美国CERTS对微电网的定义范围。基于该框架，日本已在国内建立了多个微电网工程。此外，日本学者还提出了灵活可取和智能能量供给系统，其主要思想是在配电网中加入一些灵活交流输电系统装置，利用柔性交流输电系统控制器快速、灵活的控制性能，实现对配电网能源结构的优化，并满足用户的多种电能质量需求。目前，日本已将该系统作为其微电网的重要实现形式之一，有关研究还将该思想与热电联供设计理念相结合，以期更好地实现环境友好和能源高效利用。多年来，新能源利用一直是日本的发展重点，日本还专门成立了新能源与工业技术发展组织。

日本某微电网示范工程也是微电网中的一个典型代表，其将供电质量分为不同的等级，针对不同电能质量的负荷安装相应的补偿设备，并根据不同等级进行不同质量的供电。

3. 欧盟

从电力市场需求、电能安全供给及环保等角度出发，欧洲于2005年提出“Smart Power Networks”计划，并在2006年出台该计划的技术实现方略。欧洲提出要充分利用分布式能源、智能技术、先进电力电子技术等实现集中供电与分布式发电的高效紧密结合，并积极鼓励社会各界广泛参与电力市场，共同推进电网发展。微电网以其智能性、能量利用多元化等特点成为欧洲未来电网的重要组成。欧盟提出的微电网模型结构更加全面和完善，微电源类型不全是带有电力电子接口，所有保护设备均采用数字式智能型设备，设备之间的通信方式采用CAN总线。其有集中监控和分散监控两种监控方式。集中监控方式由中心监控单元负责与各个开关设备通信、命令下传、开关动作区间的动态设置等。该方式优点是实现容易，投资成本低；缺点是所有保护开关动作全部依赖中心控制单元，一旦中心控制单元发生故障，会造成整个保护系统瘫痪。分散监控方式，实际上是由多个中心监控单元组成，分别完成不同的监控功能，当一个中心监控单元发生故障时，其他监控单元会自动接管其监控任务，避免了系统发生瘫痪。其优点是可靠性高，缺点是投资成本相对较高。

西班牙巴斯克地区毕尔巴鄂市的某微电网则侧重多微电网下的控制策略与通信协议的研究，联网运行时的集中与分散控制策略及电力市场中的能量交易（图 10-3）。

图 10-3　西班牙某微电网

除美国、日本、欧盟外，加拿大、澳大利亚等国也开展了微电网研究。从各国对未来电网的发展计划和对微电网技术的研究与应用中可以清楚地看出，微电网不是对传统集中式、大规模电网的革命与挑战，而是代表着电力行业服务意识、能源利用意识、环保意识的一种提高与改变。微电网是未来电网实现高效、环保、优质供电的一个重要手段，是对大电网的有益补充。

四 国内微电网发展

微电网是我国电力体制改革下鼓励新能源发展、提高电力系统可靠性和促进节能减排的新业态。我国的微电网研究起步稍晚，从 2006 年开始，我国把微电网技术研究相继列入国家“863 计划”“973 计划”。

我国对新能源微电网的定位是未来能源发展的趋势，是推进能源发展及经营管理方式变革的重要载体，是“互联网 +”在能源领域的创新性应用，对推进节能减排和实现能源可持续发展具有重要意义。新能源微电网是电网配售侧向社会主体放开的一种具体方式，符合电力体制改革的方向，可为新能源创造巨大发展空间。新能源微电网项目可依托已有配电网建设，也可结合新建配电网建设；可以是单个新能源微电网，也可以是某一区域内多个新能源微电网构成的微电网群。国家鼓励新能源微电网建设，支持企业按照能源互联网的理念，采用先进的互联网及信息技术，实现能源生产和使用的智能化匹配及协同运行，以新业态方式参与电力市场，形成高效清洁的能源利用新载体。

如今，我国很多高校、科研院所、大型企业都在进行微电网的试验研究及示范工程的建设工作。工程整体包括智能配电网、分布式发电与微电网、电动汽车充电站、智能用电体验等一系列试点工程，面向公众展示国家电网公司智能电网的新技术和新成果，例如：一些项目结合电动汽车充电站，在电动汽车充电站顶棚建设 50kW 光伏发电系统，在电动汽车充电站周围安装 6 台共 12kW 风力发电系统，配置 30kW/60kW 储能系统（图 10–4）。

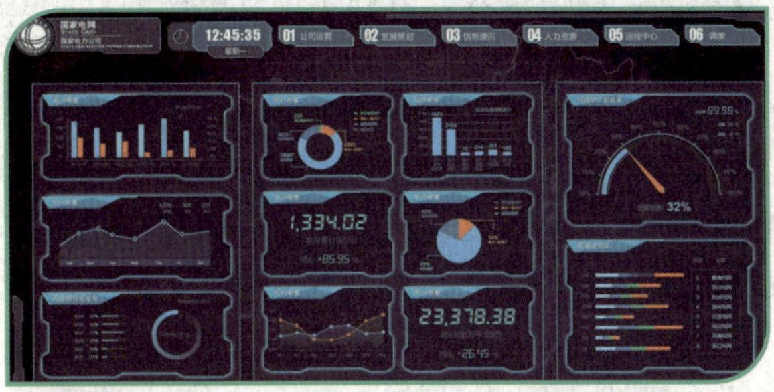

图 10–4 微电网运行监控系统

2016 年，南方电网公司国家“863 计划”——分布式供能课题冷电联供系统示范工程——正式投运，项目地点在佛山市某区供电局，示范工程采用 3 台 2MKW 微燃机和 1 台溴化锂制冷机，整个冷电联供系统可满足供电局大院内 3 栋大楼的冷电负荷需求，按照设计目标，次能源利用效率超过 75%。

微电网作为分布式发电优化集成的一种方式，已经成为世界各国研究的重点，微电网将在未来占有重要的地位。微电网虽然具有很多优点，但在大规模应用之前，还有许多问题需要解决（图 10–5）。

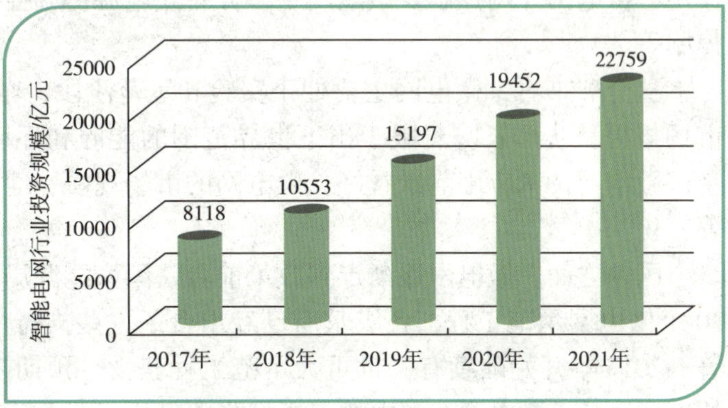

图 10–5 微电网投资规模扩大趋势

国内微电网研究处于起步探索阶段，国家电网公司是微电网技术研究的主要机构。2011 年 8 月，国家电网电科院微电网技术体系研究项目通过验收。该项目首次提出了中国微电网技术体系，涵盖微电网核心技术框架、电网应对微电网的策略、技术标准和政策等，制定了我国微电网发展路线和技术路线图，对我国微电网不同发展阶段提出了积极的意见和建议。

五 微电网的展望

基于先进的信息技术和通信技术，电力系统将向更灵活、清洁、安全及经济的“智能电网”方向发展。智能电网以包括发电、输电、配电和用电各环节的电力系统为对象，通过不断研究新型的电网控制技术，并将其有机结合，实现从发电到用电所有环节信息的智能交互，系统地优化电力生产、输送和使用。在智能电网的发展过程中，配电网需要从被动式的网络向主动式的网络转变，这种网络利于分布式发电的参与，能更有效地连接发电侧和用户侧，使双方都能实时地参与电力系统的优化运行。微电网是实现主动式配电网的一种有效方式，微电网技术能够促进分布式发电的大规模接入，有利于传统电网向智能电网过渡。

微电网中的各种分布式发电和储能装置的使用不仅实现了节能减排，也极大地推动了我国的可持续发展战略。与传统的集中式能源系统相比，以新能源为主的分布式发电向负荷供电，可以大大减少线损，节省输配电建设投资，又可与大电网集中供电相互补充，是综合利用现有资源和设备、为用户提供可取和优质电能的理想方式，不仅达到了更高的能源综合利用效率，也提高了电网的安全性。微电网技术虽然引入我国不久，但顺应了我国大力促进可再生能源发电、走可持续发展道路的要求，因此对其进行深入研究具有重要意义。

微电网内集成了多种能源输入、多种产品输出以及多种能源转化单位，是化学、热力学、电动力学等行为相互耦合的复杂系统。微电网的运行特性既与其内部的分布电源特性以及负荷特性有关，也与其内部的储能系统运行特性密切相关，同时还与外部电网相互作用。微电网的发展还面临着一系列的技术挑战：高渗透率下微电网与外部配电系统的相互作用，微电网并网控制及微电网中多分布式电源协调控制，含微电网配电系统的电能质量控制等。

从全球来看，微电网主要处于实验和示范阶段，微电网的技术推广已经度过幼稚期，市场规模稳步增长。着眼于当下世界范围的能源和环境困局以及电力安全需求的长期高企，微电网技术应用前景看好。微电网的市场规模、地区分布和应用场所分布都将发生显著变化。

国内方面，微电网逐渐走到政策前台，国家能源局也已在“十三五”规划期间建设了30个微电网示范工程，各级政府已经出台了一些支持性政策，自下而上推动力越来越显著。2017年开始陆续有一批重大示范工程获批，预期未来各地会有更多政府或企业主导的项目上马，微电网在国内的市场将非常广阔（图10–6）。

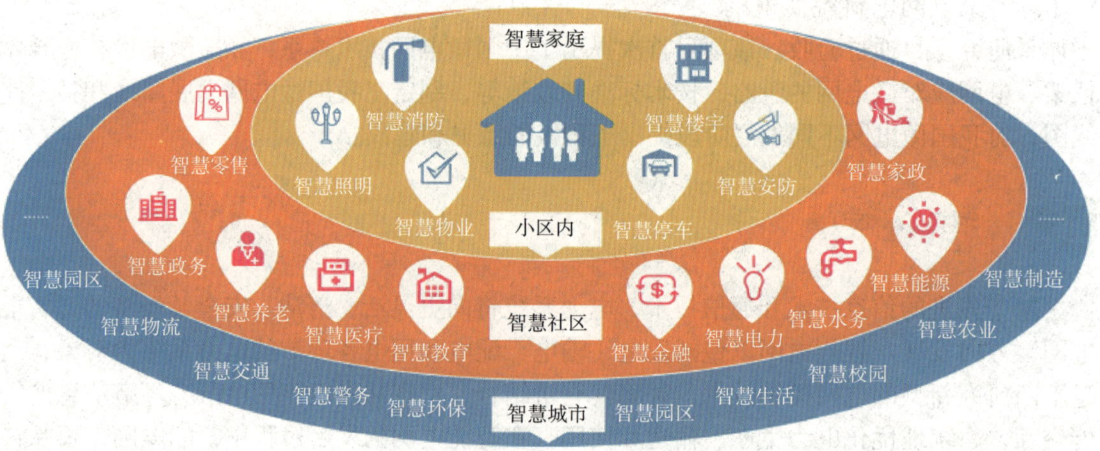

图10–6 未来微电网下的智慧城市构想

第二节

微电网的构成与用途

微电网是智能电网的重要组成部分，能实现内部电源和负荷的一体化运行，可与主电网进行协调控制，平滑地接入主电网或独立运行，能满足甚至提高用户对电能质量、电能可靠性和安全性等要求。微电网分为并网型微电网和独立型微电网，可实现自我控制和自治管理。

一　微电网的构成

微电网由分布式发电、负荷、储能装置及控制装置四部分组成，对外是一个整体，通过一个公共连接点与电网相连（图 10–7）。

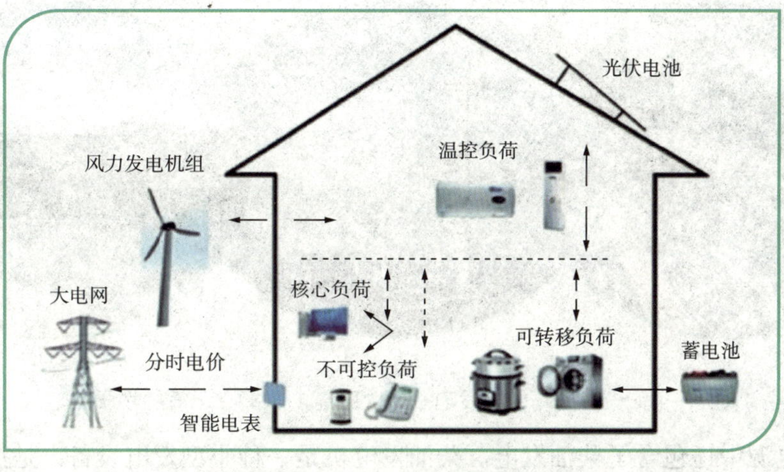

图 10–7　微电网典型案例

分布式发电（DG）：可以是以新能源为主的多种能源形式，如光伏发电、风力发电、燃料电池；也可以热电联产或冷热电联产形式存在，就地向用户提供热能，提高 DG 利用效率和灵活性。

负荷：包括各种一般负荷和重要负荷。

储能装置：可采用各种储能方式，包括物理储能、化学储能、电磁储能等，用于新能源发电的能量存储、负荷的削峰填谷、电网的“黑启动”。

控制装置：由控制装置构成控制系统，实现分布式发电控制储能控制、并离网切换控制、微电网实时监控、微电网能量管理等。

微电网的构成可能很简单，但也可能比较复杂。例如，光伏发电系统和储能新系统可以组成简单的用户级光 / 储微电网，而风力发电系统、光伏发电系统、储能系统、冷热电联供微型燃气轮机发电系统可组成满足用户冷热电综合能源需求的复杂微电网。

一个微电网内还可以含有若干个规模相对小的微电网，微电网内分布式电源的接入电压等级也可能不同。

二 分布式电源与储能系统（风光柴储一体化系统）

微电网中分布式电源大致可以分为新型能源（如光伏）和传统能源（如柴油机）两类，微电网将多种新型能源与传统能源相结合，共同构成微电网功能系统中的分布式电源，这些电源多使用风能、光能、柴油机发电（图 10-8），匹配储能系统使用，所以分布式能源系统加储能系统常被称为风光柴储一体化系统（图 10-9）。储能系统是微电网组网中的关键组成部分。储能系统由储能单元和双向变流器构成。太阳能、风能、生物质能等新能源发电技术具有可再生、安全可靠、无噪声、无污染排放、无公害、装机灵活等特点，是分布式发电的核心。

(a) (b) (c)

图 10-8 分布式新能源发电——太阳能、风能、沼气生物质发电

分布式电源中还包含了柴油发电。柴油发电机是一种小型发电设备，是指以柴油等为燃料，以柴油机为原动机带动发电机发电的动力机械。整套机组一般由柴油机、发电机、控制箱、燃油箱、启动和控制用蓄电瓶、保护装置、应急柜等部件组成。

柴油发电机组常用于没有连接电网的地方，或者在电网故障时用作应急电源，以及其他更复杂的应用，例如峰值跳闸、电网支持和电网输出。

伴随着时代的进步社会的发展，原有的那种柴油发电机组笨重、耗油高、噪声大、尾气污染严重，显然已经不适合社会的需要。未来柴油发电机组将朝着更加节能环保、轻便美观的方向发展。

分布式发电（如光伏、风电等）受外界环境如光照、温度、风力、气候等因素影响，发电量具有随机性、不稳定性。储能系统应用于微电网中，与分布式电源、主电网共同接受能源管理系统（EMS）的协调控制，可以提高微电网供电的可靠性及分布式能源就地利用率，减少主电网输电压力。

储能系统可快速吸收与补充电能，为微电网提供有功/无功功率支撑，稳定电压波动，提高电能质量。

储能系统可存储分布式电源在负荷用电低谷时发出的过剩电能，在负荷用电高峰时释放，是微电网中的能量缓冲环节。储能系统可以使微电网内发电机组或变压器以更低的装机容量满足负荷用电的峰值需求。

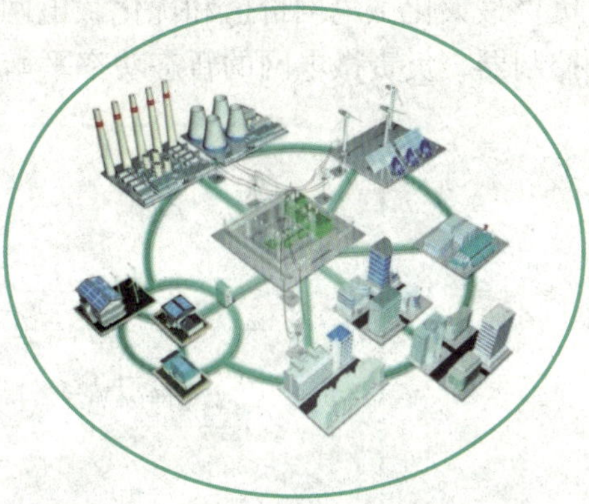

图 10-9　风光柴储一体化示意图

三　微电网的运行控制

同简单的分布式发电系统不同，微电网一般具备独立运行和联网运行两种常态运行模式。微电网中存在多种能源输入（光、风、氢、天然气等）、多种能源输出（电、热、冷）、多种能量转换单元以及多种运行状态，使其动态特性相对于单个分布式电源而言更加复杂。依据微电网独立运行模式下各分布式电源所发挥的作用不同，微电网控制模式可以分为主从控制模式、对等控制模式和分层控制模式。

主从控制模式：指微电网处于孤岛运行模式时，其中一个分布式电源（或储能装置）采用定电压和定频率控制（V/f 控制），用于向微电网中的其他分布式电源提供电压和频率参考，而其他分布式电源则采用定功率控制（PQ 控制）。采用 V/f 控制的分布式电源控制器称为主控制器，而其他分布式电源的控制器称为从控制器，各从控制器的运行方式由主控制器决定。

对等控制模式：指微电网中所有的分布式电源在控制上都具有同等的地位，各控制器间不存在主从关系，每个分布式电源都根据接入系统点电压和频率的就地信息进行控制。与主从控制模式相比，对等控制模式下的各分布式电源可以自动参与输出功率的分配，易于实现分布式电源的即插即用，便于各种分布式电源的接入，由于省去了通信系统，理论上可以降低系统成本。

分层控制模式：一般设有中央控制器，用于向微电网中的分布式电源发出控制信息。中心控制器首先对分布式电源发电功率和负荷需求量进行预测，然后指定相应运行计划，并根据采集的电压、电流、功率等状态信息，对运行计划进行实时调整，控制各分布式电源、负荷和储能装置的输出功率和启停，保证微电网电压和频率的稳定，并为系统提供相关保护功能。

微电网也可以采用三层控制结构，如图 10-10 所示，最上层的配电网络操作管理系统主要根据市场和调度需求来管理和调度系统中的多个微电网；中间层的微电网中心控制器负责最大化微电网价值和优化微电网操作；下层控制器主要包括分布式电源控制器和负荷控制器，负责微电网的暂态功率平衡和负荷管理。

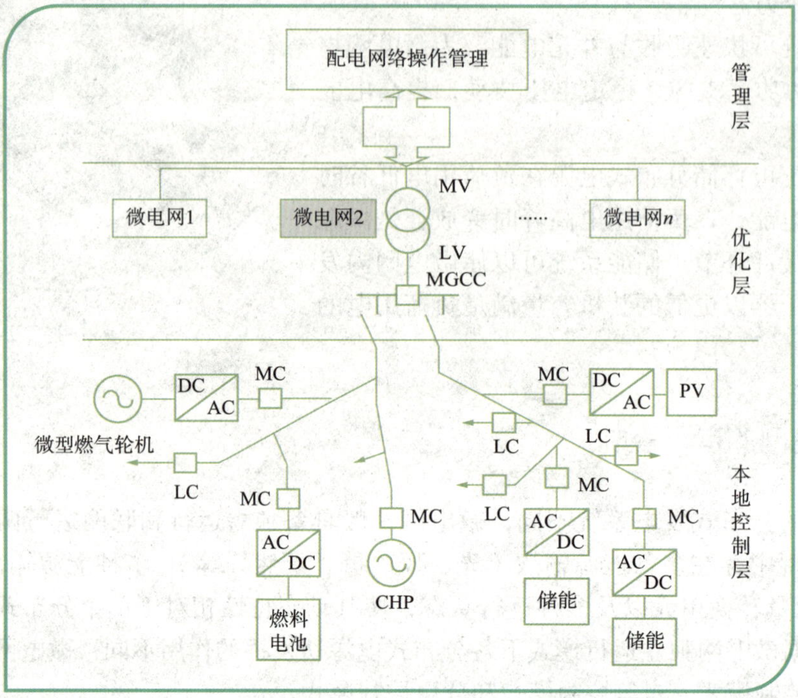

图 10-10 微电网三层控制方案

四 微电网的用途

微电网存在多种运行状态，即并网运行状态、离网运行状态、并离转换的过渡过程。

并网运行状态下，微电网的应用场景主要为城市电网中的重要负荷、工业园区、储能梯级利用、谷电峰用等。以城市电网为例，微电网在并网运行时主要通过大电网供电，在大电网遭受故障甚至瘫痪时，微电网与大电网断开，进入孤岛运行模式，保证重要负荷的供电可靠性。

离网运行状态下，微电网的应用场景主要为大电网无法到达的偏远地区，或大电网可以到达但建设成本、运维成本很高的地区（例如边防哨所、离岸海岛）。以海岛为例，微电网可以充分利用海上风电、地面光伏、波浪能等分布式能源，解决岛内居民用电问题，抑或降低运油发电成本。在孤立的偏远地区建设微电网，具有天然的必要性和技术优势。例如在工业园区中，根据能源禀赋和用能特点，基于园区微电网，采用余热回收利用及分布式发电等关键技术，实现能源梯级利用、多能互补，提高能源综合利用效率（图 10-11）。

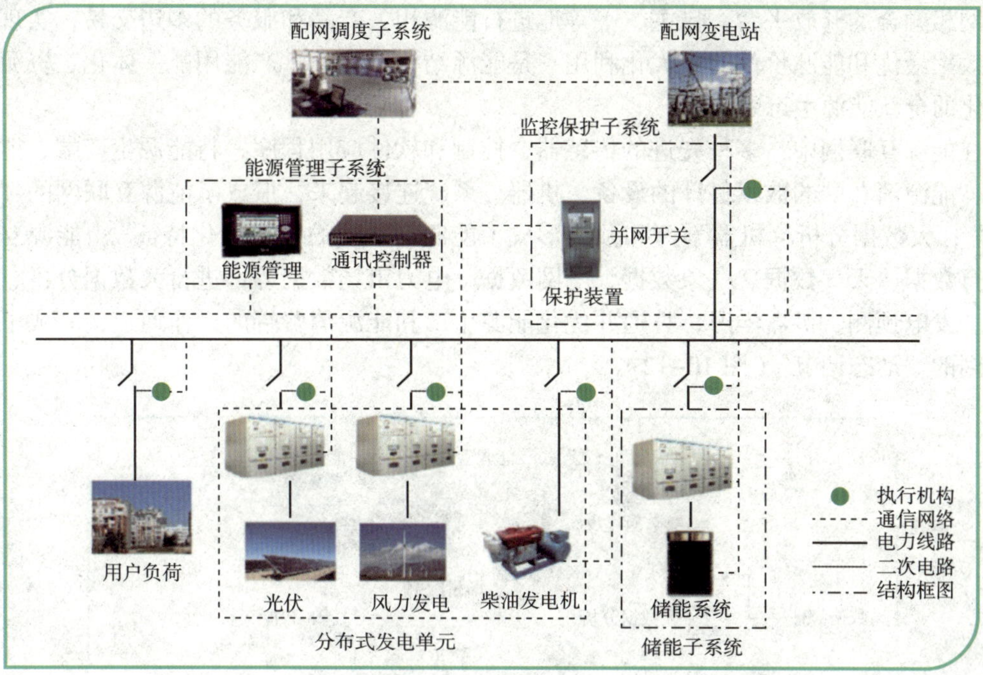

图 10-11　某微电网离并网控制

凭借运行控制和能量管理等关键技术，微电网可以提高地区电网抗灾能力及应急能力；可以实现偏远边防哨所、离岸海岛的连续供电，有助于推进区域综合能源高效利用。

第三节
能源互联网

能源互联网是指综合运用先进的电力电子技术、信息技术和智能管理技术，将大量由分布式能量采集装置、分布式能量储存装置和各种类型负载构成的新型电力网络、石油网络、天然气网络等能源节点互联起来，以实现能量双向流动的能量对等交换与共享网络。

一　能源互联网概述

能源互联网是新能源技术和互联网相融合的全新的能源生态系统。互联网能源基于可再生能源和气体能源利用特点，形成众多产能、用能一体的市场单元，依托能源物理网和互联网相融合的开放平台，自主、平等地进行能源相关产品和服务的多边交易，实现能源系统效率最优和能源价值的最大化利用，是能源结构生态化、产能用能一体化、资源配置高效化的全新能源生态系统。

在能源互联网中，多种先进的传感器、控制和软件应用程序，将能源生产端、能源传输端、能源消费端的数以亿计的设备、机器、系统连接起来，形成了能源互联网的“物联基础”；大数据分析、机器学习和预测形成了能源互联网的“智能化特征”；能源互联网对运行数据、天气数据、气象数据、电网数据、电力市场数据等，进行大数据分析、负荷预测、发电预测、机器学习，打通并优化能源生产和能源消费端的运作通道，完成了能源互联网的“动态调节”（图 10–12）。

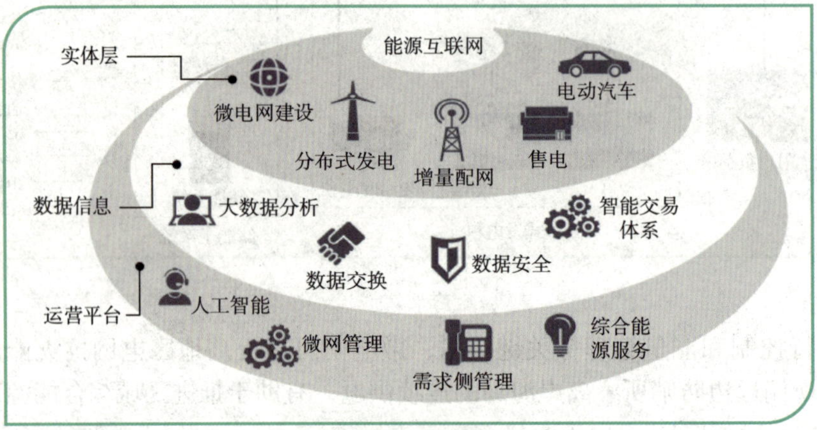

图 10–12　能源互联网整体规划

能源互联网将有助于形成一个巨大的“能源资产市场”，实现能源资产的全生命周期管理，通过这个“市场”可有效整合产业链上下游各方，形成供需互动和交易，也可以让更多的低风险资本进入能源投资开发领域，并有效控制新能源投资的风险。

能源互联网还将实时匹配供需信息，整合分散需求，形成能源交易和需求响应。当每一个家庭都变成能源的消费者和供应者的时候，当为电动汽车充放电的时候。无时无刻不在交易电力，比如屋顶分布式光伏电站发电。

提到能源互联网，不得不提及特高压技术。特高压技术是国家电网近年来重要的技术创新成果，将特高压技术贡献给能源互联网概念，把里夫金所构想的能源互联网在全球尺度上规划了发展蓝图。特高压输电技术和能源互联网技术这两项技术共同构成了全球能源互联网的两个基本点，两者互不可缺。

离开能源互联网技术，仅仅利用特高压技术实现的洲际联网，只能被称为全球特高压电网；如果特高压电网输送的电力主要是大型燃煤发电厂发的电，而不是主要输送风、电、光、伏等清洁能源，那它就与里夫金所说的能源互联网毫无关系。真正的能源互联网是利用互联网技术，使可再生能源成为主导能源，用特高压技术把全球的区域能源互联网连接起来，真正实现全球可再生能源的共享。

1. 国内发展进程

2015 年 9 月 26 日，中国开始倡议构建全球能源互联网，推动以清洁和绿色方式满足全球电力需求。

2016 年 2 月，提出将能源互联网建设分为两个阶段推进，先期开展试点示范，后续进行推广应用，并明确了 10 大重点任务。2016~2018 年，国家着力推进能源互联网试点示范工作，建成一批不同类型、不同规模的试点示范项目。2019~2025 年，着力推进能源互联网多元化、规模化发展，初步建成能源互联网产业体系，形成较为完备的技术及标准体系并推动实现国际化。

中国将稳步推进国内能源互联网建设，优化电网布局，提高国内能源资源优化配置能力。加快能源互联网示范项目建设，积极研究提出配套政策措施，为能源互联网新模式、新业态预留充足发展空间。

2017 年 8 月，全国首批 55 个能源互联网示范项目已陆续开工，中国能源互联网进入实操阶段（图 10–13）。

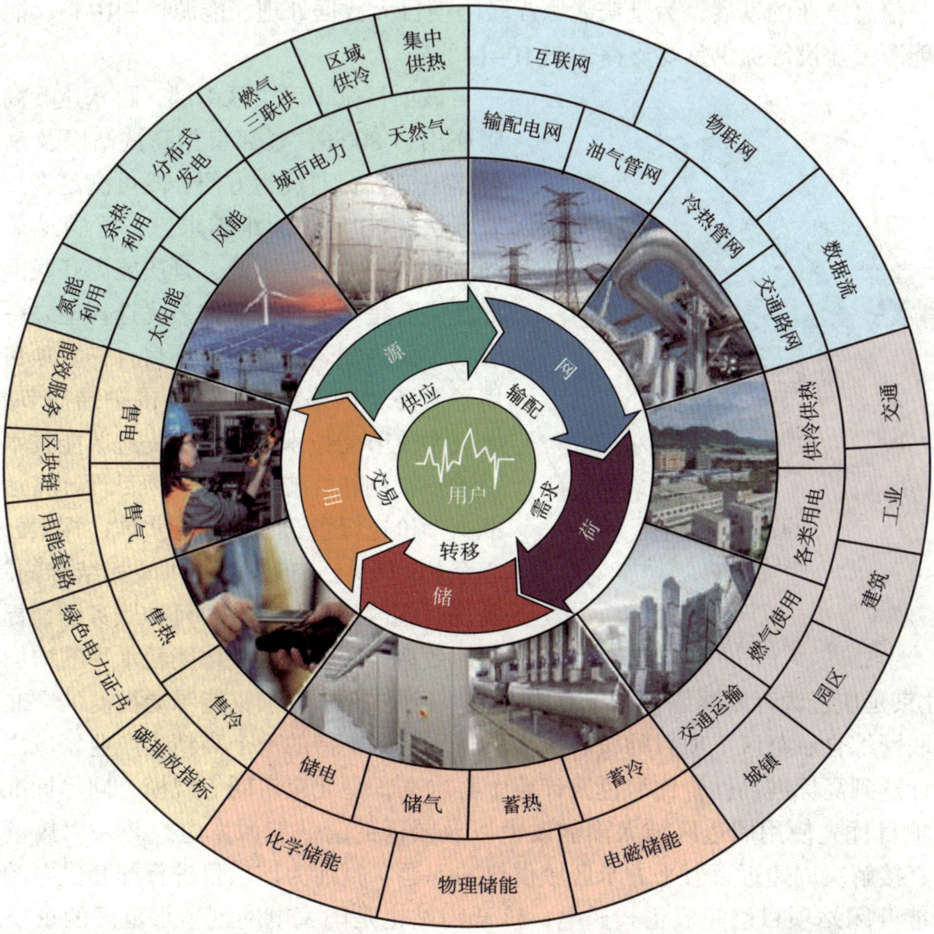

图 10–13　能源互联网项目整体布局

2. 国内示范项目

2017 年 7 月，国家能源局正式公布包括北京延庆能源互联网综合示范区、崇明能源互联网综合示范项目等在内的首批 55 个“互联网 +”智慧能源（能源互联网）示范项目，并要求首批示范项目原则上于 2017 年 8 月底前开工，并于 2018 年底前建成。

其中城市能源互联网综合示范项目 12 个、园区能源互联网综合示范项目 12 个、其他及跨地区多能协同示范项目 5 个、基于电动汽车的能源互联网示范项目 6 个、基于灵活性资源的能源互联网示范项目 2 个、基于绿色能源灵活交易的能源互联网示范项目 3 个、基于行业融合的能源互联网示范项目 4 个、能源大数据与第三方服务示范项目 8 个、智能化能源基础设施示范项目 3 个。

（1）北京延庆能源互联网项目

项目位于北京市延庆区，数据中心基础设施已完成项目立项，并通过北京发改委的节能审查，于 2019 年 3 月开工建设，在 2020 年底完成 6000 个机柜的交付，并完成相应配套的云计算及服务系统，服务于能源互联网及其相关的云服务产业，极大促进中关村延庆园能源、信息产业的发展，为延庆能源互联网项目大数据处理、能源控制中心、能源交易中心、能源云建设等提供重要支撑（图 10–14）。

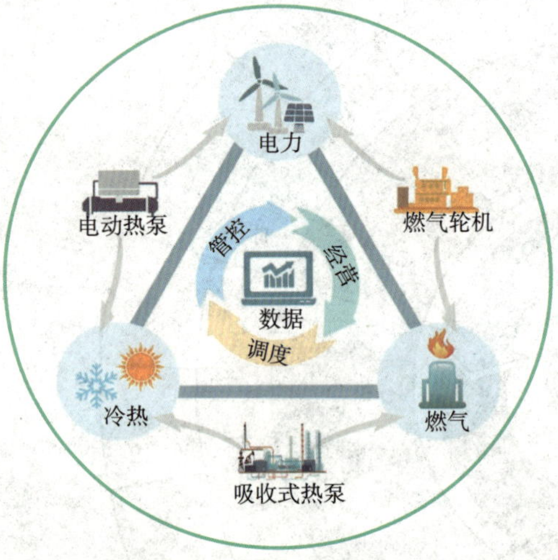

图 10–14 延庆能源互联网园区综合示范项目

该项目位于延庆区南部，距八达岭高速公路康庄出口 800m，紧邻京张高铁站以及京礼高速公路出口，交通极为方便。既可满足客户快速部署、快速响应 IT 运维需求，又可满足某些客户同城灾备的需求。因此，延庆能源互联网绿色云计算中心是高安全可靠的最优选择地之一，已吸引众多国内知名企业与本项目合作。项目不但采用了服务器网络节能技术、围护结构节能技术、电气系统节能技术等一系列先进节能技术，同时引进一批创新性应用技术，项目设计将达到高标准高性价比绿色云计算中心水准，探索云计算中心余热利用与分布式清洁供暖相结合的新途径，实现对园区的供热服务，延伸服务链，提高能源利用效率，减少园区整体能耗水平的增加。

“北京延庆能源互联网绿色云计算中心”项目是 2017 年国家能源局批复的“北京延庆能源互联网综合示范区”项目的核心板块，属北京市支持的十个高精尖产业领域之一。该项目设计达到高标准高性价比绿色云计算中心水准，是北京市同等规模、同等标准的最优值，且项目优先使用周边区域太阳能发电以及园区的清洁能源发电，并采用热量输出系统，可直接解决周边近百万平方米区域供热的问题。目前为该项目进行配套供电的能源互联网智能开闭站项目已完成正式送电，该开闭站也是国家电网创新示范区的重要组成部分，承担了国家“863 计划”示范内容，2019 年 5 月全部建设完成。

（2）上海某大学能源互联网应用

项目位于上海市浦东新区，于2018年9月正式启用。被国家发改委、国家能源局列为“新能源微电网示范项目”的上海某大学临港新校区，设计理念是“绿色之城、时代学府”。它是全国28个示范项目在上海市的唯一一个，也是全国唯一一家实现能源互联网的高校（图10–15）。

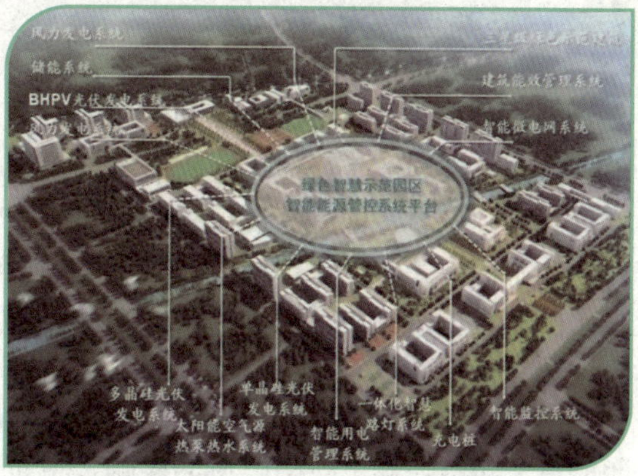

图10–15　上海某大学能源互联网项目整体规划

能源互联网项目示范项目的重点是智慧能源系统，系统核心由风光储一体化的智能微网模块、太阳能+空气源热泵的智能热网模块、智慧能源管控系统三大模块组成。

风光储一体化的智能微网模块，包含分布于23个建筑屋面的2MW光伏发电设备及一台300kW风力发电等新能源分布式发电系统。为了确保在外部供电系统失电的情况下，能源互联网能够继续满足信息中心机房重要负荷和2栋建筑部分普通负荷供电的需求，系统还配置有容量为100kW×2h的磷酸铁锂电池、150kW×2h的铅炭电池和100kW×10s的超级电容储能设备。三种储能设备与学校的不间断电源相连，一并接入能源互联网系统。

太阳能+空气源热泵的智能热网模块，装设在新校区公寓楼的屋顶，设置了太阳能集热器和空气源热泵，集中供应生活热水。同时通过系统平台实现了热水系统的监测、控制和节能优化。10套系统，每天产生800t热水，解决了10000余名师生的生活热水使用需求。

智慧能源管控系统，改变了通常校内财务、物业、后勤等部门的信息系统并不打通的现状。在寒暑假，系统用户管理功能可以远程监测异常电耗，若某一处发生“状况”，就可远程查明甚至关断相应电源，替代了传统巡查手段。此外，如比较常见的地下水管内漏现象，系统也能灵敏察觉（图10–16）。

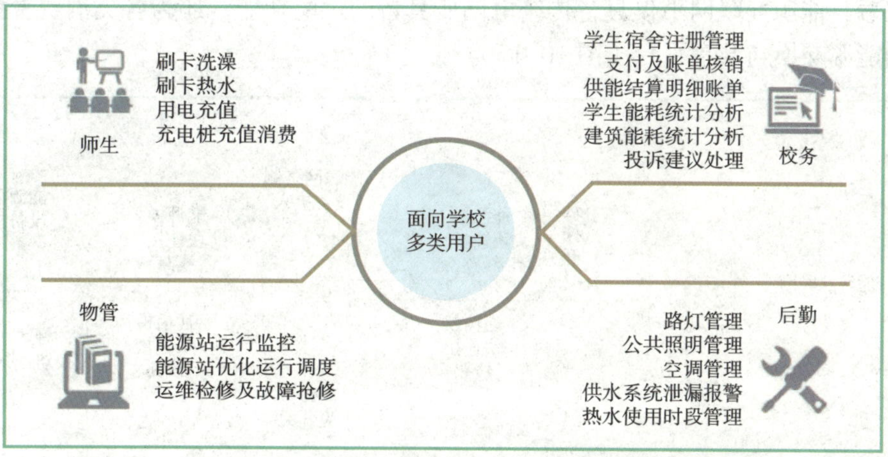

图10–16　上海某大学能源互联网项目智慧能源监控系统

二 能源互联网的功能

能源是现代社会赖以生存和发展的基础。为了应对能源危机，各国积极研究新能源技术，特别是太阳能、风能、生物能等可再生能源。可再生能源具有取之不尽、清洁环保等特点，受到世界各国的高度重视。可再生能源具有地理上分散、生产不连续、随机性、波动性和不可控等特点，传统电力网络的集中统一的管理方式，难以适应可再生能源大规模利用的要求。对于可再生能源的有效利用方式是分布式的“就地收集，就地存储，就地使用”。

但分布式发电并网并不能从根本上改变分布式发电在高渗透率情况下对上一级电网电能质量、故障检测、故障隔离的影响，也难以实现可再生能源的最大化利用，只有实现可再生能源发电信息的共享，以信息流控制能量流，实现可再生能源所发电能的高效传输与共享，才能克服可再生能源不稳定的问题，实现可再生能源的真正有效利用。

信息技术与可再生能源相结合的产物——能源互联网，为解决可再生能源的有效利用问题提供了可行的技术方案。与目前开展的智能电网、分布式发电、微电网研究相比，能源互联网在概念、技术、方法上都有一定的独特之处。因此，研究能源互联网的特征及内涵，探讨实现能源互联网的各种关键技术，对于推动能源互联网的发展并逐步使传统电网向能源互联网演化，具有重要理论意义和实用价值。

能源互联网是综合运用先进的电力电子技术、信息技术和智能管理技术，将大量由分布式能量采集装置、分布式能量储存装置和各种类型负载构成的新型电力网络节点互联起来，以实现能量双向流动的能量对等交换与共享网络。从政府管理者视角来看，能源互联网是兼容传统电网的，可以充分、广泛和有效地利用分布式可再生能源，满足用户多样化电力需求的一种新型能源体系结构；从运营者视角来看，能源互联网是能够与消费者互动、存在竞争的一个能源消费市场，只有提高能源服务质量，才能赢得市场竞争；从消费者视角来看，能源互联网不仅具备传统电网所具备的供电功能，还为各类消费者提供了一个公共的能源交换与共享平台（图 10–17）。

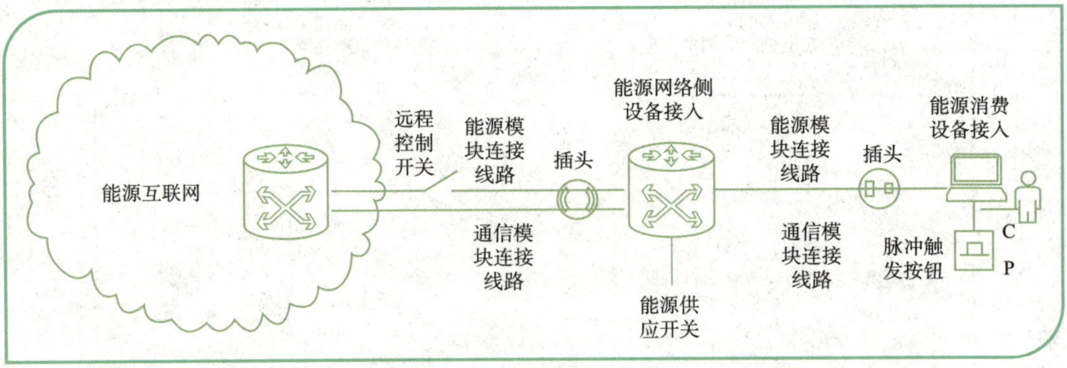

图 10–17 电力电子技术、信息技术和智能管理技术构建能源网

1. 能源互联网的特征

能源互联网具备如下五大特征：

可再生：可再生能源是能源互联网的主要能量供应来源。可再生能源发电具有间歇性、波动性特点，其大规模接入对电网的稳定性产生冲击，从而促使传统的能源网络转型为能源互联网。

分布式：由于可再生能源的分散特性，为了最大效率地收集和使用可再生能源，需要建立就地收集、存储和使用能源的网络。这些能源网络单个规模小、分布范围广，每个微型能源网络都是能源互联网的一个节点。

互联性：大范围分布式的微型能源网络并不能全部保证自给自足，需要互联起来进行能量交换才能平衡能量的供给与需求。能源互联网关注的是将分布式发电装置、储能装置和负载组成的微型能源网络互联起来，而传统电网更关注如何将这些要素“接进来”。

开放性：能源互联网应该是一个对等、扁平和能量双向流动的能源共享网络，发电装置、储能装置和负载能够“即插即用”，只要符合互操作标准，这种接入是自主的，从能量交换的角度看没有一个网络节点比其他节点更重要。

智能化：能源互联网中能源的产生、传输、转换和使用都应该具备一定的智能。

2. 能源互联网关键技术特征

可再生能源高渗透率：能源互联网中将接入大量各类分布式可再生能源发电系统，在可再生能源高渗透率的环境下，能源互联网的控制管理与传统电网之间存在很大不同，需要研究由此带来的一系列新的科学与技术问题。

非线性随机特性：分布式可再生能源是未来能源互联网的主体，但可再生能源具有很大的不确定性和不可控性，同时考虑实时电价、运行模式变化、用户侧响应、负载变化等因素的随机特性，能源互联网将呈现复杂的随机特性，其控制、优化和调度将面临更大挑战。

多源大数据特性：能源互联网工作在高度信息化的环境中，随着分布式电源并网、储能及需求侧响应的实施，产生了包括气象信息、用户用电特征、储能状态等多种来源的海量信息。随着高级量测技术的普及和应用，能源互联网中具有量测功能的智能终端的数量将会大大增加，所产生的数据量也将急剧增大。

多尺度动态特性能源互联网是一个物质、能量与信息深度耦合的系统，是物理空间、能量空间、信息空间乃至社会空间耦合的多域、多层次关联，包含连续动态行为、离散动态行为和混沌有意识行为。作为社会 / 信息 / 物理相互依存的超大规模复合网络，与传统电网相比，具有更广阔的开放性和更大的系统复杂性，呈现出复杂的、不同尺度的动态特性。

能源互联网其实是以互联网理念构建的新型信息能源融合“广域网”，它以大电网为“主干网”，以微网为“局域网”，是一种开放对等的信息能源一体化架构，真正实现能源的双向按需传输和动态平衡使用，因此可以最大限度地适应新能源的接入。微网是能源互联网中的基本组成元素，通过新能源发电、微能源的采集、汇聚与分享以及微网内的储能或用电消纳形成“局域网”。大电网在传输效率等方面仍然具有无法比拟的优势，将来仍然是能源互联网中的“主干网”。虽然电能源仅仅是能源的一种，但电能在能源传输效率等方面具有无法比拟的优势，未来能源基础设施在传输方面的主体必然还是电网，因此未来能源互联网基本上是互联网式的电网。能源互联网把一个集中式的、单向的电网，转变成和更多的消费者互动的电网。

三 泛在电力物联网

泛在电力物联网建设成为当下国网最重要任务。

2018 年初，国家电网公司信息通信工作会议提出要打造“全业务泛在电力物联网”，建设智慧企业，引领能源互联网建设潮流（图 10–18）。

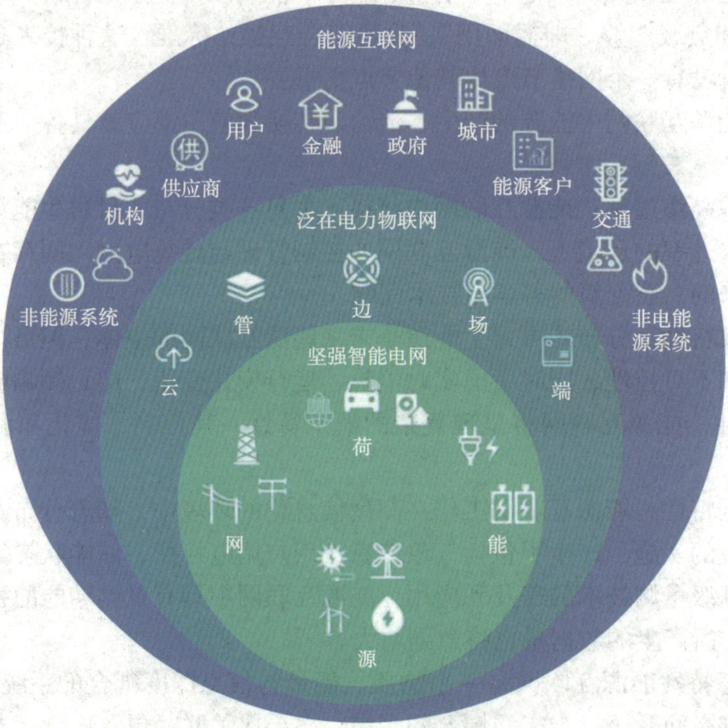

图 10–18　泛在电力物联网与能源互联网关系

“泛在网”即广泛存在的网络，它以“无处不在，无所不包，无所不能”为基本特征，以实现在任何时间、任何地点、任何人、任何物都能顺畅通信为目标。

泛在电力物联网，就是围绕电力系统各环节，充分应用移动互联、人工智能等现代信息技术、先进通信技术，实现电力系统各环节万物互联、人机交互，具有状态全面感知、信息高效处理、应用便捷灵活特征的智慧服务系统，包含感知层、网络层、平台层、应用层四层结构。

目前智能电网运行顺利，而泛在电力物联网尚存在难点。从“两网”看，智能电网运行得到了市场充分考验，而主要靠“云物移大智”等新型信息通信技术支撑的泛在电力物联网，则存在着难点——电力行业有着一系列的特殊性，如电力产品产供销瞬间完成、不能储存、投资短期难以见效、社会效益无法用财务衡量计算等，“云物移大智”要结合电力领域中的特有属性来应用。“云物移大智”，即云计算、物联网、移动互联网、大数据、智慧城市。

第四节 微电网与能源互联网在军事领域的应用

军事能源是军事能力的基础。传统能源保障风险隐患多，新型能源发展迅猛，战争形态演变对军事能源提出更高要求，迫切要求军事能源实现转型发展。须准确把握军事能源转型指导、转型标准和转型目标，研究制定军事能源转型战略，统筹军事能源转型与国家能源、军队建设、武器装备同步发展，实现军事能源转型跨越发展。微电网与能源互联网技术正是将新能源的综合技术融入军事能源发展中的关键性技术。

一、美军“微电网”与能源互联网

近年来，为了缓解美军的能源压力和减少能源开支，寻找可靠、高效、灵活和独立性强的供电保障途径，美国国防部对先进供配电装备和方式的投入较大，并取了一定的成绩，但是离美军的预期目标尚存在一定的差距（图 10–19）。

1. 美军研发“微电网”与能源互联网背景

现代战争中，各级指挥控制平台、各类武器系统和各种单兵装备信息化程度不断提升，数量不断增加，对电能的需求持续增加。离开了电，军队行动将无法正常实施，供电保障将直接对整个战场态势造成影响。因此，发供电装备和配电网络成为军队后勤保障的重点和难点。

图 10–19　美国国防部新能源技术使用

军队是美国最大的能源消耗者，也是世界上最大的能源消耗机构。美国的能源消耗主要由军事行动能源消费（占 74%，主要通过燃油获取）和军事设施能源消耗（占 26%，主要通过电网获取）组成。其中，军事行动用电主要是指为维持军队正常训练、部署、推进和武器平台正常运行所需要的电能，主要通过燃油式发电机组保障；军事设施用电主要是指为确保军事基地、码头、港口、航站、营区等固定军事设施正常运转所需的电能，主要通过商业电网提供保障。

2. 美军研发微电网现状

随着军队信息化的加速推进和信息化武器装备的不断增多，军事基地、军事部署及军事行动对电能的依赖程度越来越高。为提高可再生能源电能供应的稳定性，美军制订了一种新的解决之策——大幅使用“微电网”与能源互联网。

相对传统电网而言，美军的微电网与能源互联网具有独特的网络结构，其每一个微电源都具有先进的即拔即插功能，因而能够自我控制、保护和管理，进而实现独立运行。研究表明，至 2020 年美国军方在微电网项目上的军费开支达到了 16 亿美元，发电量升至 600MW。

美国国防部协会发布的一份报告，透露了许多支持美国军事基地的清洁能源和微电网设施，其中的案例研究提供了实际构建弹性能源系统的最佳方法。美国国防部弹性能源系统基本构架如图 10-20 所示。

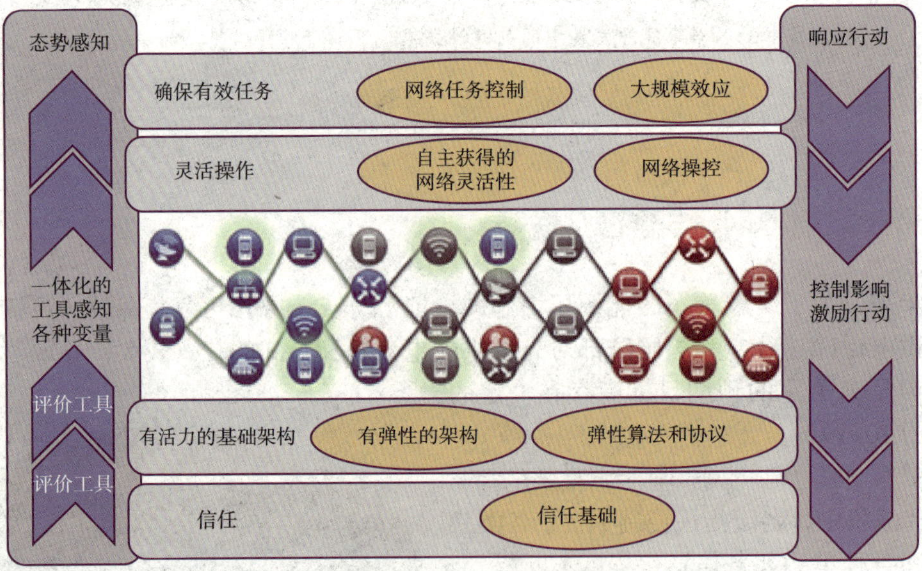

图 10-20 美国国防部弹性能源系统基本构架

微电网可以为该军事基地提供为期三周的孤岛电力，包括 100 多个设施。由于与填埋气体质量相关的挑战，使得一台涡轮机在大约 9% 的时间内处于脱机状态。为了确保不影响可能的紧急行动，该基地计划在 2020 年增加一个 3MW 的电池储能系统以弥补容量不足（图 10-21）。

图 10-21 美国军用微电网设备

除了微电网的弹性相关属性，美国海军陆战队还可以配合属地某电力公司需求响应计划。该基地还计划增加更多的垃圾填埋气体容量，并正在与圣地亚哥市就资助问题进行谈判。

密西西比州的光伏系统与柴油发电机相连，为海军基地供电；马萨诸塞州某基地的一个风力微电网将于明年上线。

目前超过 4500 万个军事基地已经开始运作微电网与能源互联网，或是正在规划、试用这些技术。与微电网、能源互联网相关的技术包括智慧型逆变器、智慧型交换器、智慧电表、电动车充电技术，以及虚拟电厂、网络安全技术等。

3. 美军对微电网技术的应用

美军国防部为节省能源开支、提高能源安全度，早在 2005 年就制定了能源节约的目标：2005~2015 年，美军的能源消耗逐年减少 3%，到 2015 年可减少 30%。其中，减少电能浪费对实现国防部制定的节能目标具有重要作用。

太阳能是美军利用最多的一种可再生能源，包括光伏发电和太阳能利用。美军对太阳能的利用主要采用研建大规模的光伏电站和便携式光伏发电装置。目前，内华达州的内利斯空军基地建成的 14.2MW 光伏电站是美国已建成最大的工程，为基地提供了 28% 的电力，每月可节省开支 8.2 万美元，一年减少二氧化碳排放量 2.4 万 t，美军还将在现有基础上再建一座 17MW 光伏电站。

风能发电主要应用于美军本土和海外的固定军事基地和设施。美军对风能的应用最早是在 1996 年。由于地处僻远，运输费用昂贵，美国空军在英属阿森松岛的空军基地安装了 4 台 225kW 风力发电机组，为基地供应电力，在运行的前 4 个月共发电 100 万 kW · h，风力发电机组平均每年产生 250 万 kW · h 电，节省燃油近 30 万 gal，平均每年节约 35 万美元。

潮汐能、地热能和垃圾发电等新能源也在美军微电网中得到应用：美国海军陆战队在夏威夷基地建立了首个并网型潮汐能发电站；陆军在乔治亚州本宁堡建立了 250kW 垃圾发电站；海军陆战队建立了 3.4MW 垃圾发电站；海军在加利福尼亚州中国湖基地建立了 270MW 的地热能发电站。

二 我军“微电网”与能源互联网

军事能源是现代战争的动力引擎和血液命脉。经过多年努力，我军在新型能源领域取得了一批自主创新成果。近年来，我军密切跟踪世界能源发展大势，就统筹推进传统能源与新型能源多元综合发展、深化军事能源关键核心技术创新攻关、构建能源军民深度融合发展格局等进行了研究部署。

1. 我军移动变电站

建立移动变电站是微电网和能源互联网的集中体现，是实现能源互联网的直接手段，也是我军微电网中的重点研究对象。

移动变电站提供完整的变电功能，与110kV电网配套使用，可提供较大容量稳定的10kV电源（图10–22）。首先，主要针对涉密以及海岛军事设施施工，作为临时变电站解决供电问题。其次是重要变电设施的冗余保障，战时变电站在受攻击损坏后的快速替代。最重要的是，移动变电站还可在地震等灾后重建中，代替损坏的变电站快速恢复供电。

图10–22　110kV移动变电站

移动变电站利用最先进的微电网与能源互联网技术，实现智能变电站的信息化、自动化、互动化，实现变电站与调度的广域协同以及电网调度控制业务的一体化运作，具有与调度主站高度统一、数据模型直接共享、安全性高、可靠性高的优点，并可以实现一体化五防与智能化故障诊断（图10–23）。

图10–23　10kV移动变电站

2. 我军装备微电网

装备微电网是在配置柴油电站基础上，引入太阳能光伏、燃料电池等新能源发电和储能装置后形成的微电网供电系统，可为装备运行提供更加高效可靠的电源，战时可有效降低噪声、红外和电磁辐射等暴露风险，提高隐蔽作战性能。图10–24所示为带太阳能光伏发电、蓄电池储能及柴油发电机组的微电网电源车，通过标准接口输出，既可保障装备供电，也可为单兵装备充电，还可以与其他微电网集成融合，构成基地微电网群供电系统（图10–25）。

图10–24　野战太阳能电源车

图10–25　单兵野战微电网供电系统

采用柔性光伏电池可更加方便地引入太阳能发电，减少电源装备体积和重量，提高装备机动性能。同时，依托轮式车辆的装备可进一步采用综合电力技术，车轮改用电力驱动，车辆动力先带动发电机发电，再与储能装置和新能源发电融合构成微电网供电系统，分别为车轮驱动电机和其他用电装备供电，使系统运行效率更高、车辆越野性能更好、装备供电保障效能更佳，是装备微电网和野战装备的重要发展方向。

3. 我军单兵微电网

着眼单兵信息系统建设，提升单兵作战能力，是提高军队信息化条件下整体作战能力的关键要素。目前，单兵信息化装备主要有红外瞄具、夜视仪、激光测距仪、手持短波电台、手持信息终端、北斗用户机等，其可靠运行必须依赖电池供电，目前大多靠增加电池数量延长续航时间，由于电池的重量和体积往往使战士不堪重负，严重制约单兵战斗力的提升。事实上，受电池蓄电能力的限制，仅靠电池储能不可能满足越来越多的单兵信息化装备长时间运行，因此采用微电网技术，研发高效轻便的单兵微电网供电系统，成为解决单兵电源的一个有效途径。单兵微电网包括高效发电装置和可适配单兵装备的充电电池。发电装置可采用柔性太阳能电池、高效氢燃料电池等，要求发电效率高、环境适应性好、重量轻、便于穿戴或携行，通过能量路由器即可向单兵装备或备用电池充电，可显著降低单兵携带电池的重量，提高单兵的生存能力和战斗力。

海岛、高原等地区大功率用电设备通常不能正常使用，但边防部队驻地大多在雪域高原、戈壁荒漠、瀚海孤岛，远离电网负荷中心，电网架设难度极大，系统架设电网工程，需要国家政策支持，军地统一规划。微电网项目成为军队在海岛、高原等地区最好的选择。

以位于连云港市的开山岛为例，开山岛原本是缺淡水、缺电力供应的岛屿。2019 年 6 月 18 日，开山岛离网型海岛智能微电网工程正式建成运行，标志着开山岛用水用电进入“2.0 时代”（图 10–26）。

位于连云港的开山岛曾被当地人称为“水牢”，岛上海风肆虐、环境恶劣，缺少淡水，缺乏电力供应。2018 年 8 月，国家电网有限公司决定在开山岛上捐建以“红色岛、绿色电”为主题的离网型海岛智能微电网系统及海水淡化系统，解决开山岛爱国主义教育基地和守岛人员的用电用水问题。2019 年 1 月，担负开山岛微电网建设任务的国家电网江苏省电力有限公司组织 70 余名专家上岛勘测，正式开始工程建设。在半年的施工过程中，浇筑了 500 余吨重风机混凝土基础，建设了功率为 30kW 的风力发电机组；对开山岛所有营房进行了翻修加固，在不破坏开山岛整体生态环境的基础上，在屋顶安装了 327 块低角度倾斜的光伏发电板；针对开山岛水域海水泥沙含量高的特点，量身定制一套日产淡水 10t 的海水淡化系统，并设置了直饮点；在开山岛的巡视道路上，捐建 32 盏太阳灯地灯，让守岛民兵夜间巡逻更加安全。

图 10–26　开山岛微电网俯视图

开山岛远离陆地，国家电网公司在岛上应用电力无线通信技术、人工智能等现代信息通信技术，构建红色岛屿泛在物联感知体系，实现开山岛光伏、风电、储能、微网控制等环节互联互通，构建了具有状态全面感知、信息高效处理、应用便捷灵活等泛在电力物联网特征的离网型海岛智能微网。

图 10-27 开山岛微电网项目整体建设图

2019 年 6 月 18 日开山岛离网型海岛智能微电网工程正式建成运行。在正常情况下，岛上光伏、风电日均发电量约 420kW·h，可完全满足全岛正常用电需求。在台风、暴雨等极端情况下，660kW·h 储能装置和 50kW 备用柴油发电机，也可保障全岛 3 天正常用电。同时，岛上的海水淡化设备日产水量近 10t，可以满足岛上各类用水需求（图 10-27）。

参 考 文 献

[1] 国网能源研究院.世界能源与电力发展状况分析报告[M].北京：中国电力出版社，2019.

[2] 刘建国，等.可再生能源导论[M].北京：中国轻工业出版社，2017.

[3] 国家能源局.国家能源局2020年一季度网上新闻发布会文字实录[EB/OL].http：//www.chinabgao.com/freereport/81553.html，2020-05-18.

[4] 电力大数据.2030、2050年我国核电发展战略展望[EB/OL].http：//news.bjx.com.cn/html/20191230/1032326.shtml，2019-12-30.

[5] 胡雯.自愈机制下含微电网的配电网重构方法研究[D].武汉：武汉大学，2014.

[6] 刘畅.凤凰军事网：新能源技术对装备发展影响巨大可打造超级战士[EB/OL].https：//mil.ifeng.com/c/7oiNobjXY8g，2020-03-06.

[7] 刘珏麟.新能源的军事应用[EB/OL].https：//wenku.baidu.com/view/c57a06f0a6c30c2258019e52.html，2016-08-01.

[8] 光伏领跑者创新论坛.2019—2050全球主要地区新能源发展综述[EB/OL].https：//www.sohu.com/a/332524832_418320，2019-08-09.

[9] 中国产业经济信息网.中国能源大数据报告（2020）——能源综合篇[EB/OL].http：//www.cinic.org.cn/sj/sdxz/shengchanny/817661.html，2020-05-21.

[10] 冯飞，张蕾.新能源技术与应用概论[M].2版.北京：化学工业出版社，2016.

[11] 五年后美国微电网装机容量或翻番至2855MW[J].电源世界，2015（07）：8.

[12] 翟秀静，刘奎仁，韩庆，等.新能源技术[M].3版.北京：化学工业出版社，2016.

[13] 王明华，李在元，代克化，等.新能源导论[M].北京：冶金工业出版社，2014.

[14] 刘荣厚，张全国，林聪，等.可再生能源工程[M].北京：科学出版社，2016.

[15] 王淑娟.可再生能源及其利用技术[M].北京：清华大学出版社，2012.

[16] 王革华，艾德生.新能源概论[M].2版.北京：化学工业出版社，2006.

[17] 高虹，张爱黎.新能源技术与应用[M].北京：国防工业出版社，2007.

[18] 郭兆晖.新能源知识读本[M].北京：中国人事出版社，2013.

[19] 水电水利规划设计总院.中国可再生能源发展报告2019[R].北京，2019.

[20] 国网能源研究院有限公司.中国新能源发电分析报告[R].北京，2020.

[21] 成志秀，王晓丽.太阳能光伏电池综述[J].信息记录材料，2007（02）：41-47.

[22] 李春鹏，张廷元，周封.太阳能光伏发电综述[J].电工材料，2006（03）：45-48.

[23] 丁明，王伟胜，王秀丽，等.大规模光伏发电对电力系统影响综述[J].中国电机工程学报，2014，34（01）：1-14.

[24] 张海龙.中国新能源发展研究[D].长春：吉林大学，2014.

[25] 国家能源局.2019年风电并网运行情况[EB/OL].http：//www.nea.gov.cn/2020-02/28/c_138827910.htm，2020-02-28.

[26] 风力发电的奇思妙想[EB/OL].http：//energy.csu.edu.cn/xny/fn40.html.

[27] 逐风 .2019 年全球海上风电报告：新增 5.2GW16 个新建海上风电场投运 23 个在建 [EB/OL]. http：//news.bjx.com.cn/html/20200224/1046662.shtml，2020-2-24.
[28] 方重寅 . 风电报告：2019 年高速增长兑现海上风电加速发展 [EB/OL]. http：//news.bjx.com.cn/html/20200217/1043877.shtml，2020-2-17.
[29] 王纪斌，马妍 . 风电报告：关于 2020—2030 陆上风电发展的思考 [EB/OL]. http：//news.bjx.com.cn/html/20200305/1050690.shtml，2020-3-5.
[30] 三峡新能源 . 看完震撼的大阅兵又被朱日和风电场迷倒了！ [EB/OL]. http：//news.bjx.com.cn/html/20170731/840389.shtml，2017-7-31.
[31] 叶启明 . 大型风力发电机组系统的结构与特点 [J]. 华中电力，2002（02）：67-68.
[32] 刘其辉 . 变速恒频风力发电系统运行与控制研究 [D]. 杭州：浙江大学，2005.
[33] 陆上风电发展趋势分析 [EB/OL]. https：//wenku.baidu.com/view/87a5260bcebff121dd36a32d7375a417866fc162.html，2020-03-18.
[34] 龙源电力集团股份有限公司 . 海上风电建设及运维 [EB/OL]. https：//wenku.baidu.com/view/f3336c90b2717fd5360cba1aa8114431b90d8eae.html，2020-03-21.
[35] 张廷克，李闽榕，潘启龙 . 中国核能发展报告（2020）[R]. 北京：中国核能行业协会，2020.
[36] 庞名立. 2020 年全球电力报告 [EB/OL]. http：//www.cngascn.com/report/202006/37889.html，2020-6-28.
[37] 刘春娜 . 核电池及其应用概述 [J]. 电源技术，2013，37（05）：727-728.
[38] 王建强，戴志敏，徐洪杰 . 核能综合利用研究现状与展望 [J]. 中国科学院院刊，2019，34（04）：460-468.
[39] 张平，徐景明，石磊，等 . 中国高温气冷堆制氢发展战略研究 [J]. 中国工程科学，2019，21（01）：20-28.
[40] 宋代勇，赵斌，袁霞 . “华龙一号” 能动与非能动相结合的安全系统设计 [J]. 中国核电，2017，10（04）：468-471.
[41] 郑晓坤 . 军民共建区域级能源互联网配置优化方法研究 [D]. 长沙：国防科技大学，2017.
[42] 李春曦，王佳，叶学民，等 . 我国新能源发展现状及前景 [J]. 电力科学与工程，2012，28（04）：1-8.
[43] 潘政 . 军事物联网：打造战争保障 “天罗地网” [N]. 中国国防报，2018-07-19（003）.
[44] 杨艳华，汤庆飞，张立，等 . 生物质能作为新能源的应用现状分析 [J]. 重庆科技学院学报（自然科学版），2015，17（01）：102-105.
[45] 袁惊柱，朱彤 . 生物质能利用技术与政策研究综述 [J]. 中国能源，2018，40（06）：16-20+9.
[46] 王毅波 . 21 世纪理想的能源——氢能 [J]. 能源研究与信息，2003（02）：63-68.

[47] 许世森，程健 . 煤气化制氢及氢能发电试验系统 [J]. 中国电力，2007（03）：9-13.
[48] 姜军港，米万良，苏庆泉 . 氢能与燃料电池的发展现状与市场趋势 [C]// 国际清洁能源论坛（澳门）研究报告（2013）. 澳门：国际清洁能源论坛（澳门）秘书处，2013：286-311.
[49] 陈向阳，史炜 . 航改型燃气轮机在工业园区综合能源系统中的应用探讨 [J]. 华电技术，2019，41（11）：57-61.
[50] 林汝谋，金红光，蔡睿贤 . 以燃气轮机为核心的多功能能源系统基本形式与构成 [J]. 燃气轮机技术，2006（01）：1-10+29.
[51] 秦朝举，段俊法 . 内燃机燃用氢气的研究进展 [J]. 农业装备与车辆工程，2009（01）：34-36.
[52] 刘泉 . 新能源技术与应用 [M]. 北京：化学工业出版社，2015.
[53] 黄素逸，杜一庆，明廷臻 . 新能源技术 [M]. 北京：中国电力出版社，2011.
[54] IGA 发布全球十大地热发电国家排名数据 [EB/OL]. https：//newenergy.in-en.com/html/newenergy-2373217.shtml.
[55] 郑徐光 . 地热供暖的相关实践经验与思考 [EB/OL]. http：//shoudian.bjx.com.cn/html/20200813/1096747.shtml，2020-8-13.
[56] 人民网 . 美国推快军事基地可再生能源发电开发 [EB/OL]. http：//news.bjx.com.cn/html/20120817/381206.shtml，2012-8-17.
[57] https：//geothermal.org/what.html.
[58] 刘志远，赵建宇，霍煜昊，等 . 军事物联网技术在军民融合装备保障中的研究与应用 [J]. 物联网技术，2018，8（08）：54-56.
[59] 游亚戈，李伟，刘伟民，等 . 海洋能发电技术的发展现状与前景 [J]. 电力系统自动化，2010，34（14）：1-12.
[60] 王兵 . 可再生能源系统风险评估方法及其应用研究 [D]. 北京：北京理工大学，2016.
[61] 刘邦凡，栗俊杰，王玲玉 . 我国潮汐能发电的研究与发展 [J]. 水电与新能源，2018，32（11）：1-6.
[62] 饶中浩，汪双凤 . 储能技术概论 [M]. 北京：中国矿业大学出版社 . 2017
[63] 杨超 . 储能技术在电力系统中的应用 [J]. 通信电源技术，2018，171（03）：173-174.
[64] 中关村储能产业技术联盟（CNESA）. 储能产业研究白皮书 2020[R]. 2020.
[65] 杨洪涛 . 江西洪屏抽水蓄能电站综合效率分析 [J]. 水电自动化与大坝监测，2019，005（004）：78-83，105.
[66] 文贤馗，张世海，王锁斌 . 压缩空气储能技术及示范工程综述 [J]. 应用能源技术，2018，000（003）：43-48.
[67] 国务院国资委新闻中心 . 我国首个煤矿巷道压缩空气储能电站项目在同煤集团落地 [EB/OL]. http：//www.sasac.gov.cn/n2588025/n2588129/c12082800/content.html，2019-08-28.

[68] 中国科学院工程热物理研究所 . 山东肥城压缩空气储能电站项目举行开工奠基仪式[EB/OL]. http：//www.etp.ac.cn/xwdt/zhxw/201911/t20191125_5442309.html，2019-11-25.
[69] 张建成，黄立培，陈志业 . 飞轮储能系统及其运行控制技术研究 [J]. 中国电机工程学报，2003（03）：108-111.
[70] 贾蕗路，刘平，张文华 . 电化学储能技术的研究进展 [J]. 电源技术，2014（10）：1972-1974.
[71] 李先锋，张洪章，郑琼，等 . 能源革命中的电化学储能技术 [J]. 中国科学院院刊，2019，34（4）：443-449.
[72] 王诚 . 燃料电池技术开发现状及发展趋势 [C]// 中国金属学会碳素材料分会第三十届学术交流会论文集 . 2016.
[73] 北极星储能网 . 便携式氢燃料电池为军用装备注入活力 [EB/OL]. http：//chuneng.bjx.com.cn/news/20190107/954441.shtml，2019-1-7.
[74] 中国储能网 . 军事新能源技术应用与发展浅析 [EB/OL]. http：//www.escn.com.cn/news/show-946503.html，2020-04-19.
[75] 朱相臣，赵晋斌，曾国辉，等 . 基于载波频率的纹波分析直流微网阻抗检测及均流控制 [J/OL]. 中国电机工程学报：1-10[2020-08-16].
[76] 青岛建成 5G 智能电网实验网 [J]. 电子世界，2020（15）：4.
[77] 国家电网有限公司高级培训中心（国网大学）董事长、党委书记卓洪树 . 聚力增效为公司提供人才保障和智力支持 [N]. 国家电网报，2020-08-12（002）.
[78] 薛晟，王兴贵，李晓英 . 基于变分模态分解法的 MMC 半桥串联结构微电网微源功率协调控制 [J/OL]. 中国电机工程学报：1-10[2020-08-16].
[79] 郑凯元，杜文娟，王海风 . 聚合恒功率负荷对直流微电网稳定性影响的阻抗法分析 [J/OL]. 电网技术：1-15[2020-08-16].
[80] 张力菠，鲁海望，姚馨宇 . 基于计算实验的园区能源互联网电力交易研究 [J/OL]. 系统工程：1-10[2020-08-16]
[81] 秦金磊，孙文强，李整，等 . 适用于微电网区块链的信用共识机制 [J]. 电力系统自动化，2020，44（15）：10-18.
[82] 高佳，肖迎群，马蕊，等 . 考虑不确定性价格型需求响应的多源微网运行优化 [J]. 现代电力，2020，37（04）：425-433.
[83] 代小龙，徐强 . 为战略落地贡献中原力量 [J]. 河南电力，2020（08）：42-43.
[84] 代小龙，户边疆 . 农村能源转型的"电力解决方案"——兰考建设能源互联网示范县工作纪实 [J]. 河南电力，2020（08）：44-45.
[85] 策划人语 [J]. 河南电力，2020（08）：70-71.
[86] 武振宇 . 把握战略精神脉络在落地实践中奋勇争先 [J]. 河南电力，2020（08）：72-73.
[87] 李伟阳 . 城市能源院交出创新创业创造答卷 [N]. 中国能源报，2020-08-10（025）.
[88] 张哲郭磊 . 践行"能源互联"，让城市更美好 [N]. 中国能源报，2020-08-10（026）.

[108] 樊梦蝶，曾成碧，苗虹．微网逆变器双模式自抗扰控制策略 [J/OL]. 电测与仪表：1-6[2020-08-16].

[109] 刘宏国，宗振国，张春秋，等．能源互联网背景下基于势博弈的多供电主体竞争策略研究 [J/OL]. 电测与仪表：1-7[2020-08-16].

[110] Faegheh Moazeni，Javad Khazaei. Optimal operation of water-energy microgrids ; a mixed integer linear programming formulation[J]. Journal of Cleaner Production，2020 : 275.

[111] Kuldeep Kumar，Mohd Alam，Saket Verma，et al. Analysis of metal hydride storage on the basis of thermophysical properties and its application in microgrid[J]. Energy Conversionand Management，2020，222.

[112] 刘振亚．建设我国能源互联网推进绿色低碳转型（下）[N]. 中国能源报，2020-08-03（001）.

[113] Energy ; Reports from National Central University Advance Knowledge in Energy（A Portable Direct Methanol Fuel Cell Power Station for Long-Term Internet of Things Applications）[J]. Energy Weekly News，2020.

[114] Veterinary Medicine ; Studies from College of Energy Engineering Have Provided New Information about Veterinary Medicine（Node Deployment Optimization of Pig Breeding Internet of Things Based On Electrical Automation Engineering）[J]. Agriculture Week，2020.

[115] 刘喜梅，马俊杰．泛在电力物联网在电力设备状态监测中的应用 [J]. 电力系统保护与控制，2020，48（14）：69-75.

[116] 胡译文，高阳，谷彩连．泛在电力物联网的释义与面临挑战 [J]. 电子世界，2020（13）：108.

[117] 刘林．泛在电力物联网商业模式创新及设计 [J]. 电气应用，2020，39（07）：4-6.

[118] 刘东，樊强，尤宏亮，等．泛在电力物联网下虚拟电厂的研究现状与展望 [J/OL]. 工程科学与技术：1-10[2020-08-16].

[119] 林宪平，李正哲，王天祥，等．基于泛在电力物联网的综合能源服务商业模式研究 [J]. 电气时代，2020（07）：68-71.

[120] 马向凯．基于人工智能的泛在电力物联网自适应安全防护技术的研究 [J]. 电工技术，2020（13）：91-93.

[121] 远航．美国空军正在快速打造下一代空中主宰的“军事物联网”[N]. 中国航空报，2020-07-07（010）.

[122] 田园．智能化背景下的电力物联网建设应用研究 [J]. 经济研究导刊，2020（19）：146-147.

[123] 黄卫平，梁斌．泛在电力物联网感知层总体架构研究 [J]. 能源与环境，2020（03）：7-8+20.

[124] 郑力明，王黎．军事物联网背景下的通信抗干扰技术探究 [J]. 通信电源技术，2020，37（08）：147-148.

[89] 张玉，罗浩文，王瑜琳．基于模糊－下垂控制的光伏直流微电网混合储能功率分配及母线稳压研究 [J/OL]. 电测与仪表：1–9[2020–08–16].

[90] 全慧，李相俊，张杨，等．快充电站多类型应用方式的并网影响及控制技术综述 [J/OL]. 中国电力：1–7[2020–08–16].

[91] 梁海峰，边吉，丁锦睿，等．基于滑模控制的孤岛直流微电网控制策略研究 [J/OL]. 华北电力大学学报（自然科学版）：1–10[2020–08–16].

[92] 王奖，张勇军，李立涅，李钦豪，苏洁莹．数据中心园区能源互联网的关键技术与发展模式 [J/OL]. 中国工程科学：1–9[2020–08–16].

[93] 李德．以一流党建“强根铸魂”[N]. 中国组织人事报，2020–08–07（006）.

[94] 徐岩，张建浩．考虑需求响应和联络线交互的含微电网的主动配电网多目标协同调度优化 [J/OL]. 华北电力大学学报（自然科学版）：1–13[2020–08–16].

[95] 李瑶虹，黄伟，孙贝贝，等．拒绝服务攻击下基于分布式事件触发一致性预测补偿的微电网能量优化管理 [J/OL]. 现代电力：1–9[2020–08–16].

[96] 吕海超，高鹏，申江伟，等．微电网中的逆变器并联系统协调控制技术 [J]. 集成电路应用，2020，37（08）：136–137.

[97] 国家电网公司召开 2020 年年中工作会议 [J]. 农电管理，2020（08）：4.

[98] 邓恢平．共商能源互联网加“数”发展 [N]. 中国电力报，2020–08–06（007）.

[99] 张韬.DCS 在新能源与分布式发电系统中的应用 [J]. 科技创新与应用，2020（24）：176–177.

[100] 吴清，邢涛，张小店，等．基于波浪能技术为海岛供电的方案研究 [J]. 科学技术创新，2020（25）：1–4.

[101] 中国分布式能源并网对配电网的影响（下）[J]. 电器工业，2020（08）：32–38.

[102] 汤奕，张宏．能源互联网下的智慧建筑与智慧园区 [J]. 供用电，2020，37（08）：2+1.

[103] Zihao Pu，Xiubing Jing，Chengjuan Yang，et al. Wettability modification of zirconia by laser surface texturing and silanization[J]. International Journal of Applied Ceramic Technology，2020，17（5）.

[104] Andrés Julián Aristizábal，Daniel Hernán Ospina，Mónica Castañeda. Fuzzy logic energy management for a microgrid with storage battery[J]. International Journal of Ambient Energy，2020，41（10）.

[105] 高博，毛荀，王峰，等．基于相关性分析的微网分布式电源能量管理建模与仿真 [J/OL]. 电源学报：1–16[2020–08–16].

[106] 杨美辉，周念成，王强钢，等．基于分布式协同的双极直流微电网不平衡电压控制策略 [J/OL]. 电工技术学报：1–13[2020–08–16].

[107] 肖祥武，王丰，王晓辉，周宏贵，张辽．面向工业互联网的智慧电厂仿生体系架构及信息物理系统 [J/OL]. 电工技术学报：1–13[2020–08–16].